Johannes Czwalina

Karriere machen ohne Reue

Lebensqualität trotz Leistungsdruck

Dittrich

Genderhinweis:

In unserer heutigen Gesellschaft bedarf es noch vieler Anstrengungen, die tatsächliche Gleichstellung von Männern und Frauen verwirklichen zu können. Ein Bereich, in dem dies möglich ist, betrifft die Sprache. Diese kann den gesellschaftlichen Wandel unterstützen, indem sie mit Formulierungen hilft, das Bewusstsein für das angestrebte Ziel zu stärken. Aus Gründen der leichteren Lesbarkeit wird im vorliegenden Buch die gewohnte männliche Sprachform bei personenbezogenen Substantiven und Pronomen verwendet. Dies impliziert jedoch keine Benachteiligung des weiblichen Geschlechts, sondern soll im Sinne der sprachlichen Vereinfachung als geschlechtsneutral zu verstehen sein. Selbstverständlich sind immer auch Menschen weiblichen Geschlecht angesprochen, auch wenn in der Arbeitswelt, die ich hier beschreibe, und den Menschen, denen ich begegnet bin, es sich in der Überzahl bislang um Männer handelt.

© Dittrich Verlag ist ein Imprint
der Velbrück GmbH, Weilerswist-Metternich 2020
Umschlaggestaltung: Helmi Schwarz-Seibt
Satz Innen: Nicole Bergmann
Printed in Germany
ISBN 978-3-947373-52-9
www.dittrich-verlag.de

Bibliografische Information der Deutschen Nationalbibliothek
Die Deutsche Nationalbibliothek verzeichnet diese Publikation
in der Deutschen Nationalbibliografie; detaillierte bibliografische
Daten sind im Internet über http://dnb.d-nb.de abrufbar.

Inhalt

Einleitung

Dr. R.O war mehr als zwanzig Jahre Personalvorstand eines deutschen Automobilkonzerns, als ich ihn auf dem Feldberg im Schwarzwald aufsuchte. Den Satz, den er mir damals zuwarf, habe ich nicht vergessen: „Wir haben durch unsere Intelligenz und Managementkompetenz Milliarden erwirtschaftet, und durch unsere fehlende personale Kompetenz sowie Manipulationen, Machtkämpfe und Intrigen alles wieder verloren. Wenn ich heute noch die Kraft hätte, ein Buch zu schreiben, würde ich diesem Buch diese Überschrift geben: Karriere oder *Charakter*." Zwei Nachmittage saßen wir zusammen, an welchen wir die Struktur dieses vorliegenden Buches nach seinen Vorgaben skizzierten. Kurze Zeit nach unseren Gesprächen verstarb er.

Die Begegnungen mit Menschen in unserer Beratungspraxis für Führungskräfte haben mich zum Schreiben dieses Buches motiviert. In den vergangenen Jahren bin ich mit dem, was der Einzelne hinter der äußeren Fassade durchmacht, oft nur hinter vorgehaltener Hand konfrontiert worden. Mir hat sich dabei eine Welt aufgetan, die mich mehr als nachdenklich stimmt. Der Blickwinkel, aus dem ich Führungskräfte verschiedener Branchen und Stufen betrachten konnte, ermöglicht den Zugang zu einer Welt hinter der Welt, einer Sprache hinter der Sprache, der wir uns bisweilen schämen und die im Alltag verschwiegen wird. Wenn sie aber gesehen bzw. gehört, ernst genommen und reflektiert wird, tut sich ein Fenster auf – zum besseren Verstehen und zum besseren Handeln.
Meine Aufgabe ist es, Zusammenhänge und Strukturen transparent zu machen, die permanent in den Tabubereich verdrängt werden. In der Wahrnehmung der kleinsten Anzeichen menschlicher Probleme liegt der Beginn einer Konfrontation mit ihrem Ursprung. Jeder Hilferuf kann in seiner Art und Weise Aufschluss über seinen Anlass geben. Sorgfältiges Zuhören ist demzufolge angebracht.
Zurzeit dominiert das Fehlen persönlicher Bewältigungsstrategien für ein Marktgeschehen, dessen Entwicklungsdynamik und Problemkomplexität von Tag zu Tag zunehmen.
Die Veränderungsprozesse im Arbeitsalltag durch die Digitalisierung sind das dominierende Thema. Menschen sind irritiert und verunsichert durch das Gefühl zunehmender Unberechenbarkeit.

Für diesen Zustand steht ein neuer Begriff: VUKA

V = Volatilität: Was heute gilt, gilt morgen nicht mehr. Es bezieht sich auf das Ausmaß von (meist ungeplanten) Veränderungen und der damit verbundenen Unsicherheit,

U = Unsicherheit bedeutet das generell abnehmende Maß an Vorhersagbarkeit von Ereignissen in unserem privaten und beruflichen Leben,

K = Komplexität bezieht sich auf die steigende Anzahl von unterschiedlichen Verknüpfungen und Abhängigkeiten, welche viele Themen in unserem Leben undurchschaubar machen,

A = Ambiguität beschreibt die Mehrdeutigkeit der Faktenlage, die falsche Interpretationen und Entscheidungen wahrscheinlicher macht.

Die Hauptursache für den Leidensdruck der Manager/innen sehe ich aber darin, dass sie sich zu sehr dem Marktgeschehen ausliefern und aus ihm die Kraft ziehen wollen, die sie früher aus anderen Lebensbereichen – Ehe, Familie, Gesellschaft, Religion etc. – geschöpft haben, um wiederum in ihrem Berufsalltag Durchhaltevermögen und Freude zu haben. Das Problem ist letztlich nicht der Markt, sondern er wird erst dann zum Problem, wenn er mehr wird als ein Instrument in der Hand der Menschen, wenn der Markt selbst ethische Maximen aufzustellen beginnt, seine Eigendynamik eine neue Ethik kreiert; wenn er nicht mehr zur Versorgung der Familie dient, sondern selbst zur neuen Familie wird, wenn seine Stimme als „Liebesersatz" im Zweifelsfall mehr zählt als die Stimme der Partnerin oder des Partners, der Familie, von Freund/innen.

In diesem Wechsel der Prioritäten oder – deutlicher formuliert – Austausch der Werte ist die Art von Enttäuschung programmiert, die in vielen Beratungsgesprächen zum Ausdruck kommt. Nachdem früher unser persönliches Wohlergehen als Ziel unser Verhalten auf dem Markt bestimmt hat, lassen wir uns unser persönliches Wohlergehen heute vom Verhalten des Marktes aufoktroyieren. Woher kommt dieser gesamtgesellschaftliche Umschwung? Warum hat der Markt heutzutage diese auf viele dominant wirkende Stellung? Welche Folgen ergeben sich daraus für die Psyche des Menschen?

Während ich mich im ersten Teil des Buches diesen Fragen zuwende, geht es im zweiten Teil des Buches um langfristig wirksame Gegenmaßnahmen, die wir ergreifen können und um die Frage, wie wir das Spannungsverhältnis zwischen Leistungsdruck und Lebensqualität produktiv nutzen können.

Das vorliegende Buch ist der Versuch, in einer Mischung aus konstruktivkritischer Zeitdiagnose, persönlicher Beratungs- und Lebenserfahrung sowie Besinnung auf anthropologische Dimensionen Antworten auf solche Leitfragen zu finden. Die meisten Antworten sind erprobt in Erfahrungen der Beratungspraxis, was dem Text stellenweise eine gewisse Frische und – wie ich hoffe – auch ein Maß an Glaubwürdigkeit und Tiefgang verleiht. Auf der Suche nach Antworten begleitete mich ein gesunder Optimismus.

Er stellt auf der einen Seite implizit die Absage an einen „euphorischen Neoliberalismus" dar, auf der anderen Seite bedeutet er eine Ablehnung von pessimistischen Weltuntergangstheorien. Uns ist heute weder mit einer verklärten Idealisierung vergangener Zeiten noch mit einer utopischen Gegenkultur geholfen. Ich verstehe die Befindlichkeit unserer gegenwärtigen Situation vielmehr als dringende Einladung zum Nachdenken und zum Überprüfen der Frage, wovon wir unsere Menschenwürde im beruflichen wie privaten Alltag ableiten. Unsere Großeltern konnten einen wesentlichen Teil ihrer persönlichen Identität noch aus einer Arbeit in mehr oder weniger festen Strukturen ableiten; wir selbst und erst recht die nachfolgende Generation müssen im Zeitalter von Job-Sharing, Job-Hopping, Mikro-Unternehmertum, zunehmender Teilzeitarbeit und Sorge um einen sicheren Arbeitsplatz immer häufiger neue Wege der Identitätsstiftung und Sinnbildung gehen.

Berufliches und privates Leben unterliegen allenfalls in der Agenda einer klaren Differenzierung. In der Realität des menschlichen Lebens aber beziehen sich beide in einem wechselseitigen Verhältnis aufeinander. Aus diesem Grund beschränken sich die Ausführungen nicht klinisch genau auf die berufliche Ebene, sondern gehen auch auf das private Zusammenleben und private Kommunikationsformen ein. Die praktischen Tipps zu Lebensfragen versuchen dem zu folgen, was vergangene Zeiten den „Pfad der Wahrhaftigkeit" genannt haben; sein Ziel war immer ungeschminkte, wahre Identitätsfindung, freilich um den Preis der Aufgabe von Selbstsucht zugunsten höherer Werte. Diese sind uns längst abhandengekommen, und ich möchte die Leserin/den Leser ermuntern, sie wieder neu zu entdecken. Schreibweise und Organisation des Buches orientieren sich an den durch ein knappes Zeitbudget geprägten Lesegewohnheiten eben der „gestressten" Menschen, von denen es handelt und an die es sich wendet. Die einzelnen Kapitel können – in der Bahn, im Flugzeug, zwischen der Hausarbeit, am Feierabend – durcheinander oder nacheinander als abgeschlossene Einheiten gelesen werden; gleichzeitig entfalten sie aber auch einen inneren Zusammenhang. Die Logik der Erzählungen und Reflexionen folgt folgendem Aufbau:

Nach der kritischen Beschreibung von Wahrnehmungen und Auswirkungen von marktwirtschaftlichen Zusammenhängen in den ersten vier

Kapiteln werden in den darauffolgenden vier Kapiteln sinnstiftende und persönlichkeitsbildende Perspektiven für den Umgang mit unserer Arbeitswelt zur Diskussion gestellt, die zu folgendem Zwischenfazit führen: Nur wer den Markt pro-aktiv gebraucht und nicht re-aktiv von ihm gebraucht wird, kann im Marktgeschehen von morgen beruflich und privat als Gewinner/in überleben. Ein eigenes Kapitel wird der Vorstellung ausgewählter Werte gewidmet, durch die sich langfristig ein persönlicher wie geschäftlicher „Mehrwert" realisieren lässt. Die Schlusskapitel des Buches öffnen Horizonte auf anthropologische und soziale Ressourcen für eine nachhaltige (Über-)Lebensstrategie angesichts ständig aufgebrauchter ökonomischer Reserven und weichen auch der Frage nach dem beruflichen und persönlichen Scheitern erfolgsverwöhnter Karrieremenschen nicht aus.

In meinen Augen hat dieses Buch einen gewissen zeitlosen Charakter.

Manche Leser/innen mögen sich fragen, warum ich den ermutigenden Empfehlungen in diesem Buch eine eher kritische Wahrnehmung unserer gegenwärtigen wirtschaftlichen Welt vorausstelle. Da gäbe es doch so viel Positives zu berichten: mag sein. Die täglichen Begegnungen mit den gejagten Symptomträger/innen unserer gegenwärtigen Wirtschaftswelt zwingen mich aber, nichts zu beschönigen oder unter den Teppich zu kehren. Nur so achte ich die Würde und das Vertrauen dieser Menschen, welches sie mir entgegenbringen. Sie kommen aus einer Welt, wo man beißt und gebissen wird und oft vergeblich nach Plätzen sucht, an denen unternehmerisch und sozial kompetent geschlagene Wunden verbunden werden. Wenn man diese Menschen aufmerksam wahrnimmt, bekommt man Einblick in die Ursachen und Hintergründe ihrer persönlichen Befindlichkeit. Diese Hintergründe wollen beim Namen genannt werden. Sie fordern uns auf, uns zu fragen, wie es mit der Menschentauglichkeit dieser neuen Weltordnung ist, die wir da gebaut haben. Nur wer das offensichtlich Destruktive auch beim Namen nennt, ist auch fähig, über das Konstruktive zu sprechen und Alternativen aufzuzeigen.

Es gibt so viele Bücher, die Symptombehandlung betreiben: diese vielen Rezepte mögen ihre Berechtigung haben. Sie versprechen oftmals Fitness und Wohlergehen im wirtschaftlichen Krieg.

Wir aber brauchen mehr Bücher, die (hinter)fragen, ob dieser Kampf auch notwendig ist, in dem wir nun mittendrin stecken und worauf wir achten müssen, um bei unserem Gewinnstreben nicht uns selbst zu verlieren.

Basel, im März 2020   Johannes Czwalina

Wahrnehmungen

1. Kapitel: Wahrnehmungen

Der Markt hat keine Seele

Wir hören auf seine Wünsche. Wir sprechen seine Sprache. Wir denken in seinen Strukturen. Wir handeln nach seinen Gesetzen. Wir urteilen nach seinen Maßstäben. Wir korrigieren die Ineffizienz unseres Lebens nach seinen Regeln. Wir bringen ihm unsere Spontaneität, unsere Gefühlswelt und unsere Lebenslust. Wer ist diese Macht, vor der sich unsere Individualität zu beugen scheint?

„Der Markt zwingt uns", „der Markt fordert heraus", „der Markt ordnet", „der Markt bestimmt den Preis", „der Markt reagiert", „der Markt frisst seine Kinder". „Wir müssen marktkonform handeln, denken, planen und kalkulieren", „wir müssen unsere Marktanteile sichern", „wir müssen uns mit dem Markt gut stellen", „wir haben keine andere Wahl", „wir müssen heute …, damit wir morgen …". „Wir müssen das Ohr am Markt haben". Unzählige Redewendungen scheinen davon auszugehen, dass wir es sogar mit etwas Lebendigem zu tun haben.

Haben wir uns Mittel geschaffen, denen wir den größeren Respekt zollen als uns selbst, denen diese Mittel nutzen sollten? Ist der Weltmarkt zu einem Wahngebilde geworden, das diktiert, wonach die Leute zu fragen haben, und das vorgibt, welche Bedürfnisse man haben darf und welche nicht? Zu einfach machen wir es uns aber, wenn wir in einer dunklen Kraft namens „Markt" Anlass und Lösung für alle Probleme erkennen und uns dabei selbst als Urheber jeglicher Handlung negieren. Es besteht Handlungsbedarf. Einerseits im Denkvollzug in unseren Köpfen und im Nachempfinden in unseren Herzen, andererseits in der Umsetzung in die Praxis.

Dem aufmerksamen Auge entgehen nicht die Symptome, die an den Menschen sichtbar werden, die sich in ihrem gesamten Wohlbefinden innerlich zu abhängig gemacht haben von einem Marktgeschehen, das sie schon morgen wieder upgedated ausspucken wird. Es stellt sich nun immer dringlicher die Frage, wo die Gründe für die zunehmende Angst und für das Gefühl der inneren Leere liegen, das viele beschleicht.

Unser gemeinsames Ziel ist es, uns bewusst zu machen, dass nur die in sich selbst ruhende Persönlichkeit, die ihren Eigenwert nicht nur von ihrer Tageseffizienz und von ihrem Marktwert ableitet, in den Herausforderungen von morgen bestehen kann und nicht umgekehrt. Unser gemeinsames Ziel ist es, die Macht, die jeder Einzelne von uns für die Gestaltung seines Lebensraumes hat, zu nutzen und sinnvoll zu gebrauchen. Denn auch Nichtgebrauch von Macht kann Machtmissbrauch sein.[1]

Führungskräfte leiten ihren eigenen Wert und ihre Identität oft einzig von ihrer Leistung, Attraktivität und ihrem damit verbundenen Erfolg ab und verlieren in Situationen der Marktveränderung alles. Sie haben sozusagen ihre Seele, das Kostbarste, was sie haben, an ein anonymes Marktgeschehen verschenkt. Sie reflektieren nicht darüber, dass der „Markt" keine Seele hat. Eine Seele haben nur die Menschen, die ihn erzeugen, bestimmen und sich auf „ihm" bewegen.

Die Führungskräfte, die in schwierigen Phasen eine Beratung aufsuchen, kennzeichnet unter anderem die Hingabe oder besser gesagt die missbrauchte Hingabe an das Marktgeschehen – der verletzte Glaube an ein Wirtschaftssystem, dem sie zuvor ihre Seele ausgeliefert hatten. Sie taten das, weil sie sich gegen empfundene Sachzwänge, Forderungen, Drohungen und Nötigungen nicht abgrenzen konnten.

Führungskräfte, die Dank ihrer robusten Persönlichkeit sehr wohl eine Zeitlang in der Lage waren, den Markt für sich zu gebrauchen, neigen, sobald sie scheitern, ebenfalls zum fatalistischen Schicksalsglauben. So machte der im April 2008 abtretende UBS-Präsident in seiner Abschlussrede die Großbank zu einem mächtigen Schiff, das auf den unberechenbaren Meeren des Weltmarktes in einen fürchterlichen Sturm geraten war. Umtost vom Sturm stand er als Kapitän am Steuer und hielt es gegen alle Widrigkeiten trotzig umklammert. „Es war ein böser Sturm, er hat unsere Segel arg zerzaust, aber er hat uns nicht vom Kurs abgebracht. Und wir kreuzen wieder hart am Wind." Auch hier wird die Verantwortung für die Ursachen des Debakels an die Natur ausgelagert, gewissermaßen an die übergeordnete Macht des Marktes. Der Markt ist auch in diesem Selbstverständnis nicht von Menschen getrieben, die schwere Krise nicht Ausdruck von Gier und Maßlosigkeit. Die Naturkräfte definieren die Umstände, in denen sich der Mensch bewegt.

Dieser scheinbar wachsende Anspruch des „Marktes" auf die Seele der Menschen, auf ihr Familienleben, auf ihre Freizeit, auf ihre Pläne, auf die Frage, wo und wie sie leben sollen, das ist das neue Gesicht des „Marktes", das anders ist als früher. Aber wir haben es „ihm" gegeben. Es ist das Werk unserer Zeit, das Werk unserer Gesellschaft, es ist das Werk von Ihren und meinen Händen. Es trägt unsere Handschrift.

Nach Begegnungen und Gesprächen mit abgehetzten Managern, die in der Auflösung ihres Arbeitsverhältnisses den Untergang ihrer Identität sehen, möchte ich diesen beim Abschied immer einen Satz zurufen: „Es lohnt sich nicht, seine Seele dem „Markt" zu verschreiben. Er wird euch nicht vermissen, wenn ihr vom Trittbrett fallt."

Es gibt viele verbitterte Menschen, meist Männer, die sagen: „Ich habe für meine Bestätigung im Berufsleben, so wie man es von mir gefordert hat, alles aufgegeben: Nachtstunden, Wochenende, Freizeit, Hobbys, Familie, Gesundheit, sogar meine Werte; nun bin ich von einer Woche zur anderen aus der Welt herausgeworfen worden, der ich mich ganz hingegeben habe." Diese Menschen erwarten zumindest Dankbarkeit ihres Unternehmens. Ein Telekom-Personalleiter sagte: „Unternehmen können nicht dankbar sein, sie haben kein Gedächtnis."

Sie haben sich einem Marktgeschehen hingegeben, wie man sich für eine Liebschaft hingeben könnte. Viele Männer peinigt darum die Angst, dass diese Liebschaft sie verlässt (bisweilen viel größere Angst als vor dem Verlassenwerden von ihrer eigentlichen Partnerin). Denn „der Liebling von allen" zahlt für die erhaltenen Liebesdienste. Und wenn der Mann, der sich nicht selten für Geld „prostituiert", nicht mehr ihren Vorstellungen gerecht wird, verliert er seine Erwerbsquelle. Vor diesem Moment fürchten sich viele Männer. Der „Markt" droht jeden Tag mit „Scheidung". Nur gibt es einen wesentlichen Unterschied zum menschlichen Partner: Das Gegenüber, der „Markt", hat keine Seele. Das Wichtigste fehlt ihm. Er kann nicht trösten, er kann keine Wärme geben, er kann nicht ermutigen, er kann nicht aufbauen. Er kennt keine Liebe. Er ist ein Nichts, betrügender Schein.

Der Beruf ist heute ein Konkurrent zur Partnerschaft geworden. Je höher der Einfluss des Berufes auf ihn, desto kleiner wird oft der Einfluss des Partners. Früher war es viel leichter zu bewerkstelligen, dass die gemeinsame Liebe den Berufsalltag getragen hat, heute bestimmt, beeinflusst, diktiert der gemeinsame Berufsalltag die Partnerschaft bzw. die Autorität, die man dem Beruf zubilligt, ist größer als die Autorität, die man dem Partner zubilligt. Die Seele wird vielmehr gesteuert durch den Anspruch der Arbeitswelt als durch das Bedürfnis des Ehepartners.

Oft sind es die Partner, die eifersüchtig reagieren, weil sie heute noch oft die Betroffenen sind, und weil sie sehen, dass der Partner sein Herz vielmehr der „anderen" geschenkt hat. Sie beklagen weniger die knappe gemeinsame Zeit, sondern die mentale Abwesenheit während der wenigen verbleibenden Zeit. Der Körper ist da, Gedanken und Gefühle weilen bei der „anderen Partnerin", der dominanten Arbeitswelt.

Viele beugen sich diesem nicht real existierenden Zwangsgeist und dulden dessen permanent zunehmende Demütigungen, während sie bei der eigenen Partnerin solches Verhalten als völlig ungebührlich und unannehmbar empfinden würden. Nachtsitzungen, die Zeit nach Feierabend, werden ohne Scham und Rücksicht von der neuen, im Licht des Erfolges prächtig glänzenden „Partnerin" gefordert. Sie kompensiert die Gedanken, so dass man abends nicht abschalten kann. Sie fordert die Wochenenden, ständige Mobilität, die Bereitschaft, ins Ausland zu ziehen, und unzählige Weiterbildungen. Sie nimmt die Gedanken in Gefangenschaft, indem sie Machtkämpfe und Intrigen lanciert, die uns bis in die Träume begleiten.

Es geht nicht um das Verteufeln des Marktes, sondern einerseits um die Klarstellung, dass der „Markt" nicht eine Wirklichkeit mit einer eigenen Identität und Individualität darstellt, sondern ein Werk vom Menschen im Dienst des Menschen. Andererseits geht es um die Tragik, dass der „Markt" irrtümlicherweise als Ersatz eingetauscht wird für alles, was unser Leben sonst so lebenswert macht. Das tragische Moment wird uns bewusst, wenn wir das oben beschriebene Faktum wahrnehmen: Nicht der „Markt" ist es, der uns zwingt, sondern wir Menschen sind es.

Unser Problem ist, dass unsere Zeit uns keine Zeit gibt, uns zu fragen, woran das alles liegt. Unser Problem ist aber auch, dass sich die Führungskräfte zu stolz und selbstsicher fühlen, um Hilfe von außen anzunehmen. Sie sind trotz aller Erkenntnis zu sehr gefangen in ihrem Lebensrhythmus und ihren verinnerlichten Leitbildern. Sie verstehen sich darauf, eine glänzende Fassade zu wahren, zumindest gegenüber ihren Untergebenen. Sie neigen alle dazu, ihre eigene Verantwortung abzuschieben auf die höhere Macht des Marktes und denken nicht daran, dass echte Lösung immer erst dann einsetzt, wenn wir zu unserer Eigenverantwortung stehen und diese ergreifen.

Der Markt als Ersatz für Religion

Viele Zeitgenossen haben noch erlebt, wie zwei große weltbeherrschende Ideologien sie Jahrzehnte durch die Wüste gejagt haben, aber das verheißene Land haben sie nie gefunden. Sie können die vielen Versprechungen nicht mehr hören, und sie haben den Mut zu jeglichem Glauben verloren. Sie suchen etwas Elementares zurückzugewinnen, und sie finden sich mit einem Leben ab, das keine Sinnfragen mehr beantwortet, sondern den Sinn im Trubel des Alltagsgeschäftes und im Streben nach persönlichen Wohlstand sucht.

Darum wird die Konsumkultur längst nicht mehr kritisch betrachtet. Sie ist nicht nur salonfähig geworden, sondern weit darüber hinaus zum Inbegriff einer neuen Identität und Sinnfindung.

Ich shoppe, also bin ich. Die Konsumkultur ist im Begriff, die Religion zu ersetzen. So wie mittelalterliche Bauern permanent den Insignien der römisch-katholischen Kirche ausgesetzt waren, wird der moderne Mensch permanent mit Werbebotschaften konfrontiert. Das Shoppingcenter ersetzt die Kathedrale, durchaus im wörtlichen Sinn. Der größte Konsumtempel der Welt, das „Mall of America" in Minnesota, ist zu einer Wallfahrtsstätte geworden und wird heute von mehr Pilgern aufgesucht als der Vatikan oder Mekka.[2]

Die erste Stufe, die die Menschen auf ihrer Suche nach Sinnfindung hinabgestiegen sind, hieß: „Du bist nicht das, was du bist, sondern das, was du machst." Das Motto war: „Schaffe für deinen Wohlstand so viel und so schnell du kannst, du lebst nur einmal". Die zweite Stufe abwärts heißt: „Du bist nicht, was du machst, sondern was du kaufst." Kaufe eine andere Marke, einen anderen Lifestyle, dann bist du auch eine andere Person. Sind wir uns der Folgen dieser Denkweise bewusst? Das schnelle Ende heißt dann nämlich folgerichtig: „Wenn du das, was du bist, nicht mehr kaufen kannst, dann bist du am Ende."

Wie stark der Markt zum Glaubensersatz für viele geworden ist, erkennen wir, wenn wir uns die Not vieler vor Augen halten. Jeder zweite stürzt in ein Loch, wenn er seine Statussymbole und all das verliert, was seine Identität und sein Wertgefühl auf dem Markt ausgemacht hat.

Die sich schnell verändernde Industrie- und Konsumgesellschaft versteht es perfekt, Bedürfnisse zu befriedigen. Aber ein zutiefst menschliches Bedürfnis wird nicht gestillt: Das Streben nach einem Sinn. Wir besitzen genug, bisweilen übergenug, wovon wir leben können. Aber wissen wir auch, wofür wir leben, wozu wir imstande wären? Wir haben die Lebens*mittel*, aber wie sieht unser Lebens*zweck*, Lebenssinn aus? Wir empfinden Unbehagen, haben aber nicht die Kraft, unser Unbehagen auszudrücken.

Und trotzdem kommt in vielem Tun die Sehnsucht nach „Bleibendem" zum Ausdruck. Überall versuchen wir, Grenzen zu überwinden. Ist das Sehnsucht nach Ewigkeit? Liegt hier nicht der Grund unserer Unruhe verborgen, dass wir weiter denken können, als es unser enger Raum, indem wir uns befinden, zulässt, dass wir aber gleichzeitig aber unsere Unfähigkeit wahrnehmen, diesen Raum zu durchbrechen?

Da ist unser Bedürfnis nach Qualität und Lebensdauer: Wir möchten am liebsten, dass ein produzierter Gegenstand „unendlich" lange hält (unser Haus, unser Auto, unsere Firma, unser Lebenswerk ...).

Da ist unser Bedürfnis nach Liebe: „Ich liebe dich *unendlich.*" „Liebe mich! Aber wisse, dass mein Liebesbedürfnis unbegrenzt, unstillbar ist." (Weil unzählige bei diesen Ansprüchen überfordert sind, zerbrechen so viele Beziehungen.)

Da ist unser Bedürfnis nach Lebensstandard: Wir möchten unsere *„unendlichen"* Bedürfnisse am liebsten in unseren 70 Jahren Lebensdauer unterbringen.

Da ist unser Bedürfnis nach Haben: Die Habsucht kennt kein begrenzendes Prinzip. Habsucht ist fehlgeleitete Sehnsucht nach „Ewigkeit".

In den meisten Ziel- und Zweckvorgaben, die uns angeboten werden, stellen wir außerdem fest, dass Wege und Ziele vertauscht werden. Mittel und Wege des Lebens werden gleich selbst zum Lebensziel deklariert. Irgendwann betrachten wir uns nur noch von unserer Funktionstüchtigkeit her; warum wir überhaupt funktionieren sollen, ist kein Thema.

Die Mittel werden immer perfekter, die Ziele verworrener. Wenn wir Wege zu Zielen machen, laufen wir aber Gefahr, das einzubüßen, was die Würde des Menschen ausmacht.

Diese uneingeschränkte Intensivierung und Bevorzugung der Werte des Marktes über andere Werte des Lebens gefährdet die Zukunft unserer demokratischen Gesellschaft.

Was bleibt uns, wenn Leistungskraft und Gesundheit eines Tages nicht mehr da sind? Diese bange Frage wird in manchen meiner Beratungsgespräche erörtert. Solange es ihnen noch gut ging, stellten sich die wenigsten diese Frage. Viele verwenden zu viel Energie auf Belanglosigkeiten und auf vermeintliche Probleme. Wenn sie die Bedeutung von Lebenszielen nicht kennen, neigen sie nicht selten zu Aggressivität und haben ihre Kraft nicht unter Kontrolle.

In diesem beschriebenen Vakuum beobachten wir, wie für viele Menschen Marktwirtschaft zur Ideologie und zu einer Art Religionsersatz wird. Ihre Vertreter schlüpfen immer mehr in die Rolle von Predigern, Gurus und Glaubensvermittlern.

Es geht mir in meinen Überlegungen nicht darum, unserem Marktsystem die ihm gebührende Anerkennung abzusprechen. Es geht mir um das neue Phänomen der kritiklosen Idealisierung.

Den Zusammenhang zwischen religiösem puritanischen Arbeitsethos, kompetenter Lebensführung und der Entwicklung des modernen Kapitalismus untersucht Max Weber in seinem bekannten Buch „Die protestantische Ethik und der Geist des Kapitalismus" näher. Nach Weber galt die rastlose Berufsarbeit in ihren Ursprüngen nicht dem eigenen Ego, sondern der Ehre Gottes. Folglich wurde der wirtschaftliche Erfolg an sich als moralisch gut betrachtet. Es beruhte auf der Auffassung, dass wirtschaftlicher Erfolg schon an sich als moralisch gut gilt (dem stand die katholische Soziallehre dem weltlichen Erfolgsstreben eher skeptisch gegenüber). Auch die religiöse Grundlage einer fast harmonistischen Metaphysik des Marktes ist gelegt, welche die freie Marktwirtschaft als natürliche von Gott gewollte Wirtschaftsordnung deutet. Auch in diesem Zusammenhang ist auf die berühmte Metapher von der unsichtbaren Hand, die nach dem schottischen Nationalökonomen Adam Smith (1732 – 1790) den Markt steuert, hinzuweisen. Praktische Konsequenz für den liberalen Unternehmerethos: Wenn nur die unsichtbare Hand des Marktes dafür zuständig ist, dass in der Wirtschaft alles mit rechten Dingen zugeht, so ist der Unternehmer nicht aufgefordert, sich allzu viele Gedanken zu machen. Der Markt bestimmt, wo's unternehmerisch lang geht. Der Markt wird zum Maß aller Dinge erklärt, und das Gewissen wird abgestumpft.

Es bedarf aber nur noch eines weiteren kleinen Schrittes, dann ist der wirtschaftliche Erfolg das Erkennungszeichen schlechthin des nicht nur erfolgreichen, sondern auch guten Menschen. Dann heiligt der Erfolg auch die Mittel ...

Dieser Gedankenschluss stellt eine der Ursachen dafür dar, dass viele Unternehmer ihre persönliche Verantwortung von sich schieben und sich dieser „unsichtbaren Hand" beugen. Dieses Denken hat insofern heute eine bedrohliche Dimension angenommen, als auch im Zeitalter der Globalisierung der Markt zum Maß aller Dinge erklärt wird. Rechtfertigungen wie „der Markt zwingt uns, aber es dient letztlich dem Wohl aller" dienen als willkommene Entschuldigungen.

Bei vielen Führungskräften ist dieses ökonomistische Denkmuster dominierend. Arbeitslose plagen sich daher mit Schuldgefühlen. Sie verstecken sich. Sie wollen nicht von den Nachbarn gesehen werden. Ihre Statussymbole waren zuvor keinesfalls nur Ausdruck von Geltungsdrang oder Geldgier. Sie wollten dadurch sichtbar machen: „Ich bin o.k., ich habe, so wie man es von mir erwartet, fleißig und hart gearbeitet. Und das, was ihr alle an Statussymbolen seht, Auto, Haus etc., ist der sichtbare Beweis dafür." Und plötzlich funktioniert das nicht mehr. Die Überwindung dieser falschen Schuldgefühle nach dem Verlust der Arbeit stellt sich oft als ein großes Problem bei der Beratung dar und spiegelt einen unmissverständlichen Indikator unserer verkorksten Denkweise.

Der Kult des Erfolgs tritt immer mehr an die Stelle des Glaubens und gefährdet so die Zukunft unserer offenen und demokratischen Gesellschaft, denn er lässt keine Alternativen zu. So bringt der freie Markt, der ursprünglich unsere menschliche Würde und Freiheit garantieren sollte, die drei Säulen „Liberté, Égalité, Fraternité" ins Wanken.

Die gegenwärtige Marktideologie konstruiert eine weltimmanente Seinsordnung, die den Anschein erweckt, alles, was sei, stehe in der Verfügungsgewalt des Menschen. Sie entlarvt sich aber als System, das Zwänge ausübt, die sich der Mensch selbst schafft.

Wo der Markt die Stelle der Verehrung Gottes einnimmt, treten Ideologien auf den Plan, die sich durch ihren totalitären Charakter auszeichnen. Der Markt nimmt totalitäre Züge an und bringt die personale Würde zum Erliegen. Voraussetzung ist aber, dass der Mensch mitmacht.

Manche, die stöhnen, vergessen, dass sie selbst es waren, die mit ihren Entscheidungen diese Bedingungen geschaffen haben, deren sie sich jetzt so ausgeliefert fühlen. Es handelt sich um die Geister, die sie selbst gerufen haben und die nun Gehorsam erwarten. Müssten wir nicht diesen Geistern gegenüber uns neu profilieren? Der Wettbewerb ist auch heute keine unbeeinflussbare Gegebenheit. Er ist kein Naturgesetz, sondern Produkt menschlichen Denkens und Handelns. Die Idee des freien Marktes ist zwar für viele zu einer Art Glaubenssatz geworden, aber das muss ja nicht so bleiben. Wir müssen unsere Leitbilder neu hinterfragen und damit aufhören, immer die übrigen Vorstellungen und Werte der Idee des sogenannten freien Marktes unterzuordnen.

Der Markt als Ersatz für Freiheit

Wer die Grundfreiheit
zugunsten temporärer Freiheit aufgibt,
verdient keine Freiheit.

„Wir haben keine andere Wahl." „Der Markt zwingt uns bedingungslos." „Wir müssen heute Arbeitsplätze abbauen, damit wir noch bis morgen überleben."

Als wir in der Schule akribisch lernten, wo die entscheidenden Denkfehler des Dritten Reiches lagen, wurde uns beigebracht, dass wir allem misstrauisch gegenübertreten sollen, was uns keine andere Wahl lässt. Wir wurden auf Sätze wie diese als Indikatoren für falsche Gedankensysteme hingewiesen. Wir fragten uns damals bisweilen, warum die gleichen Lehrer, die oft bereits in dieser Zeit, von der sie sprachen, als mündige Erwachsene gelebt haben, nicht schon früher ihre Erkenntnisse umgesetzt hatten, als es noch nicht zu spät gewesen war.

Was werden unsere Kindeskinder einmal akribisch lernen müssen, wenn sie von der gegenwärtigen Epoche in ihrem Geschichtsunterricht hören werden? Was wird dann als die entscheidenden Denkfehler der gegenwärtigen Zeit erörtert werden? Was darf dann zu jener Zeit nie mehr vorkommen?

Es ist durchaus problematisch, zwei so unterschiedliche Epochen zu vergleichen, gerade angesichts von so viel Freiheit und Wohlstand, den wir heute genießen können. In den Augen diverser Wirtschaftstheoretiker ist sogar der lautlose Zusammenbruch von zwei weltbeherrschenden Systemen während der letzten Jahrzehnte Beweis für die weltumfassende Richtigkeit des Übriggebliebenen. Für sie hat der Zusammenbruch des Weltkommunismus deutlich gemacht, dass der Sozialismus seinsfremd, die freie Marktwirtschaft hingegen seinskonform ist. Viele zeigen sich überzeugt, dass es nur den Sozialismus getroffen hat und dass der Zusammenbruch des einen Systems der Beweis für die Richtigkeit des anderen darstellt. Diese Selbstsicherheit ist unangemessen und gefährlich. Der Zusammenbruch des Sozialismus liegt wohl nicht nur an der Widerlegung der sozialistischen Theorie allein, als vielmehr an der Unfähigkeit der sozialistischen Ideologie, sich den menschlichen Bedürfnissen anzupassen und vor allem an der fehlenden Glaubwürdigkeit seiner Vertreter. Und dieses Phänomen ist nicht zum ersten Mal in der Geschichte aufgetreten. Viele Weltreiche sind an der Unglaubwürdigkeit und Maßlosigkeit ihrer Herrscher laut oder lautlos in sich zusammengefallen, und keiner kann sicher sagen, ob den Kapitalismus nicht ganz plötzlich das gleiche Schicksal treffen könnte.

Kapitalismus und Sozialismus sind zwei sehr ungleiche Brüder aber desselben Vaters, der Aufklärung. Es handelt sich nur um verschiedene Gesichter materialistischer Weltanschauung. Die beiden unterscheiden sich in der Verteilung von Eigentum, Marktsitten und -gebräuchen, aber sie stützen sich beide auf die Ergebnisse der französischen Revolution: Freiheit, Gleichheit und Brüderlichkeit.

Wenn wir den Lauf der Geschichte verfolgen, dann hat sich das Ende einer Epoche oft dadurch angekündigt, dass das, was an ihrem Anfang nur unter dem Gesichtspunkt der Befreiung vom Alten gefeiert wurde, mit der Zeit unmerklich totalitäre Anzeichen annahm. Dem Menschen blieb zum Schluss keine freie Wahl mehr. Trägt unsere Marktwirtschaft solche Symptome? Gibt es Anzeichen dafür, dass das gegenwärtige System den Anforderungen der Zukunft langfristig nicht mehr gerecht wird und wir am Anfang des Endes einer Epoche stehen, deren Sieg wir gerade noch feiern?

Freiheit im Sinne der Ideologie des freien Marktes umfasst eine andere Freiheit als die der demokratischen Verfassungen. Wir müssen uns fragen, welche Freiheit wir wollen. Hier geht es um den vollkommen freien Markt. Ganz frei wäre der Markt dann, wenn er frei von Regulativen inklusive ethischen Regulativen wäre. Das würde bedeuten, dass sich alle streng nach dem Prinzip der Gewinnorientierung richten müssten. Außerhalb dieser Regeln gibt es keine Freiheit, es sei denn, man begibt sich freiwillig in das gesellschaftliche Abgeschnittensein hinein.

Es ist bedenklich, radikalen Wirtschaftsliberalismus und politischen Liberalismus gleichzusetzen. Der politische Liberalismus war eine der Grundlagen der modernen Demokratie und des Gedankens der Menschenrechte. Ein bisher bekannter gemäßigter Wirtschaftsliberalismus schloss humanistische Gedanken und Zielsetzungen ganz selbstverständlich mit ein. Ebenso war klar, dass man auf die Ordnungsfunktion des Staates nicht verzichten kann. Namhafte Nationalökonomen (Eucken, Röpke) hielten es für selbstverständlich, dass sich liberale Grundsätze nur im Rahmen gesellschaftlich bezogener Wertvorstellungen entfalten können. Diese Einsicht aber fehlt heute sehr oft.

Normalerweise heißt es, die marktwirtschaftlichen Reformen würden früher oder später automatisch auch zu mehr Freiheit führen. Doch genau das Gegenteil hat sich vielerorts abgespielt: Demokratie und Freiheit wurden in China unterdrückt, um die Marktwirtschaft einzuführen. Wie hätte sich beispielsweise die chinesische Wirtschaft entwickelt, wenn die demokratische Bewegung am Tiananmen-Platz nicht zerschlagen wäre? Die extrem ungleiche Verteilung des Reichtums wird zu einer ernsthaften Gefahr. Der Neoliberalismus ist die Revolution der Elite. Sie will nicht mehr teilen. Soziales Denken wird oft als unzeitgemäß oder als unanständig abgetan. Welche menschliche Freiheit soll denn dadurch gefördert werden, wenn nun auch noch Wasser, Energie, Straßen, Schulen privatisiert werden und zu Renditeobjekten gemacht werden? Welche Freiheit haben wir vermehrt, dass wir nach dreißig Jahren Neoliberalismus heute wieder Verhältnisse wie in den dreißiger Jahren haben, wo eine kleine Gruppe den größten Teil des Reichtums besitzt?

Erhard Eppler erinnert sich an die Nachkriegszeit: „Die Amerikaner sagten uns: ›Im Nationalsozialismus seien die Menschen um des Staates willen da gewesen, in der Demokratie gebe es den Staat nur um der Menschen willen‹."[3] Wir müssen uns fragen, ob diese Aussage heute noch stimmt. Es scheint, dass die Menschen mehr um der Marktwirtschaft willen da sind als die Marktwirtschaft um der Menschen willen. Früher zeigte sich diese – im Bilde gesprochen – wie ein Bock, der den Gärtner bei der Gartenarbeit unterstützt hat, heute haben wir es mit völlig abgehetzten Gärtnern zu tun, die vom Bock durch den Garten gejagt werden. Wir müssen uns ernsthafter fragen, welchen Stellenwert die Demokratie in einer Welt noch hat, in der auf globaler Ebene zunehmend wirtschaftliche Überlegungen zum Zuge kommen? Wir müssen bewusster darüber nachdenken, wie sich politische und ökonomische Macht zueinander verhalten, und wie sich politische und ökonomische Freiheit zueinander verhalten.

Wir stehen vor der Frage, ob wir heute noch den Willen aufbringen, das freiheitlich-demokratische Ideal einer Bürgergesellschaft und ihre Voraussetzung der Chancengleichheit, der Gerechtigkeit und der Solidarität unter veränderten Umständen neu zu überdenken. Wir reden so viel von Freiheit. Wenn wir von Freiheit reden, sollten wir dazu sagen, welche Freiheit wir meinen, und wir sollten mehr darüber nachdenken, ob die Vergrößerung der einen Freiheit nicht meistens die Beeinträchtigung einer anderen Freiheit bedeuten könnte, die für uns langfristig wichtiger sein könnte. Für den Ökonomen könnte zum Beispiel der Gedanke nahe liegen, dass Ethik Einschränkung von Freiheit bedeutet, denn die Ethik scheint der Ökonomie überall ihre Grenzen zu zeigen. Wir müssen also zwischen ethischer und ökonomischer Freiheit unterscheiden. Im ethischen Sinne frei ist, wer sich in seinem Handeln an den besseren Gründen der Vernunft zu orientieren vermag und selbst entscheiden kann. Ökonomische Freiheit hat dem gegenüber ihren Ort außerhalb der Verständigungsperspektive im Rahmen der Realisierung von Interessen. Ökonomische Freiheit bezeichnet einen quantifizierbaren Sachverhalt, im Unterschied zum qualitativen Charakter ethischer Freiheit.

Es geht nicht darum, den Markt frei zu machen, sondern die Menschen für die wesentlichen Dinge des Lebens zu befreien. Es geht darum, darüber nachzudenken, warum so viele an zunehmenden Ängsten und dem Gefühl eines inneren Vakuums ersticken. Entscheidend bleiben die Dinge jenseits von Angebot und Nachfrage, von denen Sinn, Würde und innere Freiheit abhängen.[4]

Wir dürfen nicht nur an die „Freiheit des Marktes" denken. Wir müssen mit all unserer Kraft für ein Umfeld arbeiten, das uns auch in Zukunft erlaubt, uns eine Demokratie leisten zu können, denn nur ein demokratisches Umfeld kann verantwortungsvoll mit einem marktwirtschaftlichen System umgehen.

Die Reduktion des Menschen auf seine Verwertbarkeit

Die Facetten und Konturen der heutigen Marktwirtschaft fragen nach einem bestimmten Menschen, der in das Programm dieses Wirtschaftssystems passt, sich seinen Forderungen fügt und auch so funktioniert. Starke Männer sind gefragt, Sanierer, die mit harter Hand Kosten und Arbeitsplätze minimieren und aufräumen können, die belastbar sind, robust und unsentimental.

Das vom gegenwärtigen Zeitgeist geprägte Menschenbild ist fast ausschließlich auf kurzfristigen Werten aufgebaut. Das Denken stützt sich mit leisen Sohlen auf ein Menschenbild, das wir schon kannten, das den Sinn des Menschseins auf seine utilitaristische Verwendbarkeit reduziert (Kraft, Rasse, Bildung, Alter, Verwendbarkeit, Updating-Potential). Das „Herrschen durch Belastbarkeit" hat jenes „Führen durch Dienen" abgelöst, das bisher dem Wesen großer Persönlichkeiten zu eigen war.

So sucht der Markt nach Menschen mit „übermenschlichen" Qualitäten, die Dinge bewältigen können, die eigentlich nur ein Computer oder ein Roboter bewerkstelligen kann, der ohne Pause arbeitet, der keine Streicheleinheiten und Anerkennung braucht, der keine familiären Bindungen besitzt, der niemals traurig ist, der keine Sehnsucht nach Liebe hat, der sich niemals auf etwas zu freuen braucht. Man muss alles ohne Verzögerung können, überall einsatzbereit sein, ständig sich jedem neuen Arbeitsprozess einfügen, hochdifferenziert allen Anforderungen genügen und zugleich aber auf flexible, konstruktive, effiziente Art mittragen können. Man muss flexibel, dynamisch, aufgeschlossen, initiativ, teamfähig, selbständig, kundenorientiert, innovativ, unsensibel, robust, belastungsfähig sein. Welcher Mensch kann da mithalten? Aber die Menschen selbst sind es, die Arbeitskräfte suchen mit möglichst unmenschlichen Zügen, die das vorantreiben, was sie als Menschen ersetzbar macht.

Das Wort „Arbeitsmarkt" bringt es auf den Punkt: Es geht um Menschen, die sich „kaufwilligen" Unternehmern anbieten. Im Zusammenhang mit Menschen Wörter zu benutzen, die eigentlich nur auf Dinge anwendbar sind, zeigt nicht nur die zahlenmäßige Reduktion an Menschen in der Arbeitswelt, sondern auch die Reduktion an Menschlichkeit. Der Mensch – nach Preis und Nachfrage feilgeboten und gehandelt – wird wieder unmerklich zur Ware.

Die Gesellschaft beurteilt den Einzelnen nur noch danach, wie nützlich er für sie ist. Sie taxiert ihn wie eine Ware auf dem Markt nach dem Gebrauchswert. Er wird sortiert und aussortiert. Je nach Beurteilung landet er in einem anderen Schultypus. Und nach der Schule wird er weiter beurteilt. Die Intelligenztests, Eignungstests, Fragebögen und Personalakten sind Symbole unserer Zeit. Immer wieder, ein ganzes Leben lang, wird er so zu einer Art Stellenbewerber, der Platz zu nehmen hat, damit seine Verwendungsmöglichkeiten geprüft werden – von Personalchefs, Managern, Bildungsexperten und Psychologen. Den prüfenden Blick haben sie alle gemeinsam. Und dann wird er Schubladen zugeordnet, etwa wie

„geeignet" oder „nicht geeignet", „qualifiziert", „unterqualifiziert", „überqualifiziert" oder „nicht qualifiziert", „können wir gebrauchen" oder „können wir nicht gebrauchen", „ist für uns wertvoll" oder „ist für uns wertlos". Ist er nicht mehr „nützlich", dann ist er nicht mehr „sinnvoll" und wird in irgendeiner Form degradiert – beruflich, gesellschaftlich und persönlich. In unserer immer stärker zweckrationalisierten Gesellschaft wird dieser Trend zunehmen. Der Mensch wird ein Mittel zum Zweck. Er wird zum Ding, zum Menschenmaterial, zum Werkzeug, zum „Human Tool". Wichtig ist nicht mehr seine einmalige Person, sondern seine Verwendbarkeit, seine Leistungsfähigkeit, seine Kompatibilität. Das ist das Gesetz der Erwerbs- und Leistungsgesellschaft: Wer keine Leistungen vorweisen kann, ist wertlos, wer keinen Nutzen bringt, ist entbehrlich.

Das Unwort des Jahrhunderts heißt „Menschenmaterial". Geprägt wurde es im Dritten Reich. Wie weit sind die heutigen Worte „Human Resources" (menschlicher Rohstoff) und „Human Capital" davon entfernt?

Eine Hilfe gegen die zu beklagende Abstumpfung und schleichende Gewöhnung an destruktive Entwicklungen wäre es, wenn wir die Systeme entlarven, die uns ständig zur Verfügung stehen, Schmerz und Betroffenheit zu filtern und abzudelegieren. Diejenigen, die heute für tausende Entlassungen verantwortlich sind, spüren längst nicht mehr persönlich die Not der Betroffenen, weil sie bei ihren Schreibtischentscheidungen nur die Zahlen, nicht aber die Menschen selbst sehen. Sie sind längst nicht mehr in die einzelnen Schicksale involviert, und darum bereitet ihnen ihre Arbeit auch persönlich keine Not. Die Menschen, die betroffen sind, stehen nicht vor der eigenen Haustür, man kennt sie nicht. Sie bleiben anonym. Die einzelnen Arbeitnehmer stehen nur noch als Zahlen in Statistiken. Die Verantwortlichen brauchen sich auch oft nicht mehr persönlich blicken lassen, wenn sie die Aufgaben an ihre Manager verteilen.

Und darin liegt immer die Gefahr, dass diejenigen, die Ausführer destruktiver Abläufe sind, ihre Schmerzfähigkeit vorher abdelegieren konnten und immer noch über eine moralisch überzeugende Begründung verfügen.

Ein Basler Bankier macht einen ernst zu nehmenden Vorschlag: „Wir brauchen nur die Tiere zu studieren, um eine Ahnung von unseren unbewussten psychischen Grundmustern zu bekommen. Unzweckmäßig wäre es, wenn im Kampf jedes Mal der Unterlegene getötet würde. Darum hat die Natur für die Hunde die sogenannte Beißhemmung vorgesehen, welche dem Aggressionstrieb die Grenze setzt: Legt sich der Unterlegene auf den

Rücken und bietet er dem Stärkeren seine Halsschlagader zum tödlichen Biss an, endet der Kampf. Beißhemmungen hat auch der Mensch. Voraussetzung für das Funktionieren der Beißhemmung ist nun allerdings, dass man sich Auge in Auge gegenübersteht. Einem normalen Menschen fällt es viel leichter, einem möglichst anonymen Gegner durch einen Gewehrschuss niederzustrecken, als ihn Auge in Auge zu töten. Es scheint mir, dass unsere Psyche mit ihren Instinkten eingerichtet wurde für eine primitive Gesellschaft in einer Zeit, als man in Gruppen von vielleicht zehn bis fünfzig Menschen zusammenlebte. Die Psyche des Menschen hat sich seither kaum weiterentwickelt, wohl aber die Technik. Auch in der Wirtschaft funktioniert die Beißhemmung ganz leidlich im persönlichen Umgang, nicht aber auf Distanz. Muss ich einem Angestellten seine Entlassung Auge in Auge mitteilen, so überlege ich mir die Sache vorher zehnmal. Viel weniger natürliche Hemmung habe ich, wenn ich per Computer den blauen Brief an 500 mir nicht persönlich bekannte Menschen versenden kann. Die Beißhemmung kann man auch als eine von der Natur gegebene ethische Regelung bezeichnen. In der Wirtschaft wäre es also ein Gebot, Strukturen zu schaffen, welche das Funktionieren der Beißhemmung ermöglichen, d.h. beispielsweise in Großunternehmen die Führung so aufzugliedern, dass der persönliche Kontakt Auge in Auge möglich bleibt und Entlassungen nicht via Computer erfolgen."[5]

Egoismus als neue Tugend

Im Wandel zu einer subjektzentrierten, westlichen Gesellschaft setzt sich zur Zeit das individualistische Prinzip so schnell als neues Lebensmuster durch, dass Experten bereits vor einem plötzlichen Umschlagen des Pendels hin zu einer Gesellschaft, in welcher das Individuum keine Rechte mehr hat, warnen.[6] Vorerst aber ist unsere westliche Welt noch geprägt durch eine Eskalierung des individualistischen Prinzips. Die Bedürfnisse und Rechte des Einzelnen stehen im Vordergrund. Jeder Einzelne muss seine errungene Freiheit selbst gestalten. Man zieht sich ins Private zurück. Wo Sicherheiten, Werte und Überzeugungen bröckeln, ist man auf sich gestellt und gestaltet sein Leben selbst. Die Biographie der Menschen ist plötzlich offen. Ausbildung, Beruf, Arbeitsplatz, Auto, Wohnort, Ehepartner, Kinderzahl etc. liegt in der eigenen Entscheidung. Dieser Umstand teilt die Menschen in zwei Lager.

Einerseits ist eine Zunahme von Ängsten, Depressionen, Unsicherheit und Burn-outs zu beobachten. Die Zukunftsperspektiven werden kürzer. Entsprechend wächst bei vielen das Sicherheitsbedürfnis. Weil das Gemeinschaftsnetz weniger trägt, leben mehr Menschen in größerer Angst um ihren materiellen Wohlstand. Die Unsicherheit wächst, weil dem Einzelnen ein Entscheidungsfreiraum zugestanden wird, der größer ist als seine entwickelte Fähigkeit, für die Folgen seiner Entscheidung einzustehen.

Andererseits ist ein übersteigerter Egoismus die natürliche Folge eines radikal ausgelebten Individualismus. So haben viele nur eine Ethik, die auf den eigenen Nutzen abzielt. Sie sind durchaus bereit, dem Gemeinwohl zu schaden, solange es niemand merkt. Nicht mehr Sein, sondern mehr Haben zählt.

Wir haben uns mit diesem Denken weit von der christlich abendländischen Kultur entfernt. Wie ein Relikt aus sehr alter Zeit wirken die Worte des ersten Theologen Paulus, der noch lehrte, dass die Liebe zum Geld die Wurzel allen Übels sei. Jetzt nehmen Karriere und Geld die erste Stelle der Werteskala ein. Die Maximierung des Einkommens ist für viele ein Lebensziel geworden. Ansehen und Einfluss werden am Geld gemessen.

Die Frage nach der Gerechtigkeit tritt folgerichtig zurück. Der Markt selbst als Personifikation einer regulierenden Macht ist ja gerecht.

Friedrich der Große beklagte den Egoismus noch als *die* Bedrohung: „Ich ärgere mich, wenn ich sehe, welche Mühe man sich in diesem rauen Klima gibt, um Ananas, Bananen und andere exotische Pflanzen zum Gedeihen zu bringen, während man so wenig Sorgfalt auf das menschliche Geschlecht verwendet. Man mag sagen, was man will: Der Mensch ist wertvoller als alle Ananas der Welt, er ist die Pflanze, die man züchten muss, die alle unsere Mühe und Fürsorge verdient. Man glaubt insgeheim für seine Erben genug getan zu haben, wenn man Reichtümer für seine Kinder ansammelt … Fast hätte ich ausrufen mögen: Ihr Familienväter, liebt eure Kinder mit vernünftiger Liebe, die sich auf ihr wahres Wohl richtet …, damit sie ihre Schritte wohl überlegen, verständig und umsichtig werden, Einfachheit und Mäßigkeit lieben.“[7]

Ein dazu passender Denkansatz darf für sich eine wahre Erfolgswirkungsgeschichte beanspruchen: „Indem die einzelnen Wirtschaftssubjekte ihr egoistisches Interesse ohne jede staatlichen Eingriffe verfolgen dürfen, fördern sie, ohne das bewusst zu wollen, das Gemeinwohl.“[8] Adam Smith gründete sein Konzept des Wohlstandes der Nationen auf diesem Prinzip. Bis in die heutige Zeit wird es auf verschiedenste Art und Weise interpretiert, aus dem Zusammenhang gerissen und für die Rechtfertigung eigennütziger Gedanken missbraucht: Man bediene sich des Egoismus und berufe sich dabei auf keinen geringeren als auf Adam Smith, der als schottischer Moralphilosoph seit Veröffentlichung seines Werkes „Untersuchung über die Natur und die Ursachen des Wohlstands der Nationen" als Vater der klassischen Volkswirtschaftslehre und als eine Art Schutzpatron für die Anhänger der freien Marktwirtschaft gilt.

Untersuchen wir nämlich die Aussagen von Smith genauer und beziehen wir die neuen Denkhorizonte der Aufklärung, die quasi als Rahmen seiner Gedanken zu sehen sind, mit ein, so führt uns das zu einer anderen Erkenntnis: Wenn Adam Smith von der Freiheit jedes einzelnen menschlichen Wesens spricht, dann impliziert er damit, dass das Freiheitsverständnis nur so weit gehen darf, soweit es die Freiheit des anderen nicht beeinträchtigt; sonst wäre die Freiheit gewisser Menschen nicht gewährleistet. Die Freiheit jedes einzelnen Menschen erweist sich bekanntlich als die zentrale Forderung, auf der er seine Theorie aufbaut. Wenn er von dem Wohl des Ganzen spricht, dem jeder Einzelne dient, zeigt sich einerseits sein Interesse an einem allgemeinen Wohlstand, andererseits ist auch eine Absage an einen blinden Egoismus enthalten, denn dieser würde der inneren Logik seiner Theorie widersprechen. Wie soll das in Freiheit verfolgte Einzelinteresse dem Wohl der ganzen Gemeinschaft dienen, wenn sich die Einzelnen untereinander in blindem Egoismus bekämpfen und sich gegenseitig ihrer Freiheit berauben? Folglich kann beim „Vater des Liberalismus" nur von einem „bewussten" Egoismus die Rede sein, der die von der Freiheit des anderen abgesteckten Grenzen akzeptiert, achtet und einhält.

Das differenzierte Verständnis von Egoismus missachtend, wird heute die unternehmerische Lebensform der Selbstbehauptung, der Maximierung des Eigennutzens und der Rücksichtslosigkeit mit dem Mantel des Gemeinwohls eingekleidet. Von einem Missverständnis ausgehend werden unmenschliche Handlungen mit dem Verweis legitimiert, dass sie letztlich dem Gemeinwohl aller dienen. Profitsucht ist plötzlich kein Makel mehr, sondern ökonomische Notwendigkeit, Gier bedeutet Wachstum, und brennender Ehrgeiz wird zum karrierefördern Siegeswillen umbenannt.

Wie weit weg muss man vom täglichen Leben geraten sein, um die gigantischen Abfindungen für Vorstände noch zu verteidigen. Keiner gesteht ein, dass das unanständig ist. Es ist zu befürchten, dass die Unschuldsmiene gewisser Herren sogar echt ist. Auch wenn sie in ihrer geschmacklosen

Rechtfertigung noch so stark auf internationale Gepflogenheiten verweisen, ihr Lohn muss den Maßstäben im Unternehmen und im Land entsprechen und Lohn sollte verdient werden. In vielen Fällen gibt es die Belohnungen leistungsfrei. Ob sich ein CEO 2 oder 20 Millionen genehmigt, schlage bei Unternehmen mit Milliardenumsätzen nicht an, werden wir belehrt.

Zunächst sollten wir klarstellen, dass wir nicht von Unternehmern reden, sondern von deren Delegierten. Das CEO-Risiko besteht darin, im Falle eines Versagens mit dem Schimpf einer siebenstelligen „Abgangsentschädigung" von der Bürde entlastet zu werden. Und so Gravierendes geschieht gewöhnlich erst, wenn das Unternehmen bereits schweren Schaden erlitten hat. Das Vertrauen in den Markt hat doch immer noch seine Voraussetzungen. Wo die darin handelnden Personen es an Verhältnissinn mangeln lassen, bröckelt das Vertrauen, somit das Fundament des Systems. Die Basis des Vertrauens könnte wieder gelegt werden, wenn es selbstverständlich werden würde, dass diese Führungskräfte genauso konsequent den von ihnen verursachten Misserfolg prozentuell verhältnismäßig aus eigener Tasche zu begleichen haben, wie sie den Erfolg für sich persönlich abbuchen. Eliten haben es immer wieder verstanden, eine kultisch inszenierte Selbstüberschätzung zu mythologisieren. Das Augenmaß und die Kraft zum Maßhalten sind eine Charaktersache, die zu den Muss-Kriterien einer Führungskraft zählen sollte. Es muss schon ein Jahresverdienst des 200fachen Lehrergehaltes ruchbar werden, damit wir verdutzt fragen: Ist denn überhaupt noch ein Maß in den Dingen? Und rechnet keiner damit, dass er nach dem Maß, mit dem er misst, gemessen werde? Es sollte diesen hochdotierten Herrschaften, die sich ständig auf Adam Smith berufen, erinnerlich gemacht werden, mit welcher Behutsamkeit der Stammvater der ökonomischen Freizügigkeit gerade an die Frage der Lohngerechtigkeit heranging.

Über den Egoismus schreibt Friedrich der Große: „Fassen Sie zusammen, was die Geschichte hierüber berichtet, so werden Sie finden, dass der Fall der Republiken nur einigen, durch Leidenschaft verblendeten Bürgern zuzuschreiben ist, die ihren Eigennutz vorzogen, den Gesellschaftsvertrag brachen und wie Feinde des Gemeinwesens handelten, dem sie angehörten."[9]

Der erste Schritt in Richtung eines „anderen" Wohlstandes könnte in einem Überdenken der Ideologie des exponentiellen Wachstums und des Machbarkeitswahns liegen und auch immer wieder in der Frage: Soll die

Wirtschaft dem Menschen dienen oder der Mensch der Wirtschaft.[10] Wenn wir diese Frage nicht radikaler als bisher stellen, wird sich die Wachstumsideologie als eine Blase herausstellen, die sich mehr und mehr spannt und dann einmal platzen wird.

Der unberechenbare Wandel

Die meisten Prophezeiungen, die wir für die Zukunft bekommen haben, zeichneten sich dadurch aus, dass sie nicht eingetroffen sind, und die wichtigsten Ereignisse, die uns getroffen haben, zeichnen sich dadurch aus, dass sie niemand prophezeien konnte.

Trotz dieser Erkenntnis wollen wir einen kurzen, unvollständigen Blick in mögliche Zukunftsszenarien wagen, die unsere Veränderungsgsfähigkeit herausfordern werden.

Nach Aussagen des Zukunftsforschers Lars Thomsen[11] wird die rasante Weiterentwicklung der „künstlichen Intelligenz" unser Leben stark verändern. Viele technische Probleme werden aufgrund der Zunahme der Intelligenz lösbar werden. Die Nutzung des Internets verlagert sich von PCs hin zu einem Internet der Dinge. Dadurch werden Geräte und unser „Umfeld" wesentlich intelligenter. Dieses Worldwide Mesh mit mehreren Milliarden von intelligenten Endgeräten und Sensoren wird die Grundlage der zu erwartenden Veränderungen bilden, die in den Bereichen Arbeit, Gesellschaft, Kommunikation, Technologien, Mediennutzung etc. auf uns zu kommen. Der Zugang zu Informationen, Wissen und Menschen ändert sich grundlegend und schafft die Voraussetzung für einen viel effizienteren Markt. Die Lebenserwartung macht mit den Erkenntnissen der Genforschung noch mal einen großen Sprung nach vorne. Heilung von Krankheiten erfolgt weniger mittels Medikamenten, sondern auf Basis genetischer Manipulation oder Korrekturen. Im kommenden Jahrzehnt werden Menschen anfangen, ihren Körper und das Gehirn mit technischen Zusätzen aufzurüsten. Energiesysteme, Gen-Technologie (Stammzellenforschung), Nanotechnologie und Miniaturisierung, künstliche Intelligenz (Neue Software-Architekturen) und autonome Maschinen werden die Märkte des frühen 21. Jahrhunderts bestimmen. Diese technologische Zukunftsschau könnte uns durchaus positiv stimmen. Die politischen Konflikte, die zunehmende Ressourcenknappheit, die seelische und charakterliche Befindlichkeit der Menschen, die immer größere Isolation derer, die sich diese Innovationen nicht leisten können, die Verarmung und Radikalisierung und

Kriminalisierung ist die andere Seite, die uns in den nächsten Jahren beschäftigen wird.

Rohstoff-, Wasser- und Energieknappheit im Zusammenspiel mit unterschiedlichen religiösen Weltanschauungen (Fundamentalismus) werden das Konfliktpotential der nächsten drei Jahrzehnte bestimmen. Die Anzahl möglicher Konflikte wird sich dadurch erhöhen. Energie und Ressourcen werden das Hauptspannungspotential bieten. Die Zeit wird im Gegensatz zu Geld ein immer wertvollerer Faktor (wir kommen später noch darauf zurück). Knappheit von hochqualifizierten Human Ressources verändert Angebots- und Nachfragematrix am Arbeitsmarkt.

Die Globalisierung als Prozess der fortschreitenden Vernetzung der Weltwirtschaft erleben wir in vielen Facetten zur Zeit hautnah. Wir befinden uns in der dritten Welle der Globalisierung. Es zeichnet sich eine immer stärkere Interdependenz der Märkte und Akteure ab. Sie hat sich längst auf politische, soziale und kulturelle Beziehungen ausgedehnt. Globalisierung gibt es schon lange. Neu ist das Tempo. Die Gründe für die Eile ergeben sich aus dem ökonomischen Marktansatz. Er wird begleitet von dem Ruf: „Wir brauchen mehr Markt!" Dieses Denken geht davon aus, dass das Wachstum umso größer sein wird, je freier die Marktwirtschaft operieren kann. Das Tempo und die Unausweichlichkeit dieser Entwicklung empfinden die einen als Chance und als Vergrößerung ihrer Freiheiten und Möglichkeiten, die anderen als Bedrohung. So verzeichnet das GfS-Forschungsinstitut in Zürich und Bern seit 1996 einen bemerkenswerten Anstieg der Ängste in der Schweizer Bevölkerung. Mittlerweile gehören laut Aussagen des Instituts der Egoismus der Menschen, unheilbare Krankheiten und die Globalisierung zu den drei häufigsten Auslösern von Ängsten der Schweizer.

Der Ruf nach mehr Markt ist auch der Ruf nach mehr Einfluss und nach mehr Macht. Globalisierung steht als Begriff Pate für einen nicht neuen Antrieb: Dem Verlangen nach mehr Macht. „Economics of scales" – „Macht durch Größe" heißt das Gesetz, welches die Vorstände dazu bringt, ihre Konzerne in immer größere Einheiten zu verwandeln. Das „Fusionsfieber" lässt uns beinahe täglich die Eile hautnah miterleben, mit der sich die Unternehmen noch schnell die größten Happen zur Sicherung des morgigen Überlebens schnappen. Mit dieser nervösen Hektik hört man gleichzeitig die Uhr ticken, welche uns die gezählten Tage dieser Periode kommuniziert. Wem ist nicht schon bange vor dem unausweichlichen Moment, wenn die globale Konjunktur einmal in sich zusammenfällt, wenn die Träume plötzlich rückwärts laufen?

Das Wort „international" verschwindet unmerklich im Nebel. Wer im tradierten Sinn international geprägt war, besaß eine besondere Sensibilität für andere Kulturen. Im Wort Globalisierung klingt etwas anderes mit: Hier geht es nicht um internationale, interkulturelle Sensibilität, sondern um universale Maßstäbe und Denkmuster. Keiner kann sich dem einfach entziehen. Wer sich nicht beteiligt, bestraft sich selbst, indem er sich ins Offside stellt. Dabei sollte in einer Zeit des Cyber-Space, wo alles gleich nah liegt, wo die Bedeutung geografischer Entfernungen immer mehr abnimmt, die Wahrung der eigenen kulturellen Prägung im Zusammenleben mit anderen Kulturen ganz besonders ernst genommen und sensibel ausbalanciert werden.

Die Möglichkeiten globaler Machtausübung haben in den letzten Jahren in großem Tempo zugenommen. Es ist zu bezweifeln, dass im gleichen Tempo das Verantwortungsbewusstsein der Menschen und ihre Bereitschaft zur Selbstkontrolle zugenommen haben.

Die Kontrolle von *innen* durch Wertvorstellungen und Normen wird als unverbindlich betrachtet, denn der Gradmesser für wirtschaftliches Handeln ist der Erfolg im Konkurrenzkampf und der Kapitalertrag. So wird das Gewissen oft in eine Nebenrolle gedrückt. Darüber hinaus entbindet die Anonymität des Kapitalbesitzes leitende Manager von sozialer Kontrolle und Gewissenskonflikten.

Obwohl sich durchschnittlich die Lebensumstände vieler Menschen in den letzten Jahren verbessert haben, wird dieser Trend durch die Auswirkungen, die die Globalisierung in der weltweiten Entwicklung und im globalen Zusammenhang verursacht, nach unten hin relativiert. Es ist absehbar, dass sich dieser Prozess fortsetzen wird.

Auch sprechen Anzeichen dafür, dass die Zeit der Aufschwünge und Kommandohöhen abklingt. Die CEOs als verspätete Nachkommen eines industriegesellschaftlichen Unternehmertums wirken unbeholfen in einer Marktgesellschaft, deren Wirtschaftsprozesse sich plötzlich nicht mehr in heftigen Ausschlägen von Konjunkturzyklen durch die Zeit bewegen. So bewerten sie die kühlen Tage immer nur als kurze Unterbrechung des Hochsommers und verheißen zur Überwindung der Krise den alten Frühling.

Hinter uns liegt eine Zeit der Hybris, der Anmaßung, des Bluffs, der wirtschaftlichen Irrlehren. Eine der gravierendsten Irrlehren ist das überzogene Verständnis vom Shareholder Value. Diese alleinige Ausrichtung allen Denkens und Handelns auf den Börsenwert und die damit verbundene Verknüpfung gewaltiger Stock-option-Programme mit dem Aktienkurs ihrer Unternehmen und ihrem persönlichen Einkommen, hat viele Manager angestiftet, die Gewinne bis zur Bilanzfälschung zu schönen und sich auf Kosten ihrer Firmen zu bereichern. Ich wies in den letzten Jahren in meinen Referaten immer wieder darauf hin, dass das Funktionieren unserer Marktwirtschaft in erster Linie nicht gefährdet ist durch fehlendes Fachwissen, sondern durch fehlende Werte und fehlende Charaktereigenschaften. Und gerade in diesen Tagen erleben wir, dass es nicht die Marktschwankungen sind, die das Schicksal großer Firmen besiegeln, sondern Gaunereien in den Vorstandsetagen.

Das geltende Berufsbild des CEO brachte in den letzten Jahren oft die falschen Leute in die obersten Positionen. Die Verwaltungsräte suchten Universalgenies, statt sich auf gut funktionierende Teams zu konzentrieren.

Wir werden in der vor uns liegenden Zeit an den Folgen zu tragen haben: In Form von Arbeitslosigkeit, Wohlstandsabbau, Rezessionen, deflationären Depressionen sowie einer weiteren Vernichtung großer Scheinwerte an der Börse.

Auswirkungen

2. Kapitel: Auswirkungen

Flexibilitätsdiktat, Informationsüberflutung und Ohnmacht

Noch nie zuvor nahmen die Computer der Gesellschaft so viel Zeit ab wie heute. Zeit ist Geld. Unsere Gesellschaft müsste eigentlich in Ozeanen freier Zeit schwimmen. Das Gegenteil ist der Fall. Die Geräte sollten die Arbeit schneller machen, und das haben sie auch geschafft. Die gesparte Zeit wird lediglich sichtbar an den Halden arbeitsloser Menschen, die von Tag zu Tag wachsen. Das sind angehäufte Zeitreserven, die durch ihren Nichtgebrauch nicht etwa als zurückgelegte Reserve betrachtet werden können, sondern die zu Brutstätten persönlicher und sozialer Konfliktfelder verderben, während der Rest der Menschheit noch mehr als zuvor unter Zeitmangel leidet.

Die Gegenwart wird immer kürzer, der Intervall von einer Veränderung zur anderen wird immer kleiner, der Puls des Neuen schlägt schneller und schneller, die Ängste vor dem eigenen Verfallsdatum wachsen, weil die eigene Vergänglichkeit dem Einzelnen durch die im Sekundentakt ablaufende Lebensuhr viel bewusster wird.

Auch wenn wir jetzt schon allerorten stöhnen: Die Geschwindigkeit der Informationszufuhr und die Qualität befinden sich nach Aussagen des Zukunftsforschers Lars Thomson zurzeit sogar erst auf äußerst geringem Niveau. Die Leistung von Prozessoren, Netzwerken und Speichereinheiten wächst exponentiell: Die Preis-Leistung-Größen-Performance verdoppelt sich ca. alle 15 Monate. Im Jahre 2018 wird ein gleich teurer Computer wie heute nach Lars Thomsons Einschätzung mit der Leistung eines menschlichen Gehirns aufwarten gegenüber dem im Bilde gesprochen gegenwärtigen Stubenfliegenniveau.

Es wird heute zu viel gesprochen (Handy) und geschrieben (E-Mails), und wie viel wird dabei noch gedacht? Wie viel Zeit geht im Grunde verloren, weil man keine Zeit mehr eingeräumt bekommt, zu Ende zu denken? Ich beobachte gerade bei technologisch top ausgerüsteten Unternehmen, in denen die Führungskräfte selbstverständlich über Smartphones und Black-berrys verfügen müssen, immer wieder eine Innovationsstagnation, weil den Menschen die Konzentration auf eine einzige Sache über einen länge-ren Zeitraum hinweg fast unmöglich gemacht wird. Natürlich sind Infor-mationen schneller überall verfügbar. Die Mittel haben Kommunikation viel einfacher gemacht, aber nicht besser. Es braucht klare Regeln und beinharte Disziplin. Wenn man sich seine Zeit zum Konzentrieren heute nicht „brutal" herausreist, wird man sie nie haben. Weil alles so schnell geht, sind wir schlampig in der Kommunikation geworden. Die dadurch verursachte enorme Verzettelung ist Gift für die eigene Wirksamkeit. Die Digitalisierung und Mobilisierung der Arbeit hat zu großem Zeitdruck und Hektik geführt, die viele Menschen an den Rand des Burn-out geführt hat.

Allein mit überflüssigen E-Mails verplempern Manager dreieinhalb Jahre ihres Lebens, wollen Wissenschaftler des Henley Management College im englischen Oxfordshire herausgefunden haben. Hinzu kommt, dass viele gleichzeitig eintreffende Informationen Menschen überfordern, da sie aus ihrer eigentlichen Arbeit ständig herausgerissen werden. Eine Interrup-tion-Science hat sich bereits in den USA als eigener Forschungszweig ent-wickelt, der die Folgen von ständigen Unterbrechungen untersucht. Das New Yorker Beratungsunternehmen Basex hat ausgerechnet, dass für die amerikanische Wirtschaft durch die ständigen Unterbrechungen, durch das Hin- und Herwechseln zwischen verschiedenen Aufgaben, jedes Jahr umgerechnet Kosten in dreistelliger Milliardenhöhe entstehen. Dafür haben die Experten 1.000 Manager nach ihren Arbeitsgewohnheiten befragt und herausgefunden, dass fast ein Drittel der Arbeitszeit durch sinnlose Unterbrechungen verloren geht. Über die Genauigkeit solcher Angaben mag man streiten. Tatsache ist, dass das gleichzeitige Bearbeiten verschiedener Aufgaben die Effizienz im Arbeitsalltag deutlich ver-schlechtert. Für geistig sehr anspruchsvolle Aufgaben seien häufige Unter-brechungen sehr schädlich und führten zur Stagnation der Innovationskraft eines Unternehmens.

So zeichnet sich der gegenwärtige Umbruch durch eine zunehmend höhere Instabilität und durch ein permanent wachsendes Risiko aus. Gefragt sind Anpassungsfähigkeit und Rastlosigkeit.

Von jedem, der weiterkommen will, wird Offenheit für kurzfristige Verän-derungen verlangt, Risikobereitschaft und Unabhängigkeit von förmlichen Prozeduren. Flexibilität ohne Grenzen heißt die neue Devise.

Wenn man Führungskräfte befragt, worauf sich Erfolgreiche von morgen heute einstellen müssen, antworten die meisten: „Auf ein Höchstmaß an Flexibilitätsbereitschaft". Sie erklären einem dann, dass es keine festen Werte mehr geben wird, dass jeder tagtäglich damit zu rechnen hat, mit einer völlig veränderten beruflichen Situation konfrontiert zu werden, die nichts mit der bisherigen Aufgabe oder dem ursprünglich erlernten Beruf mehr zu tun habe. Wer erfolgreich Arbeit finden wolle, müsse sowohl national wie auch international mobil sein.

Alle Kompetenz baute bisher auf Kontinuierlichkeit auf. Kompetenz für Strategie, Planung und Finanzen, Markt, Führung und Produktion verlangte bisher kontrollierbare Bedingungen, verlässliche Kontinuität und Berechenbarkeit. Morgen hingegen baut Kompetenz auf die Bereitschaft zur Flexibilität auf. Jemand sagte einmal „Die Zeit der neuen Nomaden ist angebrochen."

Die Flexibilitätsforderung ist bar jeder Anleitung, wie ein Leben zu führen sei. Es gibt keine Wege mehr, denen Menschen im Berufsleben folgen können.

Wo nur immer das Neue Anspruch auf (kurzfristiges) Lebensrecht hat, wo Vertrautheit misstrauisch beäugt wird, können keine langfristigen Bindungen entstehen, etwas was Menschen für ihr Wohlergehen zutiefst brauchen. Alles, was bisher Wurzeln des Wohlergehens darstellte: Familie, Beruf, Wohnort und soziales Netzwerk, ist den unsteten Anforderungen des Wirtschaftslebens ausgeliefert. Kaum noch ist es möglich, Ordnung ins einzelne Leben zu bekommen. Das Ergebnis ist Ohnmacht und bei vielen das Gefühl der Sinnlosigkeit und inneren Orientierungslosigkeit.

Mittlerweile wissen wir, wie sich nahezu alle Management- und Führungspositionen geradezu gefährlich und gesundheitsschädigend erweisen können. Eine Studie von Ärzten des Genfer Universitätskrankenhauses über männliche Herzinfarkt-Patienten im Alter von 32 bis 45 Jahren zeigt, dass keiner erblich für Herzinfarkt disponiert war, sondern dass alle „lediglich" unter übermäßigen beruflichen und privaten Spannungen gelitten haben. Sie waren auf der Flucht in berufliche Überaktivitäten. Zum Träumen, zur Muße, zur Ruhe, zur Entspannung und zur Reflexion blieb keine Zeit mehr.

Die Flexibilität erzeugt bei vielen Angst. Niemand ist sicher, welche Risiken vertretbar sind, welchem Pfad man folgen soll. Die Flexibilitätsforderung gibt sich das Bild von mehr Freiheit, zu der aber noch nicht alle reif seien. In Wirklichkeit aber ist das Gegenteil der Fall. Sowohl das Lean-Management als auch die geforderte Flexibilität vergrößern nicht die individuelle Freiheit, sondern verkleinern sie. Sie beseitigen einige Regeln, schaffen aber neue Kontrollen, die nur schwerer zu durchschauen sind. Und sie degradieren den Menschen noch mehr zu einer nur kurzfristig „frischen und brauchbaren Ware", und das spürt der Einzelne.

Flexibilität und Mobilität führen dazu, dass Freundschaften flüchtig bleiben und die Eingebundenheit des Einzelnen in die örtliche Gemeinschaft immer brüchiger wird. Auch auf die Familien wirkt sich die Flexibilitäts- und Mobilitätsforderung aus. Während die Familie Bindung fordert, fordert Flexibilität die Bereitschaft, in Bewegung zu bleiben und keine Bindungen einzugehen.

Die seelischen Bewältigungsmechanismen gegenüber der rasanten Geschwindigkeit der Entwicklungen, die auf uns zukommen, sind bei vielen beängstigend zurückgeblieben. Das ist die klare Zwischenbilanz aus meiner Beratungspraxis. Ohne die *seelische* Bereitschaft eines Menschen zur Flexibilität und zum Loslassen, ohne Wertebasis, ohne ein Gefühl für seine eigenen Identität, wird der Mensch zunehmend in ein passives Lebensmuster gedrängt und seelischen Schaden nehmen. Dieses Buch will sich der Frage widmen, worauf es heute ankommt, um mit Zuversicht, ohne den Glauben an sich selbst zu verlieren, den Blick nach vorne zu wagen. Mit einer stabilen seelischen Verfassung werden wir auch in der Lage sein, von Innovationen zu profitieren und sie für uns nutzbar zu machen.

Der Angriff auf die Intimsphäre

Telemedien, das Internet, die neuen Handys mit Bildschirmen, intelligente Überwachungskameras etc. rücken an jedem Ort und zu jeder Zeit eine Vielzahl virtueller und realer Welten in distanzlose Nähe. Aber ist nicht gerade das Privatleben, der private Schutzraum, Ausdruck der Persönlichkeit und Individualität des Einzelnen? Ist nicht eine Gefährdung des Privaten auch eine Gefährdung dessen, was unsere menschliche Einzigartigkeit und Freiheit ausmacht?

Dieses Missverhalten liegt im Vollzug der wirtschaftlichen Entwicklung verborgen. In den harmlosen kleinen Karten und Chips, die alles vereinfachen sollen, werden immer mehr Daten des einzelnen Individuums gespeichert. Es hat sich ein Netz elektronischer Augen über unsere Welt ausgebreitet. Ethische Kontrollmechanismen, die dem Einhalt gebieten, existieren in nur ungenügendem Maße. Keiner von uns weiß, an wen und möglicherweise mit welchem Preis die persönlichen Daten von den einzelnen Firmen oder Institutionen weitergegeben werden.

Für viele wird der Lebensraum durch den Siegeszug der Informatik kleiner. Das wachsende Gefühl der Ohnmacht, des Kontrollverlustes und der Fremdbestimmung gehen einher mit dem Ansteigen der Ängste. Dabei stehen wir erst am Tag 1 der digitalen Gesellschaft. Menschen werden permanent vernetzt sein, Mikrochips werden unter die Haut transplantiert sein, ein komplettes Computersystem: Mikroprozessor, Speicher, Transmitter, Empfänger und Generator, die ohne Batterie funktionieren. Wir werden bei Bedarf „just in time" von Informationen jeglicher Art umgeben sein. Diese Möglichkeiten werden große soziale Veränderungen bewirken. Die Überwachungsinstrumente werden laufend aufgerüstet. Wenn man künftig auf die Spuren, die ein Google-Benutzer hinterlässt, zurückgreifen kann, wären sehr genaue Profile über dessen Denkweise, politische Sympathien und private Verhaltensweisen möglich. Ein Schweizer Datenschützer empfiehlt: „Man sollte zumindest versuchen, möglichst wenig Datenspuren zu hinterlassen. Man sollte mit seinen Personaldaten so umgehen wie mit einem wertvollen Besitz."[12]

Familie unter Druck

Zwei sehr unterschiedliche, aber voneinander abhängende Welten prallen plötzlich aufeinander. Kaum jemand, der erfolgreich sein will, bringt beides fruchtbar und befriedigend unter einen Hut. Was in der einen Welt als Musskriterium gilt, kann in der anderen missverstanden werden und so grundlegend negativ wirken. Die Eigenschaften, die einen Manager im Beruf nach vorne bringen, machen das private Zusammenleben mit ihm kompliziert.

Die Polarisierung der beiden Welten spitzt sich zu. Die gegenseitige Entfremdung wird stärker. Wechselseitige Beeinflussung scheint immer mehr zu einem unerreichbaren Ideal zu werden. Die Frau versteht die Berufswelt des Ehemannes immer weniger und kann seine Überlegungen nicht mehr nachvollziehen, der Mann unterschätzt die Aufgaben seiner Partnerin und findet kein Verständnis für ihre Bedürfnisse und Gewichtungen. Folge ist nicht selten ein Suchen beider nach Kompensation.

Nach intensiver Auseinandersetzung mit den Anforderungen, die auf die moderne Führungskraft in den nächsten Jahren zukommen werden, ist ein Ansteigen der Ängste, des Burn-out-Syndroms, der Sinnkrisen bei den Männern, Isolation und der Trend zu alleinerziehenden, ledigen oder geschiedenen Müttern bei den Frauen zu erwarten, sofern sie nicht ebenso ihre Verwirklichung ganz im Berufsleben gefunden haben.

Therapeuten werden Hochkonjunktur erleben, um all die Symptome und Sekundärfolgen zu behandeln. Eine Lösung aber, die den Mut hat, die Ursachen anzugehen, wird kaum gefunden werden, denn wer nimmt sich schon die Zeit dafür?

Das Problem ist, dass wir uns keine Zeit nehmen, nach den Ursachen zu fragen. Wie ungern lassen sich Führungskräfte helfen. Sie sind trotz aller Einsicht zu sehr in ihrem Lebensrhythmus und ihren verinnerlichten Leitbildern gefangen und verstehen sich glänzend darauf, die Fassade zu wahren.

Die ursprünglich idyllische Vorstellung des Managers, die Familie sei ein Hort der Ruhe, ist schon längst hart mit der Wirklichkeit kollidiert. Kaum hat er endlich den Bürostress hinter sich, tauchen neue Belastungen auf, die er noch weniger im Griff hat: Das Baby nimmt keine Rücksicht, von dem Verhalten der Teenager ganz zu schweigen (falls diese zu Hause überhaupt auftauchen), die Frau sehnt sich endlich nach einem Gespräch, in dem sie ihm alle Vorkommnisse ihres Tages erzählen und erklären kann. Derweil warten im Aktenkoffer noch dringend zu erledigende Arbeiten.

Während am Arbeitsplatz immer neue Forderungen an ihn gestellt werden, jede Reorganisation neue Verunsicherungen mit sich bringt – erst soll der Manager kooperativ werden, dann partizipativ, dann vor allem effektiv – wird es zu Hause immer ungemütlicher. In der Familie wird er immer stärker in Frage gestellt. Die Komplexität seiner Arbeit, die in ihrer zunehmenden Spezialisierung nur noch für „Fachidioten" zugänglich ist, macht interessiertes Mitdenken, Mitfühlen oder Nachempfinden durch seine Familie in der Konfrontation mit seiner Arbeitswelt unmöglich.

Wie sich die Lebenspartnerin des Managers mit ihrer Form der Einsamkeit arrangiert, ist eine Frage des Naturells. Neben den ebenso wie der Ehegatte berufstätigen Frauen unterscheiden Scheidungsanwälte vor allem zwei Typen von Gattinnen:

Die eine ist unabhängig, selbstbewusst, gebildet. Sie macht das Beste aus ihrem Leben, genießt den Wohlstand, die Zeit für die Kinder und bildet sich einen eigenen privaten Kreis.

Die andere ist eher bescheiden und zurückhaltend, definiert sich nur über ihren Mann, leidet stumm und hofft auf einen beschaulichen Lebensabend mit ihm.

Mit den verschiedenen Gesichtern der Eifersucht fühlen sie sich allein gelassen. Es geht hier nicht nur um den Glanz des Mannes im Beruf, sondern um die Angst vor den verheimlichten Berufsnebenfrauen. Leider erweist sich diese Angst bei langfristiger Beobachtung nur in der kleineren Zahl der Fälle als unbegründet. Der Anspruch, ein Anrecht auf gemeinsame Stunden mit ihrem Mann zu haben, lässt sie seine häufige Abwesenheit als unzumutbare Einsamkeit erleben und führt zu einer Vermehrung von Zerwürfnis und Zerrüttung.

Ich möchte Ihnen aus einem Brief zitieren. Er steht für die Situation unzähliger anderer Frauen.

„In vielem sprechen mir Ihre Ausführungen aus dem Herzen. Ich bin seit mehr als 25 Jahren verheiratet, Mutter dreier junger Erwachsener, und nach 16 Jahren 100% Mutter-/Hausfrauensein wieder außer Haus berufstätig. Ich kenne das Leben von hart arbeitenden Männern privat von meinem Ehemann und beruflich von meinem Chef. Für mich waren die Jahre des Verzichts auf den Beruf nicht extrem schwer, da ich das Familienleben als ausgesprochen innerlich bereichernd empfand und daher nicht aufbegehrte. Seit mein Mann aber den Sprung in die oberste Etage geschafft hat, sieht das ganz anders aus. Ich habe zunehmend mit depressiven Verstimmungen zu kämpfen und leide extrem unter der Tatsache, dass er, der früher so sehr dafür eintrat, dass Väter verdienen und Mütter Kinder erziehen, sich nun in seinem Umfeld speziell für die berufliche Förderung junger Akademikerinnen einsetzt. Er macht auch gute Erfahrungen damit, denn diese Frauen, denen er bei der Gestaltung ihrer Arbeit viel Freiraum lässt, sind äußerst motiviert. So ist an seiner Seite nicht ein Vizedirektor tätig (mehrere Männer haben sich darum beworben), sondern eine jüngere Frau (verheiratet, Mutter eines Kindes) wurde von ihm für diesen Posten angesprochen und gewählt.

Nun ist so etwas Ähnliches wie ein Bruch in meinem Lebenskonzept entstanden. Das Wichtigste seit bald 30 Jahren war mir die Partnerschaft mit meinem Mann und das gemeinsame Projekt „Kinder aufziehen", welches zwar vorwiegend bei mir lag. Ich hatte keine andere Wahl, mein Mann hat immer zu 100% gearbeitet. Und nun finde ich mich in der Situation vor, dass ich beruflich zwar zum Glück wieder Arbeit fand, aber oft in recht repetitiver, oft einfach stressiger Form, und daneben das leer gewordene Haus pflege. Derweil reist mein Mann mit seiner Vizedirektorin an alle möglichen Arten von Sitzungen und Konferenzen im In- und Ausland, verlässt frühmorgens das Haus und kommt spät abends müde heim. Können Sie mir nachfühlen, dass ich oft nicht mehr viel sagen mag, wenn mein Tag ohnehin „nur" aus Putzarbeit, Bügeln, Einkaufen bestand – er aber sich, zusammen mit Vizedirektorin Frau Dr. XY zu Businesslunches, Empfängen und intensiven Verhandlungen trifft? Verstehen Sie mich richtig – ich sehe die Kehrseite der Medaille nur allzu oft – die Hetze, den Druck, die Forderungen von oben und unten. Ich möchte nicht tauschen mit ihm. Aber wenn ich eine zweite Chance hätte, würde ich ab Schulalter der Kinder schrittweise selber wieder in den Beruf einsteigen. Vielleicht wäre dann mein Mann selber nicht so hoch aufgestiegen. Aber die Entwicklung in der Ehe wäre ausgewogener verlaufen. Ich habe den Eindruck, unsere Ehe habe Schlagseite gekriegt. Mein Mann sieht das nicht so, aber er hat ja alles, was er sich wünschte: Berufserfolg, Ehe, Kinder. Ich habe Bildung und Beruf zugunsten von Mann und Kindern zurückgestellt und muss nun darum kämpfen, dass mein Selbstwertgefühl nicht total kaputt geht, wenn ich meinen Mann und seine Vizedirektorin chic herausgeputzt, beide mit Aktenkoffer und lebhaft diskutierend in den Erstklassezug einsteigen sehe, während ich in abgenützten Jeans und verwaschenem Pullover den schweren Einkaufskorb aufs Fahrrad klemme und heimstrample.

Ich habe nun lange geschrieben und möchte damit nur das Eine: Wenn Sie das nächste Buch schreiben, so denken Sie doch bitte auch an die Frauen, machen Sie den Männern und Frauen, die eine halbe oder ganze Generation jünger sind als ich, bitte Mut zum Teilen der Erwerbs- und Familienarbeit! Aufs Ganze gesehen profitieren alle mehr davon, Männer, Frauen, Kinder, die Gesellschaft! Nur die Psychiater, Eheberater und Scheidungsrichter werden dann weniger Arbeit haben!"

Dieser Brief beschreibt keinen Einzelfall. Der Familienverband wird heute im Vergleich zu früheren Zeiten viel weniger durch Normen zusammengehalten, weil die Art des Zusammenhaltes durch das subjektive Wollen oder Nichtwollen von Menschen bestimmt wird, die ihre Prioritäten im Zuge der gesellschaftlichen Entwicklung ganz anders setzten. Mit dieser neuen Ausgangslage haben verbindliche Regelwerke in unserer individualistischen Gesellschaft an Bedeutung verloren. Zwischenmenschliche Beziehungen in der Familie werden viel eher als früher nutzenorientiert und unverbindlich betrachtet. Man pflegt jene Beziehungen, die einem (geschäftlich) nutzen. Mann/Frau und Eltern/Kinder sind zu Vertragspartnern auf Zeit zusammengeschrumpft. Dieses unverbindliche, nutzenorientierte Denken steht nicht im Einklang zu Ehe und Familie. Denn diese sind nicht frei von Zwängen. Die Leidtragenden von dieser gesellschaftlichen Entwicklung sind leider oft die Kinder. Die biologisch-kulturelle Voraussetzung ihrer Existenz ist nämlich Gemeinschaft und nicht Individualität.

Und trotz dieses düsteren Bildes zu Ungunsten der familiären Bindung merken wir, dass in Drucksituationen der Manager sich plötzlich wieder an die Familie erinnert (von der in manchen Fällen freilich nicht mehr viel übrig geblieben ist). Tatsächlich hat zumindest in Festreden die Bedeutung der Familie sozial wie ökonomisch wieder stark zugenommen. Man wird sich der Tatsache wieder mehr bewusst, dass zum Beispiel ein Berufsanfänger ohne einen gesunden Familienhintergrund kaum in der Lage ist, die gebotene Flexibilität und die erwarteten Leistungen aufzubringen. Je weniger Familiengeborgenheit ein Berufsanfänger erlebt hat, desto schlechter sind seine Zukunftschancen gegenüber dem, der einen gut gefüllten emotionalen Tank mit in die Berufswelt hineinbringt.

So kommen heute viele junge Menschen in die Berufswelt, die zwar über Fachwissen verfügen, aber keinen ausgeglichenen emotionalen Haushalt mehr haben. So können sie die gerade in der Wirtschaft geforderte emotionale Stabilität nicht aufbringen. Wo anders sollen sie es denn erfahren haben, wenn nicht in den Familien? Obwohl die Priorität der Familie neuerdings wieder gerne in Managementseminaren betont wird, setzt man sie in der Praxis stärker unter Druck. Das Dilemma ist, dass die heutige Situation der Familie keinesfalls Stärkung vermittelt, sondern sie auslaugt, bedroht und überstrapaziert. Man nimmt alles heraus, hat aber keine Kraft zurückzugeben. In allen westlichen Ländern wächst der Anteil derjenigen, die, obwohl sie den Wert der Familie hoch schätzen, sich selbst nicht in der Lage sehen, dauerhafte Beziehungen einzugehen, Partnerschaften zu gründen, geschweige denn als Eltern Verantwortung zu übernehmen.

Im Verbundsystem von Ehe und Familie gibt es Lernprozesse, die sonst nirgendwo auf der Welt in dieser tiefgreifenden Form ablaufen: Lernprozesse hinsichtlich Reife und Charakterbildung. Hier lernen sowohl die Kinder wie auch die Eltern, wie man miteinander lebt. Es sind Lernprozesse, die nicht nur wichtige Kulturinhalte vermitteln, sondern auch Lebensinhalte. Es gibt keinen besseren Ort, wo Kinder sonst Dinge wie soziales Verhalten, Verantwortungsübernahme, Verzicht, Rücksichtnahme, Nächstenliebe, Arbeitsteilung, Teamarbeit, Sorgfalt und Gewissensbildung lernen können.

Wann immer ein Unternehmer in seinem Betrieb junge Leute einstellt, greift er auf Fähigkeiten, innere Einstellungen und Charaktereigenschaften zurück, die diese jungen Leute in ihrer Familie gelernt haben. Wir können schon a priori sagen, dass die Qualität unserer Familien in gewisser Weise auch die Produktivität unserer Berufswelt bestimmt. Was soll eine Elite, die sich selbst nicht mehr reproduziert? Auch wenn eine erfolgreiche Karriere nach Verzicht auf Familie ruft, so wäre damit das eine Problem gelöst und ein neues geschaffen.

Arbeit ist unsere Schaffenskraft, was wir tun, was wir vorzeigen können, was machbar ist, was uns groß macht, womit wir auftrumpfen und uns brüsten können. Es ist die Welt des Erfolges oder auch des Misserfolges, es ist die Welt der Macht, der organisierten Prozesse, der Programmierbarkeit, der Machbarkeit und der Kalkulierbarkeit. Produktivität kann gesteigert werden, bis man nichts anderes mehr wahrnimmt als eigene Ergebnisse, bis Zufriedenheit darin besteht, menschliche Beziehungen als erledigt im Terminkalender abzuhaken. Ich will mit all dem nicht sagen, dass Arbeit schlecht ist oder Leistung gar unanständig wäre, ich will aber ausdrücken, dass es nur *eine* Seite des Lebens ist, die zudem ohne die andere Seite langfristig zu verkümmern droht, vielleicht auch nicht existieren würde und könnte.

Die andere Seite ist eben die Familie. Sie repräsentiert nicht unsere Schaffenskraft, sondern die Kraft, aus der wir geschaffen sind, woraus wir entstanden sind. Das, woraus wir geworden sind, ist nicht ein Ding, sondern Leben, und Leben ist letztlich ein Geheimnis. Genau das ist es, was den modernen Manager unsicher macht, weil es sich seiner Kalkulation entzieht und unberechenbar wird. Es ist nicht die Welt des Erfolges. Erfolg ist ja immer ein machbarer Prozess, der uns zwar groß macht, aber auch vergänglich ist.

Familie ist eine andere Daseinsstufe als die Arbeitswelt, sie ist nicht nur gleichwertig, sondern höher. Sie ist Grundlage und Voraussetzung für all das, was den Manager erfolgreich macht, denn er ist ja nur deswegen erfolgreich, weil sich seine Eltern nicht gegen die Familie entschieden haben. Wenn er sich aber gegen seine Familie entscheidet und meint, die Freiheit dazu zu haben oder durch den Arbeitsdruck dazu genötigt zu werden, bestraft er nicht nur sich selbst, sondern er greift zerstörend in einen Lebensprozess ein, der die Voraussetzung für die Zukunft seiner eigenen Kinder ist. Es geht in der Haltung des Managers zu seiner Familie gar nicht in erster Linie um ihn selbst und seine Ehefrau, sondern um die Zukunft der folgenden Generationen. Es geht mit der Familie um einen Bereich, der eigentlich bewusst gar nicht seiner eigenen Entscheidungsfreiheit zugeordnet sein darf, sondern den er in der Kette der Generationen zu erhalten und zu pflegen verpflichtet ist. Dass er die Möglichkeit hat, seine Familie auch zu zerstören, und dass er durch die Gesetze einer anonymen seelenlosen Marktwirtschaft dazu sogar fast aufgefordert wird, ist eines der dunklen Kapitel unserer Epoche.

Ich hoffe, dass Ihnen die in diesem Buch entworfenen Ausblicke bei „geöffnetem Fenster" Mut machen werden, mögliche gangbare Wege besser zu erkennen.

Ich führte einmal eine Umfrage unter überwiegend älteren, zum Teil sehr erfolgreichen Menschen durch: „Was würden Sie anders machen, wenn sie noch einmal leben könnten?" Kein Einziger hat mir geantwortet: „Ich würde noch mehr Zeit im Büro verbringen". Oder: „Ich habe zuviel Zeit mit meiner Frau und meinen Kindern verbracht". Ignatz Bubis schrieb mir in einem Brief kurz vor seinem Tod: „ ... Sicher ist nur, dass ich mich viel zu wenig um meine Familie gekümmert habe."

Ängste

Die seit Jahren zu beobachtende Zunahme von Ängsten (wie in einem vorhergehenden Kapitel bereits ausgeführt) zeigt, dass der Mensch sein eigenes, d.h. ein anderes Maß an Veränderungspotential besitzt, als ihm die wirtschaftliche Entwicklung abverlangt.

Betrachten wir eine Liste der häufigsten Ängste von Führungskräften, so können wir die Hauptursachen dieser Ängste mit dem in diesem Buch an vielen Stellen skizzierten Paradigmenwechsel in der Wirtschaft leicht in

Zusammenhang bringen.[13] Angst vor Arbeitsplatzverlust, vor Krankheit und Unfall, Angst, Fehler zu machen, Angst, Wertschätzung und Anerkennung zu verlieren, Angst vor Konkurrenten, vor Autoritätsverlust, vor Innovationen, Angst vor Fehlinformationen, vor Überforderung, Angst, überflüssig zu sein sowie Angst vor Spielraumeinengung. Den größten Raum der Ängste nehmen jedoch die Lebensängste ein, d.h. die Ängste vor dem Unbekannten, der Komplexität (Informationsüberlastung), Unsicherheit vor nicht kalkulierbarem Risiko, Ängste vor der neuen Geschwindigkeit und – last but not least – Ängste vor der Überforderung, mit der Komplexität nicht fertig zu werden.

Einen weiteren sehr großen Raum nehmen all die Ängste ein, die mit den wirtschaftlichen Veränderungen speziell im organisatorischen Bereich zu tun haben: Ängste vor dem Loslassen altbewährter Verhaltensmuster, Ängste in Zusammenhang mit der Installierung neuer Strukturen, Ängste vor den Anforderungen, Ängste, Mitarbeitern nicht gerecht zu werden, Ängste vor dem Wettbewerb. Zu nennen sind auch alle Arten von Versagens- und Verlustängsten: Dazu gehören unter anderem die Furcht, unsichere Entwicklungsprozesse nicht mehr steuern zu können, Ängste vor der Übernahme von Verantwortung über Produkte, Personen, Ressourcen, Organisationen, aber auch Ängste vor Status-, Autoritäts- oder Gesichtsverlust, vor dem Verlust der Solidarität der Kollegen, dem Verlust der Aufstiegschancen bzw. Angst vor dem Verlust der Unterstützung, Förderung und Zuwendung von Vorgesetzten, Mentoren, dem Verlust des Arbeitsplatzes und/oder dem Verlust der Eigenkontrolle.

In der letzten Zeit bin ich fast niemanden aus der Nomenklatur der großen Unternehmen begegnet, der seine Arbeit nicht unter konstanter, großer Ungewissheit tut. Man klagt: „Zwar arbeite ich jetzt, weiß aber nicht, ob nicht die bereits bei meinem Fenster hereinschauende Fusion meine gegenwärtige Zielsetzung zu einer Farce werden lässt. Wie vorstellbar ist es, dass mein kompletter Arbeitsbereich schon nach wenigen Monaten gestrichen oder in das neue Unternehmen integriert wird."

Die Unsicherheit schlägt sich auf die Arbeitsqualität vieler Menschen nieder. Viele haben nur gelernt, unter sicheren Verhältnissen kreativ und leistungsfähig zu sein, nicht aber bei erdrückender Unsicherheit. Das Gefühl des Unbehagens dominiert, die Freude an der Arbeit geht verloren. Die Unsicherheit vor dem, was morgen ist, verleitet viele dazu, kurzfristig und egoistisch nur an ihr Jetzt zu denken. Was danach kommt, ist egal.

Arbeitssucht und Burn-out-Syndrom

Das Burn-out-Syndrom ist eine symptomatische Erscheinung in der Spätphase unserer Leistungsgesellschaft, die nicht nur aus dem immer stärkeren Getriebensein resultiert, sondern auch aus der gleichzeitigen Informationsüberflutung, die nicht mehr verarbeitet werden kann. Unsere gegenwärtige Wirtschaft braucht und benötigt die Arbeitssüchtigen. Der Arbeitssüchtige besitzt das größte Prestige (aller Suchtkranken). So haben heute immer mehr Menschen besonders gute Einstellungschancen, die bereits (für das geschulte Auge) erkennbare Symptome dieser Sucht an sich tragen.[14]

Burn-out-Symptome[15] gab es schon immer, neu dagegen ist ihre epidemieartige Verbreitung. Dass Maschinen gepflegt, gewartet, gereinigt, revidiert werden müssen, damit die Produktionskapazität erhalten und verbessert werden kann, ist jedem klar; dass der Mensch für seine Leistungskapazität mehr Wartung braucht, vergessen die meisten. Sie wundern sich, dass plötzlich alle Warnlichter aufleuchten zum Beispiel in Form von Gefühlen des völligen Ausgebranntseins und geistiger Leere, in Form körperlicher Erschöpfung, Lähmung, Ängsten, Depressionen, Schlaflosigkeit, Nervosität, Appetitlosigkeit, Unkonzentriertheit, Gereiztheit etc. Das chronische Erschöpfungssyndrom ist ein komplexes Krankheitsbild, das die Leistungsfähigkeit und Lebensqualität der Betroffenen oft jahrelang massiv beeinträchtigen kann.

Arbeitssüchtigen fehlt sehr oft die Einsicht in ihre Erkrankung. Sie halsen sich immer mehr Aufgaben auf. Ihr Arbeitsstil wird hektischer und unkonzentrierter. Es entstehen Überstunden für das Nacharbeiten des Verpassten. Sie greifen nicht selten zu Schlaf- und Beruhigungsmitteln, zu Nikotin, Koffein oder Alkohol und schaden dadurch ihrer Gesundheit zusätzlich. Der Teufelskreis schließt sich hinter einem solchen Desperado. Am Ende sind Herz-Kreislauf-Versagen, Angstzustände, Darmdurchbrüche oder Depressionen plötzlich unvermeidbar. Für Burn-out sind besonders Menschen mit einem labilen Selbstwertgefühl anfällig, die sich selbst nicht akzeptieren, wie sie wirklich sind, aber einen großen Hunger nach Anerkennung verspüren.

Im Zusammenhang mit Burn-out steht der Begriff „Workaholic". Als Workaholic wird derjenige bezeichnet, der sich wie von einer Sucht ergriffen seiner Arbeit hingibt, auch wenn dabei andere Elemente seines Lebens viel zu kurz kommen oder leer ausgehen. Das Feuer der Arbeit brennt in ihm. Es verbrennt auch Menschen und Dinge, die ihm zuvor wichtig waren. Am

Ende wird das Feuer auch seine eigene Persönlichkeit erfassen und vernichten; der Burn-out stellt die Endstation dar. Workaholics erliegen einer Suchtkrankheit. Die Droge muss ständig verfügbar sein, wenn sie fehlt, droht der Absturz. Das Suchtmittel Erfolg und Anerkennung tritt an die Stelle menschlicher Beziehungen.

Burn-out oder Wear-out sind moderne Worte, die die inneren Gesetze der gegenwärtigen Situation besonders gut treffen: Die „Manager-Rennwagen" werden in einem Höchstmaß frisiert auf die Piste gejagt, als müssten sie nur diesen einen Spurt bewältigen. In der Tat rechnet man ja nicht mehr für ein ganzes Leben, sondern für nur ein Rennen. Was zählt, ist allein dieser Jahresumsatz. Was danach kommt, darüber wird heute nicht nachgedacht.

Ehrgeizige Karrieristen, die mit Mitte vierzig oder Anfang fünfzig erkennen, dass ihr zwanghafter Vorwärtsdrang endgültig gebremst wird und der Aufstieg in die höchsten Ebenen nicht mehr zu erwarten ist, sind besonders burn-out-gefährdet. Bei dem Versuch, Anerkennung zu bekommen oder das ersehnte Berufsziel doch noch zu erreichen, verdoppeln sie die Anstrengungen, bis die Kraftreserven schwinden und Resignation eintritt. Ein zentrales Lebensziel aufzugeben oder neu zu definieren scheint einer schmerzhaften Amputation gleichzukommen – eine Kurskorrektur könnte ja den bisherigen Weg in Frage stellen.

Gemeinsam ist den Ausgebrannten, dass sie in einem Zustand ständiger hoher Energieabgabe bei ungenügendem Energienachschub leben, etwa so, wie wenn eine Autobatterie nicht mehr über die Lichtmaschinen nachgeladen wird, aber dennoch Höchstleistungen verrichten soll. Vergleichbar mit einem Alkoholiker kippt sich der notorische Workaholic mit Aufgaben zu, bis er umfällt. Der innere Abschied folgt auf das Ausgebranntsein und belastet nicht nur das Unternehmen mit „stillen Kosten", sondern auch die Seele. Gerade die jüngeren Leute, die frisch von der Universität kommen, sind gefährdet.

„Plötzlich habe ich nur noch vorwärts getreten und konnte aus eigener Kraft nicht mehr aufhören ..." Der Gesprächspartner, der mir seine momentane Arbeitsverfassung so schilderte, ist auf dem Markt sicherlich kein Einzelfall. Bei vielen hat sich das berufliche Erfolgsstreben schon so verselbständigt, dass der Job zur Tretmühle geworden ist. Sie können nicht mehr aufhören zu treten, obwohl sie nach einem langen Prozess endlich erkannt haben, dass ihr Hamstersyndrom sie längst zum Abhängigen ihrer selbstgewählten Hamstertretmühle gemacht hat.

Wie können wir uns aus diesem Teufelskreis befreien? Wie können wir das Perpetuum mobile anhalten, um einen Augenblick in Ruhe nachzudenken?

Was kann man tun, wenn man aus eigener Kraft die Erkenntnis: „So geht's nicht mehr weiter", nicht mehr umsetzen kann?

Vielleicht kann man das Problem am besten anpacken, wenn man sich vor Augen hält, dass der Zustand dem Endstadium einer Suchtkrankheit gleichkommen kann. Sucht ist ein pervertierter Appetit. Das Endstadium eines Suchtkranken ist das Ausgebranntsein.

Suchtkranke brauchen Unterstützung. Es werden Plätze und Gelegenheiten benötigt, die sich wie Entzugsstationen um Süchtige kümmern, die sich beispielsweise all der Manager annehmen, die mit eindeutigen Suchtsymptomen zu kämpfen haben. Im Internet finden wir heute eine Fülle von entsprechenden Angeboten: „Einkehrtage (Wüstentage) für Manager" oder „Rückkehr zur Langsamkeit" – Seminare, an denen das „innere Haus" wieder geordnet werden kann. Die Betreuung muss so lange anhalten, bis sich der normale Appetit wieder einstellt. Jenseits des resignierten „Weiterwurstelns" oder des radikalen Ausstieges gibt es Optionen, um einen arbeitsdominierten Lebensstil zu korrigieren.

In zunehmendem Maße suchen uns in den vergangenen Jahren Menschen mit eindeutigen Symptomen eines Burn-outs auf, wie zum Beispiel sehr frühes Aufwachen am Morgen mit Panik und Zittern, einem Gefühl der Leere, einem Gefühl, mit angezogener Handbremse zu leben oder sich selbst nicht mehr zu spüren. Es handelt sich um Ängste, die sich aus einer Mischung von schlechtem Gewissen, Trostlosigkeit, Schuldgefühlen und einem Gefühl der Schwere zusammensetzen, die der Einzelne nicht erklären kann.

Jemand beschrieb seinen Zustand so, dass er das Gefühl habe, als komme er sich selbst abhanden, als verliere er sich selbst. Es sind zum Teil Menschen mit perfektionistischer Veranlagung, die bei Kleinigkeiten schon Schuldgefühle bekommen, die Dinge ungesagt auf sich selbst projizieren. Sie fühlen sich plötzlich in ihrem Denken gehemmt, können nicht mehr ruhig sitzen oder eine Arbeit zu Ende bringen, fühlen den Druck, ohne etwas dagegen tun zu können. Sie klagen darüber, dass sie viele Sachen angefangen, aber nichts zu Ende geführt haben. Probleme erscheinen ihnen überdimensional groß, der Wille, eine Sache in die Hand zu nehmen ist zwar da, verringert aber nicht die Lähmung, die sie zurückbindet.

Macht, Depression und Ängste haben eine gemeinsame Eigenschaft: Sowohl der Machtbesessene als auch der Depressive und der Ängstliche versuchen ihre Motive zu verstecken. So kann der Machtbesessene besonders bescheiden auftreten, der Depressive besonders lebensbejahend und der Ängstliche besonders fröhlich, optimal organisiert und sprudelnd vor Lebensenergie. Jemand sagte einmal: „Je größer die Löcher in der Seele, desto größer müssen die Perlen in der Arbeitskrone sein."

So bekennen immer wieder Leute, dass ihnen übermäßige Arbeit über private Probleme hinweggeholfen hat. Eine Lösung, die nur kurzfristig zu befriedigen weiß. Entwickelt sich das Ganze zum Dauerzustand, steckt man bereits in einer Sucht, aus deren Teufelskreis das Entrinnen sehr schwer fällt. Die Symptome der Abhängigkeit weisen zwar deutlich darauf hin, doch nur selten wird dieses Phänomen als Sucht wahrgenommen. Selbstverständlich muss nicht jedes übermäßige Arbeiten gleich zur Sucht werden. Erst wenn mit der Arbeit andere Schwierigkeiten überspielt werden, muss eine derartige Tendenz konstatiert werden. Im Gegensatz zu den stoffgebundenen Drogen zählt die Arbeitssucht zu den stoffungebundenen Suchtformen.

Auch wenn man heute zwischen verschiedenen Gruppen von Arbeitssüchtigen unterscheidet, ist allen gemeinsam das Handeln aus einem *inneren* Zwang heraus, gegen den sie sich zunehmend weniger wehren können.

Die Stresssymptome offenbaren mehr und mehr ihr wahres Gesicht. Am Anfang hat der Betroffene noch das Image des Lebenstüchtigen. Trotz Tarnung unter dem Deckmantel der Verantwortung und der Tüchtigkeit plagen den Betroffenen zunehmend Ängste vor Verlust, er kann nicht in der Gegenwart leben. Effizienz und Effektivität gehören zu seiner Religion, er neigt zur Hektik und Verkrampfung, wirkt zunehmend überdreht und unstet, gereizt, unzufrieden und von innerer Unruhe geplagt. Mit der Zeit wird es für ihn immer mühsamer, die physischen Kräfte aufrechtzuerhalten. Dies veranlasst ihn, die Zuhilfenahme von Aufputsch- oder Beruhigungstabletten, Alkohol oder Nikotin zu erwägen. Die Symptome dieser Sucht sind Erschöpfungsgefühle, depressive Verstimmungen, Konzentrationsstörungen, Ängste. In der chronischen Phase melden sich dann organische Krankheiten, wie Herz- und Kreislaufprobleme, Magendurchbrüche, Nervenzusammenbrüche, aber auch seelische Störungen. In der Endphase kommt es zu einem irreparablen Knick in der Leistungsfähigkeit.

Checkliste Arbeitssucht

(Je mehr der folgenden Stressoren auftreten, desto mehr neigen Sie zur Arbeitssucht)

• Kreisen Ihre Gedanken ständig um das Büro?

• Arbeiten Sie hastig, wie im Rausch?

• Werden Sie von Schuldgefühlen wegen ihrer Arbeitsintensität geplagt?

• Wenn Sie mit der Arbeit begonnen haben, können Sie nicht mehr aufhören?

• Gebrauchen Sie Ausreden, haben Sie unangenehme Gefühle, wenn in Gesprächen auf Ihre Überarbeitung angespielt wird?

• Sind Sie aggressiv?

• Richten Sie Ihren Lebensstil auf die Arbeit aus?

• Ist Ihr Interesse an anderen Dingen zurückgegangen?

• Haben sich Änderungen in Ihrem Familienleben ergeben?

• Neigen Sie dazu, sich immer einen Vorrat an Arbeit zu sichern?

• Arbeiten Sie regelmäßig am Abend?

• Haben Sie schon Tag und Nacht durchgearbeitet?

• Können Sie schwer Arbeiten delegieren?

• Können Sie Ruhe nicht ertragen?

• Leiden Sie an Konzentrationsstörungen?[16]

Checkliste Burn-out und Stress

(Je mehr der folgenden Stressoren auftreten, desto größer die Gefahr des Burn-out)

Beruf:

- Für zu viel Arbeit zu wenig Zeit zur Verfügung

- Zu viele Leute, die klagen, dass Sie nicht zufrieden sind

- Unklare Anweisungen an Sie

- Aufgaben, die Sie überfordern

- Unklare Verantwortungsbereiche

- Zu wenig Kompetenz für zu große Aufgaben

- Angst vor Prestigeverlust

- Angst vor Kündigung

- Interne Konkurrenz

- Keine Rückmeldungen bezüglich Ihrer Arbeitsgüte und Leistung

- Hinter Ihrem Rücken wird geredet

- Zu viele Überstunden

- Bevor Sie Dinge zu Ende bringen können, liegen neue auf dem Schreibtisch

- Nicht abschalten können

Depressionen

Als Folge der die menschliche Seele oft überfordernden ungesunden Marktentwicklung leiden heute viele unter Depressionen. Die Depression hat verschiedene Gesichter, und es gehört auch zum Wesen der Depression, dass sie sich hinter anderen Symptomen versteckt.

In letzter Zeit ist mir ein bestimmter Typ potentieller Opfer von Depressionen besonders häufig aufgefallen. Er macht alles andere als einen depressiven Eindruck, nämlich den eines erfolgreichen, modernen Menschen und Managers, der in jeder Hinsicht den Inbegriff von Leistungsfähigkeit und fotogener Dynamik darstellt. Doch je häufiger ich ihn antreffe, desto mitleiderregender wirkt er auf mich. Er ist ein typischer Vertreter unserer Zeit. Darum möchte ich ihn kurz beschreiben. Gut gekleidet, künstlich gebräunt, erholt, geschminkt – kurz: Das Outfit stimmt. Er hat geschliffene Umgangsformen, scherzt und lächelt, vermittelt jedoch keine Nähe. Seine Einrichtung ist modern, von Designerhänden gestaltet, seine Garderobe beachtlich, sein Auto schnell, seine Karriere steil, seine Beziehungen unterhaltsam und angeregt, sein Tagesablauf bis ins Detail organisiert und terminiert. Alles läuft nach Plan ab. Nichts wird dem Zufall überlassen, alles kontrolliert. Er befindet sich auf der Flucht vor dem, was in seiner Seele abläuft.

Tagsüber kann er Probleme mit einem möglichst vollen Programm unterdrücken, doch am sehr frühen Morgen, wenn die Schlaftablette nicht mehr wirkt und er noch im Bett liegt, erwartet ihn die schlimmste Zeit. Diffuse Ängste vor dem beruflichen Abstieg, vor der Überforderung des anbrechenden Tages plagen ihn. Um vier bis fünf Uhr morgens wacht er auf mit einem schnellen Puls. Gedanken des Selbstzweifels, der Leere, der Angst, der totalen Minderwertigkeit plagen ihn. Die Gedanken überschlagen sich. Das Morgenjogging bringt ihn auf andere Gedanken. Es ist nicht nur Fitness, sondern es wirkt wie eine Droge, welche die Ängste hinunterspült. Nach der Droge Fitness folgt die Arbeit (Workaholic), die für einige Stunden vor dem Nachdenken schützt. Dieser Lebensstil ist der Versuch, mit ungeeigneten Mitteln die innere Verzweiflung und Unzufriedenheit selbst zu behandeln. Dadurch verschlimmert er die ganze Sache nur noch. Erst bei einer Überdosis an Beschäftigung, die ihn in sich zusammenbrechen lässt, wendet er sich an eine Beratung.

Nach Erkenntnis des Gerontologie-Psychiaters Erich Ground (Hagen) gibt es keine andere psychische Erkrankung, die eine so hohe Steigerungsrate aufweist, wie die Depression. Gemäß der Weltgesundheitsorganisation WHO wird die Krankheit Depression epidemieartige Ausmaße annehmen – gemessen an den direkten und indirekten Kosten wird sie im Jahr 2020 nur noch von den Herz- und Kreislaufkrankheiten übertroffen werden.

Die vermutlich etwa 25.000 Deutschen, die jedes Jahr Selbstmord begehen, dürften zum größten Teil depressiv sein. Laufen wir nicht Gefahr, durch die Medikamentenhysterie nur die Realität verdrängen zu wollen? Die Schweiz ist europaweit (bisher) das einzige Land, in dem für Antidepressiva mehr Geld ausgegeben wird als für jedes andere Medikament.[17]

Selbstmordgefährdung

In einer Illustrierten wurden zwei unterschiedliche Todesanzeigen, die am gleichen Tag auf der gleichen Seite einer Tageszeitung abgedruckt waren, kommentiert. Die erste war aufgegeben von den Angehörigen des Verstorbenen: „Er fühlte sich den Anforderungen und dem Druck des modernen Wirtschaftslebens nicht mehr gewachsen und wählte als Ausweg den Tod." Die zweite Anzeige war vom Arbeitgeber des Verstorbenen aufgegeben worden: „Wir geben den tragischen Hinschied unseres Mitarbeiters und Kadermitgliedes bekannt. Am 5. August ist er kurz vor seinem 51. Geburtstag für uns völlig überraschend aus dem Leben geschieden. Wir verlieren einen jederzeit motivierten sympathischen Mitarbeiter." Der Autor eines diesbezüglichen Artikels schreibt: „Der scheinbar stets aufgestellte Mitarbeiter hatte, wie seine Hinterbliebenen beklagen, den Leistungsdruck nicht mehr ausgehalten. Seine Vorgesetzten blieben ahnungslos. Für sie kam die Verzweiflungstat völlig überraschend."[18]

In vielen Gesprächen musste ich erfahren, dass die Mehrheit der Manager in schwierigen Phasen ihres Lebens unter anderem auch Selbstmordgedanken hegen. Dieser irrige Gedanke, als letzten Ausweg immer noch die Möglichkeit zu haben, die Flucht in den Tod zu ergreifen, ist gerade bei verantwortungstragenden Führungskräften weiter verbreitet, als wir uns dies gemeinhin vorstellen. Es gilt gewissermaßen als letzte Hintertür: „Wenn alles schief geht, habe ich ja immer noch diesen Ausweg."

Es gibt tragische Beispiele, wo leider keine Wendung mehr herbeigeführt werden konnte. So betreute ich einen Chefarzt, der dem beruflichen Druck nicht mehr standhielt. Trotz vieler nächtlicher Gespräche konnte ich ihn nicht von seinem Vorhaben abhalten. Er war nicht bereit, zugunsten der

Familie und seiner eigenen seelischen Stabilität auf ein weiteres, übermäßiges Berufsengagement zu verzichten, so dass er schließlich die Lösung seines selbstgeknüpften „gordischen Knotens" nur noch im Selbstmord sah.

Vor einiger Zeit kontaktierte mich der Finanzchef eines großen Bauunternehmens und einer bedeutenden Immobilienfirma. Er erzählte mir am Telefon, dass zwei geladene Revolver in seinem Schreibtisch bereit lägen. Mit Mühe gelang es, ihm einen der Revolver abzuschwatzen. Er trat mir schließlich eine seiner Waffen ab und durch diesen „Freundschaftsdienst" kamen wir in persönlichen Kontakt. Dieses ist einer der gut ausgegangenen Fälle. Dieser Mann hat wieder Mut und Hoffnung gefunden.

In einer der großen Tageszeitungen fand ich vor einigen Jahren unter dem Titel „Letztlich am Nichts gestorben" einen bemerkenswerten Kommentar zum Selbstmord eines bekannten Chefarztes: „Wenn ein Mensch seinen Lebenssinn und seinen Selbstwert weitgehend im beruflichen Erfolg sah und seine Existenz in hohem Maße über die Arbeit definierte, stürzt mit dem Verlust der Arbeit eine ganze Welt zusammen. Wir dürfen ihn darum betrauern, dass er sich so sehr an den knallharten Mechanismus der Arbeitswelt angepasst hat, wo wir vor allem für unsere Erfolge und Leistungen, für unsere Stellung und unser Haben respektiert und belohnt werden. Betrauern wir ihn darum, dass er sich vom sogenannten veränderten Arbeitsverhältnis so sehr hat bestimmen lassen, dass er daneben alle seine Beziehungen und Kontakte zu Menschen nicht mehr sehen konnte, die ihn so liebten, wie er war. Betrauern wir ihn darum, dass er sich so sehr abhängig gemacht hat vom göttlichen Schein des Arztkittels. Woran er gestorben ist? Verletztheit, Stolz, Scham? Letztlich ist er wie viele Selbstmörder am Nichts gestorben, oder besser: An der inneren Leere, am Gefühl, nichts und niemand zu sein ohne seine berufliche Stellung."[19]

Zahlreiche Begegnungen dieser und ähnlicher Natur führten dazu, dass ich nun im Rahmen meiner Tätigkeit ein Haus und fachgerechte Hilfe zur Verfügung stelle, um Selbstmordgefährdeten eine geschützte Zufluchtsmöglichkeit anbieten zu können.

Suizidgefährdete suchen keine Fachärzte auf, deren Namensschild mit „Spezialist für Suizidgefährdung" geziert ist, sondern Orte, an denen sie nicht auffallen und persönlich wie beruflich verstanden und ernst genommen werden. Selten äußern sich Betroffene so offen darüber. Mit der Zeit gewinnt man jedoch eine Sensibilität dafür. Wir durften einer Reihe von

Menschen in dieser Situation beistehen. Der Erfolg unserer Arbeit liegt oft nicht darin, dass wir den Menschen eine Therapie anbieten können, das heilbringende Rezept, sondern darin, auch den Mut zu finden, zur eigenen Ohnmacht in solchen Situationen zu stehen und diese nicht zu verbergen. Was wir bieten können, ist das Zuhören in einer Atmosphäre, in der kein Ticken einer Uhr die Situation dominiert. Trotzdem kann ein waches Auge an gewissen Verhaltensweisen erkennen, dass man diese Menschen nicht sich allein überlassen sollte. Ausdruck von Müdigkeit und Schlaflosigkeit in ihren Gesichtern, Isolationsverhalten, das Fehlen von Initiative, soziale Isolierung, Andeutungen und Vorstellungen zur Durchführung eines Suizids, subtile Äußerungen von Gefühlen der Ohnmacht, des unverstandenen Seins, des mangelnden Selbstwertes und vieles mehr, sollten unsere Aufmerksamkeit wecken.

Der Selbstmord ist eine Antwort auf die Sinnfrage: Ein hinausgeschleudertes Nein! Die Hauptursache für den folgenschweren Schritt, die Sinnlosigkeit,[20] wird in unserer Gesellschaft geradezu gezüchtet statt unterbunden. Die Konzentration auf Effizienz und Ökonomie führt zu einer geistigen Verengung und Verarmung. Während man das „äußere" Haus unter zunehmenden Druck immer mehr perfektioniert, ist man fast gezwungen, das „innere" unmöbliert zu lassen. Diese Spannung der Ungleichgewichte ertragen viele nicht, und einige zerbrechen daran.

Die Konfrontation mit der Sinnfrage ist verpönt und doch so dringend notwendig. Die Zeit und Motivation fehlt, um Ziele genauer unter die Lupe zu nehmen, die man mit so weit wie möglich perfektionierten Mitteln anstrebt. C. G. Jung weist darauf hin, dass sinnvolle Ziele von enorm großer Bedeutung sind: „Sinn macht Ziele, vielleicht alles ertragbar."[21]

Unser Leben steht zu einseitig im Dienst des beruflichen Erfolges, wir definieren uns selbst ausschließlich durch unsere Arbeit. Alles, was unser Leben eigentlich lebenswert macht, opfern wir, um dann alles Erreichte von einem Tag auf den anderen zu verlieren. Wir geben ständig alles und werden gleichzeitig von der Angst geplagt, unsere persönlichen Oasen wie Familie, Beziehung und Freundeskreis in der Hitze des Gefechtes ausschließlich in Form von Halluzinationen wiederzusehen. Wir vergessen zu träumen, zu entspannen, uns zu erholen und zu reflektieren, da der Tag trotz steigender Zahl der Termine immer noch nur vierundzwanzig Stunden zählt. Wir flüchten in berufliche Überaktivitäten, um der gedanklichen Gegenüberstellung mit uns selbst zu entgehen. Tagtäglich drängen wir vorwärts, nehmen alles in Kauf, um weiter aufzusteigen. Eines Tages stellen wir fest, dass das gesetzte Ziel, der Chefsessel in der obersten Etage, für immer unerreichbar bleibt, ein Moment der größten Gefährdung; denn wir wollen die niederschmetternde Realität nicht wahrhaben und stemmen uns mit ganzer Kraft dagegen. Also verdoppeln wir die Anstrengungen, bis die Kraftreserven schwinden, gehen über unser Limit hinaus, bis Resignation eintritt.

Ein zentrales Lebensziel aufzugeben oder neu zu definieren scheint einer schmerzhaften Amputation gleichzukommen. Suizidgedanken entstehen nicht spontan. Im Vorfeld finden wir eine oft längere Kette von frustrierten Erwartungen, misslungenen Handlungsplänen, ausgebliebenen Belohnungen, unerreichten Erfolgen, Verlust von bedeutungsvollen Bezugspersonen durch Trennung oder Tod, Verlust von mitmenschlichen Kontakten, Gefühle des Ausgestoßenseins, ausweglos erscheinende Konflikte. Bis sich die Gedanken zum Beschluss eines Selbstmordes zugespitzt haben, muss einiges passiert sein. Der Verlust von Grundpfeilern des Lebens wie Familie, Ehre, Ansehen, Beruf, das Versagen in Drucksituationen, der Überdruss in erfüllten Zeiten, die stete Wahrnehmung des Älterwerdens, wenn Jugend und Schönheit, Gefragtsein und Marktwert schwinden, wenn die Vitalität nachlässt und sich plötzlich Tod und Krankheit einstellen, das alles und vieles mehr bringt unsere Lebensweise ins Schwanken.

Die Autorität eines anonymen „Marktes" nimmt uns die Fülle unseres Lebens und fördert die einseitige Gestaltung unserer Tage. Zurück bleiben innere Leere und zunehmende Angst. Besonders Jugendliche sind von diesen Auswirkungen des „Neuen Marktes" betroffen. In Deutschland stehen Selbsttötungen bei jungen Erwachsenen zwischen 15 und 25 Jahren an zweiter Stelle der Todesursachen, unmittelbar nach den Verkehrsunfällen. Viele Wissenschaftler sind sich einig, dass eine der Hauptursachen in den sich auflösenden Familienstrukturen zu suchen ist. Die hohe Mobilität der heutigen Gesellschaft und ein unberechenbares soziales Umfeld verstärken die Tendenz.[22] So erwartet man heute von den Familien zwar selbstverständlich Flexibilität bei Arbeitszeit, Berufs- oder Ortswechsel, für den familienanalogen Schutzraum, in dem die Kinder Sicherheit finden, ist aber nicht gesorgt.

Jeder Mensch besitzt ein Kontingent an Freiheit, sein Leben selbst zu gestalten. Versuchen wir die Kraft aufzubringen, uns gegenüber anonymen Marktzwängen persönlich abzugrenzen. Versuchen wir, unsere menschliche Würde davor zu bewahren, zum Shareholder herabgesetzt zu werden.

Chemische Hilfsmittel

Den wirtschaftlichen Druck und das damit verbundene Ansteigen von Ängsten halten viele nicht aus. Irgendeinen Fluchtweg oder eine Art von Kompensationsmöglichkeit wählen die meisten. Der oft naheliegende Weg mit schnellsten Resultaten ist der Griff zum chemischen Hilfsmittel. Viele geben in Gesprächen offen zu, dass sie dem Druck ohne Psychopharmaka nicht mehr standhalten. Die wirtschaftliche Entwicklung und der nachgewiesene steigende Konsum von Betäubungsmitteln aller Art, mit denen man immer ein Stück der Wirklichkeit entfliehen möchte, stehen in einem direkten Zusammenhang. In den letzen Jahren hat sich der Konsum von Antidepressiva in Deutschland und in der Schweiz vervielfacht. Besonders angestiegen ist der Konsum von Präparaten, von denen sich viele die Überwindung von bedrückenden Gefühlen und einen „positiven" Einfluss auf ihr Selbstwertgefühl erhoffen. Überall lockt die chemische Hilfe zur Stimmungsverbesserung.

Wer ständig unter Druck steht, ist unbewusst ständig auf der Suche nach Kompensationsmöglichkeiten. Für viele sind das entweder die Flucht in noch mehr Arbeit, in übersteigertes Karriereverlangen, in die Welt der Medikamente, in einen Konsumrausch, in ein überzogenes Freizeitprogramm, in einen übermäßigen Fernsehkonsum, in das Auto, in sexuelle Ausschweifungen oder sie verfallen in Hoffnungslosigkeit, werden depressiv oder begehen Selbstmord. Wir sind eine süchtige Gesellschaft geworden. Aber keine Art der aufgezählten Kompensationen kann wirklich Nähe und Wärme vermitteln. Darum muss die Dosis laufend erhöht werden. Wenn sich der Betroffene wieder ausgewogen ernährt, der Lebensmittelkonsum wieder ins Gleichgewicht kommt und sich wieder ein normales Selbstwertgefühl unabhängig von Leistungszwang einstellt, sind die besten Voraussetzungen geschaffen, die problematischen Verhaltensweisen zu überwinden.

Mobbing

Auch das Wort „Mobbing" ist nicht eine zufällige Neuschöpfung unserer Zeit. Mobbing ist die natürliche und sichtbare Folge eines Paradigmenwechsels. Das Denken der strikten Gewinnmaximierung bedingt ständige Rationalisierungsmaßnahmen, ständig neue Managementmethoden, ständig wachsenden Leistungsdruck. Das bewirkt steigenden Druck auf die Verantwortungsträger, was sich zunächst negativ auf das Betriebsklima auswirkt. Der bisweilen pathologische Zwang, die Wirtschaft auf Touren halten zu müssen, führt zu psychischen und psychosomatischen Folgeerscheinungen. Der zunehmende individuelle Anpassungs- und Leistungsdruck macht sich immer öfter in Form von Gewalttätigkeiten am Arbeitsplatz Luft.[23]

Die Arbeitspsychologie definiert den Begriff des Mobbings als negative kommunikative Handlung, die von einer oder mehreren Personen gegen eine Person gerichtet ist und sehr oft über einen längeren Zeitraum vorkommt und damit eine Beziehung zwischen Tätern und Opfern kennzeichnet.

Mobbing hat es schon immer gegeben. Im Unterschied zu früher musste die neue Zeit ein neues Wort kreieren, um für die zum Alltag gehörende Vielzahl von unterschiedlichen, aber regelmäßigen psychischen Angriffen von Einzelpersonen auf Einzelpersonen eine verständliche Bezeichnung zu finden.

So sind Arbeitssituationen mit quantitativer Überbelastung und qualitativer Unterbelastung, unklare Abgrenzung von Kompetenzen, mangelnde Kommunikation zwischen Vorgesetzten und Angestellten sowie Ausübung von Leistungsdruck zur Erfüllung des Budgetvorhabens der Nährboden für Mobbing.

Die immer radikaleren Maßnahmenkataloge teilen dann die Menschen entsprechend ihrer Reaktionen in zwei Hälften. Die einen reagieren mit Macht und psychischer Gewalt – die anderen mit Rückzug und depressiven Ängsten. Man sollte darum eigentlich nicht zwischen den Tätern und den Opfern unterscheiden, sondern zwischen „Täter-Opfern" und „Opfer-Opfern", denn die Täter sind langfristig betrachtet nicht selten diejenigen, die zwar später, aber dann umso tiefer fallen. Aggressives wie depressives Verhalten sind unterschiedliche Reaktionen auf die gleichen Überforderungen.

Der spanische Philosoph José Ortega y Gasset (1883–1955) hat einmal gesagt, dass Gewalt nichts anderes ist als Vernunft, die verzweifelt. Das heißt, dass Mobbing von denjenigen, die es tun, auch selbst eine Art Äußerung ihres Gefühls der Ohnmacht ist.

Bei Mobbing kann man die Urheber nur selten dingfest machen. Sie verschwinden im Nebel. Es gehört gerade zu seinem Charakter, dass man es nicht gleich merkt. Die Opfer wissen oft nicht, woher die Attacken kommen. Plötzlich sehen sie sich konfrontiert mit ausweglosen Situationen und können sich ihr Entstehen nicht erklären.

Es hat viele Gesichter, aber immer eine destruktive Wirkung. Jeder, den Sie fragen, wird eine andere Antwort geben, was er unter Mobbing versteht, keiner wird jedoch seine Existenz abstreiten. Mobbing kann sich in der Kommunikation äußern: Schreien, Beschimpfen, Telefonterror, ungerechtfertigte Kritik, jemanden wie Luft behandeln. Es kann sich äußern, indem es Ansehen zerstört (Klatsch, Tratsch, Beleidigung, lächerlich machen, öffentliche Verhöhnung). Es kann sich ganz subtil darin äußern, dass die Arbeit in irgendeiner Form entwertet wird (sinnlose, gefährliche, disqualifizierende Aufgaben werden übertragen). Es kann sich unter anderem in übler Nachrede, wachsendem Misstrauen oder Anfeindungen durch Kollegen äußern. Mobbing hat meistens etwas mit Intrige zu tun: Es sind hinterlistige Verstrickungen, die schwer durchschaubar sind. Jemand hat die Fäden in der Hand, aber man kann ihn schwer verantwortlich machen. Das Opfer verliert sich im Netz von Halb- und Unwahrheiten. Die Intrigen sind geschickt eingefädelt, taktisch inszeniert. Ziel ist es, die eigene Position zu festigen und die eines anderen zu schwächen. Die Triebfeder ist das Streben nach Macht und Einfluss. Die Wurzeln sind Neid, Missgunst, Aversion, Eifersucht – und Angst. Je weniger gut die Geschäfte laufen, desto intensiver wird es betrieben.

Ausgeklügelte Auditierungsprogramme, Assessments, Eignungstests und Eignungsgespräche sind zu modernen, unverdächtigen Mitteln geworden, sich „sauber" von Mitarbeitern zu trennen. Externe Unternehmensberater helfen dabei, die Durchführungen der „Säuberungen" zu managen. In sehr vielen Fällen sind die Vorgesetzten nur verdeckt aktiv. Nicht ohne Grund: Gezieltes Einsetzen von Schikanen helfen, Mitarbeiter loszuwerden. Ein Klient sagt: „Er hat mich mit meinen Mitarbeitern zu einem sogenannten Seminar einberufen. Und da hat er dauernd vor meinen Leuten destruktiv auf mir herumgehackt, ja es war natürlich eine sehr ernst zu nehmende Angelegenheit." So kommen Konflikte unter Mitarbeitern nicht selten geradezu gelegen. Man lässt sie eskalieren, wartet auf Momente, in denen aus der entstandenen Unsicherheit heraus Fehler gemacht werden, um dann unverdächtig handeln zu können.

Wir gehen immer davon aus, dass Werte, wie zum Beispiel Wahrheit, eine positive Eigenschaft sind. Das können wir grundsätzlich bejahen, dürfen dabei aber nicht vergessen, dass solche Werte nicht nur zum Aufbau, sondern auch zur Destruktion und zum Zerstören anderer benutzt werden können. Sogar in der Bibel werden wir mit vielen Beispielen konfrontiert, in denen die Wahrheit als Mittel benutzt wird, um Menschen fertig zu machen. Sogar der Satan selbst wird darin als einer beschrieben, der ausgezeichnet zum Beispiel mit der Wahrheit umgehen kann. Darum mahnt die Bibel, dass Wahrheit nur in Verbindung mit der Liebe gebraucht werden sollte. Schauen wir uns im öffentlichen Leben um: Wenn es darum geht, Politiker kaputt zu machen, wird das Mittel der Wahrheit benutzt. Durch das Aufspüren von Unkorrektheiten wird das Ziel verfolgt, Menschen zu erledigen. Menschen, die Rache üben wollen, zeigen andere bei den Steuerbehörden an, um sie mit dem Mittel der Wahrheit zu erledigen. Unliebsame Mitarbeiter in den Unternehmen kann man dadurch loswerden, dass man die Revision beauftragt, Reiserechnungen der letzten Jahre nachzuprüfen, mit dem Ziel, fündig zu werden und einen Rausschmiss zu erreichen.

Mobbing kann prinzipiell jeden treffen, von unten nach oben, von oben nach unten innerhalb der Hierarchien, unabhängig von Alter und beruflicher Position. Es kann durchaus auch die Chefs treffen: Sabotage, der Dienst nach Vorschrift, den Vorgesetzten ins informative Nichts laufen lassen etc. Es ist auch leichter geworden, einen ungeliebten Vorgesetzten loszuwerden. Es gibt keine typischen Mobbingopfer, und es sind nicht nur die Minderqualifizierten, die Schwächeren, die Sensibleren. Es kann durchaus Vorgesetzte treffen, hoch kompetente Personen, die anderen zu kompetent werden und dadurch eine Bedrohung darstellen.

Ein Basler Unternehmensberater[24] beschreibt folgende Angriffsflächen, auf die die destruktiven Angriffe von Mobbingaktivitäten abzielen: Auf die Möglichkeiten einer Person, sich auszudrücken und mitzuteilen (unterbrechen, ironische Einwürfe machen, sich weigern zuzuhören etc.), auf ihr soziales Beziehungsfeld (jemanden meiden, ignorieren, nicht mehr ansprechen), auf ihren Ruf und Ansehen, ihren sozialen Stand (Gerüchte verbreiten, übel nachreden) lächerlich machen, auf ihre Lebensqualität und Arbeitsqualität (bewusst über- oder unterfordern), auf ihr körperliches und gesundheitliches Wohlbefinden (Zumutung von gesundheitsschädlichen Arbeiten, Androhung von Gewalt, sexuelle Belästigung etc.).

Mobbing unterhöhlt und mindert die Leistung, bewirkt ein schlechtes Betriebsklima, verursacht hohe Personalfluktuationen und ist bei vielen Betroffenen das beherrschende Problem ihres Lebens. Sie reagieren mit Isolationsverhalten, Depressionen, Niedergeschlagenheit, Alkoholismus, diversen gesundheitlichen Störungen bis hin zu Suizidgedanken. Zwei von drei Selbstmördern in der Schweiz sind das Opfer von Mobbing. Der volkswirtschaftliche Schaden wird immens sein.

Die Betroffenen reagieren mit Belastungsreaktionen, die denen von Opfern von Gewaltverbrechen, Naturkatastrophen und Kriegen ähneln. Es sind Angstzustände, Schlafstörungen, Depressionen und Wutanfälle. Ein Mobbingopfer versucht, aus der Situation zu fliehen. Depressive Verhaltensweisen sind Ausdruck dieses Fluchtinstinktes.

Maßnahmen gegen Mobbing

Am schwierigsten ist es, gegen Menschen mit persönlicher Integrität und Glaubwürdigkeit zu taktieren. Die Lösung des Problems für das Unternehmen besteht nicht darin, sich einen Mobbingverhinderungsspezialisten einzukaufen. Das wäre ja nur Symptombekämpfung. Die beste Handhabe gegen Mobbing ist Glaubwürdigkeit. Es müssen glaubwürdige und stimmige Führungsinstrumente, eine gute Informations- und Kommunikationspolitik deklariert werden, eindeutige Leitlinien, eine klar abgestimmte und mit den Mitarbeitern abgesprochene, schriftlich festgelegte Unternehmensethik eingeführt werden. Dies gehört genauso zur obligatorischen Pflicht der Unternehmen, wie die Installierung entsprechender Kontrollinstanzen, die überprüfen, ob Werteleitbilder auch gelebt werden. Klar formulierte Aufgaben, klare Kompetenzen und Verantwortungen, klare Berichtswege reduzieren die Mobbingkultur spürbar.

Aber wenn man den Verantwortlichen für diese Selbstverständlichkeiten ihres Aufgabenkataloges keine Zeit gibt und sie von einer Umorganisation in die nächste treibt, von einer Fusion in die andere, wenn die Verantwortlichen nur dann zur Rechenschaft gezogen werden, wenn das Geld nicht planmäßig vermehrt wird, aber nie, wenn der Weg zum Umsatzziel mit Leichen gepflastert ist, braucht man sich überhaupt nicht zu wundern, wenn man das Phänomen Mobbing nicht in den Griff bekommt.

Vertrauensbildende Maßnahmen, das Gefühl, anerkannt und geachtet zu werden, sowie Zielvorgaben innerhalb des Unternehmens könnten negative Energiestrukturen aufweichen. Wo ein Betriebsklima herrscht, das auf Erfolg, Transparenz, Wahrhaftigkeit und Loyalität ausgerichtet ist, und wo man die Kommunikation nach gewissen Gesetzmäßigkeiten bewusst pflegt, gibt es weniger Raum für Intrigen.

Wie können sich Mobbing-Opfer verhalten?

- Verdrängen Sie den Konflikt nicht, sondern nennen Sie ihn beim Namen.

- Versuchen Sie vor allen Dingen, die Mauern des Schweigens zu durchbrechen.

- Meiden Sie auf alle Fälle Medikamente und Alkohol.

Ressourcen

3. Kapitel: Sinn finden

Die persönliche Klärung der Sinnfrage

In den Jahren meiner Beratungsarbeit habe ich realisiert, dass gerade erfolgreiche Menschen unter einer Art „ungestilltem Hungergefühl" leiden. Sie tun sich schwer, diesen Zustand in Worte zu fassen.

Teilaspekte dieses Hungergefühls beziehen sich auf ihr empfundenes Defizit an Liebe, auf den Mangel an tiefen Beziehungen, die fehlende Sicht auf eine Zukunft, die sie getrost nach vorne blicken lassen könnte, den Mangel an Harmonie, den Mangel an Befriedigung, die sie sich durch das Erreichen ihrer Ziele erhofft hatten etc. Aber es sind immer nur Teilaspekte. Kein Wunder, dass es schwerfällt, darüber zu sprechen. Über die Sinnleere kann man ja auch nicht wie von einem Gegenstand sprechen, weil Sinn kein Gegenstand ist, sondern sich auf das Wesenhafte bezieht.

Erich Fromm bezeichnete die Verunsicherung am fehlenden Sinn als die Krankheit des 20. Jahrhunderts. Mit dieser Feststellung entlarvt er die Not des Menschen im postindustriellen Zeitalter. Umgekehrt sieht es Freud. Im Gegensatz zu Fromm bezeichnet Freud nicht etwa den fehlenden Sinn, sondern die Frage und die Suche nach dem fehlenden Sinn als Krankheit. In einem Brief an Marie Bonapart erwähnt er: „Im Moment, da man nach dem Sinn/Wert des Lebens fragt, ist man krank, denn beides gibt es ja in objektiver Weise nicht."[25] Sein Menschenbild zeigt den Menschen als triebbedingtes und triebbewegtes Wesen, dem die existentielle Dimension von geistigen und spirituellen Werten abgesprochen wird. „Religion" ist daher für Freud auch lediglich ein pathologisches Phänomen.

Freud oder Fromm? Natürliches Bedürfnis oder Krankheit? Wie auch immer, das Phänomen ist allgegenwärtig und nicht wegzudiskutieren. Der Hunger nach mehr, der Hunger nach Lebenssinn ist zu Beginn des neuen Jahrtausends mehr denn je spürbar. Sollen wir Freud oder Fromm folgen? Das bedeutet entweder, das Hungergefühl zu bejahen und das Risiko des Leidens auf sich zu nehmen oder das Hungergefühl selbst als Krankheit zu bezeichnen und zumindest nach außen hin die Rolle des Gesunden zu spielen.

Einige glauben, dass diejenigen krank sind, die nach dem Sinn des Lebens fragen, andere glauben, dass diejenigen krank sind, die nicht mehr nach dem Sinn fragen.

Bei einem Seminar über „Sinn- und Identitätsfindung in der Leistungsgesellschaft" in einem weltweit führenden Automobilkonzern, begann ein Entwicklungschef mit dem Statement: „Für mich ist Sinn: Sex, Essen, Trinken, Schlafen." Zu mir gewandt sprach er: „Wenn Sie innerhalb dieser aufgezählten Bereiche bleiben, halte ich Ihr Seminar für sinnvoll. Darüber hinaus darf es nicht gehen, da es sonst für mich schädlich sein könnte. Für meine Leute am Fließband wäre das geradezu gefährlich und würde ihre Arbeitsproduktivität erschüttern, wenn sie weitergehend über den Sinn ihres Daseins nachdenken würden."

Alfred Herrhausen, ehemaliger Vorstandssprecher der Deutschen Bank, schreibt: „Warum bewegt oft echte Resignation die Menschen, weshalb beschleicht uns Unbehagen, die einen bewusst, die anderen, zahlreicheren, unbewusst? Offenbar ist nicht die ganze Rechnung aufgegangen. Ein Unbehagen hat sich eingestellt. Die Gefahr, in der wir uns ohne Zweifel befinden, ist gekennzeichnet durch die Tatsache, dass deshalb wesentliche Güter, die keinen Marktwert haben, an den Rand der Werteskala geraten."[26]

Während die Suche nach dem Sinn in unserem Arbeitsumfeld immer auf die Frage nach dem kurzfristigen, materiellen Nutzen reduziert wird, sehen Kinder das Ganze aus einem anderen Blickwinkel. Wenn Kinder nach dem Sinn fragen, gehen sie immer auf das Woher, das Wohin, das Wofür und das Warum ein. Welchem Reduktionismus sind wir Erwachsenen zum Opfer gefallen? Die Fragen: Woher?, Wohin?, Wofür? und Warum? greifen tiefer als die Frage nach der Nützlichkeit.

Viele Erwachsene sind peinlich berührt, wenn Kinder vollkommen natürlich tiefgehende Fragen stellen. Haben diese es verdient, dass ihnen nebensächliche Fragen ausführlich beantwortet werden und wir uns gerade in der Erziehung zur Disziplin die längste Zeit pedantisch mit Nebensächlichkeiten abgeben, während wir ihnen bei den substantiellen Themen Antworten schuldig bleiben? Geben wir ihnen dadurch, dass wir auf ihre Neugierde nicht eingehen, zu verstehen, dass solche Themen eben tabu sind, und man nicht über sie spricht? Bis sie eines Tages die Fragen einstellen, nicht, weil die Fragen beantwortet wurden oder kein Interesse mehr vorhanden wäre, sondern weil die Kinder gelernt haben, dass die Erwachsenen diese Fragen meistens nur beantworten, wenn sich das „Wozu?" auf überschaubare Grundbedürfnisse bezieht. So geht von Mensch zu Mensch die natürliche Neugierde und der Mut zum Fragen verloren.

E. F. Schumacher leitet sein Buch „Rat für die Ratlosen" mit folgenden Sätzen ein: „Bei einem Besuch in Leningrad vor einigen Jahren versuchte ich mich auf dem Stadtplan zurechtzufinden, es gelang mir nicht. Zwar hatte ich einige Kirchen gesehen, doch keine Spur von ihnen auf dem Stadtplan. Schließlich kam mir ein Dolmetscher zu Hilfe und sagte: ›Wir verzeichnen auf unseren Plänen keine Kirchen.‹ Ich widersprach und wies auf eine, die deutlich gekennzeichnet war. ›Das ist ein Museum‹, sagte er, ›keine richtige Kirche. Nur richtige Kirchen zeigen wir nicht.‹ Da ging mir auf, dass ich hier zum ersten Mal eine Karte in den Händen hielt, die vieles von dem, was ich unmittelbar vor mir sehen konnte, nicht zeigte. Meine ganze Schul- und Universitätszeit hatte man mir Karten vom Leben und Wissen gegeben, auf denen nicht die kleinste Spur von den Dingen zu sehen war, die mir am meisten bedeuteten und mir von größter Wichtigkeit für mein weiteres Leben zu sein schienen. Ich erinnere mich, dass ich jahrelang völlig ratlos war, und kein Dolmetscher kam mir zu Hilfe. Diese Ratlosigkeit dauerte an, bis ich nicht mehr an der Vernunft meiner Wahrnehmungen zweifelte, sondern die Richtigkeit der Karten in Frage stellte. Diese Karten beantworten keine der Fragen, auf die es wirklich ankommt, sie zeigen nicht den Weg zu einer möglichen Antwort. Sie leugnen schon die Berechtigung der Fragen."

Um nach dem Sinn des Lebens zu fragen oder um den Sinn des Lebens in Frage zu stellen, braucht man kein Depressiver oder Grübler zu sein. Die Frage nach dem Sinn des Lebens gehört zu den tiefsten Wesenseigenschaften des menschlichen Lebens und jeder normal funktionierende Mensch stellt sie sich irgendwann in seinem Leben.

Die Suche nach dem Sinn in der Geschichte

Eine ganz alte Weisheit gibt uns eine beruhigend einfache Antwort: Das Glück des Menschen liegt darin, nach Höherem zu streben und, wenn möglich, Gott zu schauen. Wenn sich der Mensch nach unten begibt, macht er sich zutiefst unglücklich, bis hin zur Verzweiflung (so zu lesen bei Thomas von Aquin[27]). Seit aber die westlich geprägte Wissenschaft antrat, die Welt allein durch Ratio zu erklären, wurde Stück für Stück spirituelles Bewusstsein durch „aufgeklärtes" ersetzt und das gesellschaftliche Guthaben an Spiritualität (im oft passiven und teilweise sogar aktiven Beisein der Bewirtschafter dieses Guthabens – der Kirchen) im Zeichen der Vernunft aufgebraucht und zerstört. Der Verlust der Dimension des Vertikalen bedeutete, dass es nicht mehr möglich war, eine andere als eine utilitaristische Antwort auf die Frage zu geben: „Was soll ich mit meinem Leben tun?"

Sinn als Befriedigung von Bedürfnissen

Trotz allem deckt die Marktwirtschaft durchaus einen Teilaspekt bei unserer Sinnsuche ab. Wenn wir uns auf die persönliche Suche nach Sinnfindung machen, dann empfinden wir unser Leben zunächst als sinnvoll, wenn wir unsere Bedürfnisse befriedigen können. Sinn macht für uns zunächst alles, was unsere Bedürfnisse befriedigt.

Wenn wir in unserer Betrachtung zunächst einmal von unseren Grundbedürfnissen ausgehen, dann leuchtet uns am ehesten ein, dass der Sinn der Grundbedürfnisse darin besteht, dass sie erfüllt werden.

Jeder Mensch hat das Bedürfnis nach Gemeinschaft, nach finanzieller und sozialer Sicherheit, nach Frieden, nach Freunden, Anerkennung und Erlebnissen, nach Kleidern und einer schönen Wohnung, nach Bildung und einem guten Beruf, nach Erfolg, nach Zärtlichkeit, nach Schlaf, nach Nahrung, nach Gerechtigkeit, nach Vertrauen, nach Glauben usw.

Solange der Mensch jung ist und von seiner Jugendlichkeit getragen wird, seine Gesundheit als selbstverständlich ansieht und vor Vitalität sprüht, wird er vielleicht weniger über den Sinn nachdenken. Die Frage stellt sich aber spätestens, wenn es darum geht, auf das Gefühl von Ermattung, auf Enttäuschung, Krankheit und Alter eine Antwort zu finden. Meistens bedrängen den Einzelnen zunächst biologische Bedürfnisse am stärksten. Erst wenn diese befriedigt sind, werden die geistigen Bedürfnisse wahrgenommen.

Trotz aller gegenteiligen Aussagen der Werbung und der unmittelbaren Umgebung spüren viele, dass ihr Bedürfnis nach Sinn durch die Befriedigung biologischer und materieller Bedürfnisse nicht befriedigt wird. Machen wir uns Folgendes bewusst: Wenn der Mensch heute, wie zu keiner anderen Zeit zuvor, an der Sinnlosigkeit und der Sinnleere leidet, so ist dies nicht nur ein psychologisches, kulturelles, politisches und soziologisches, sondern auch ein geistiges Problem. Der Ausweg beginnt dann, wenn sich der fragende Mensch auf sein „Menschsein" besinnt und anerkennt, dass er nicht nur aus physischen Bedürfnissen besteht, sondern dass sein Menschsein noch viel mehr bedeutet. Die geistige Dimension zu bejahen und auszubilden ist eine gewichtige Aufgabe. Insofern ist die Sinnfrage Hinweis auf die grundsätzliche, notwendige Neuorientierung, die der heutige Mensch zu leisten hat.

Die Sinnkrise und ihre Auslöser

In Krisen stellt sich immer wieder heraus, dass das bisherige Fundament unseres Lebens nicht mehr ausreicht. Krisen sind wichtig, weil sie uns dazu verhelfen, trügerische Sicherheiten zu durchschauen, an festgefahrenen Denkweisen zu zweifeln. Der erschütterte Mensch will seine Fundamente tiefer legen. Darum ist es kein Zufall, dass es Krisen gibt. In unseren Krisen steckt eine Botschaft des Lebens an uns. Sie können ein Instrument werden, uns aus der Gefangenschaft der oberflächlichen Gedankenlosigkeit befreien. So oft habe ich in der Beratung festgestellt, dass, retrospektiv betrachtet, das Auftauchen einer Krise wesentlich mehr zur Lebensqualität bewirkt hat als das Ausbleiben einer Krise. Vielleicht sollten wir vielmehr als bisher die Krisen in unserem Leben begrüßen.

Die Sinnkrise entsteht bei den einen, wenn die unmittelbare Bedürfnisbefriedigung nicht mehr gelingt und wenn durch äußere Umstände erreichte Ziele verloren gehen, bei anderen, wenn sie die Ziele erreicht haben, die sie sich gesetzt hatten, sich aber dennoch eine gewisse Spur von Unbefriedigung und Enttäuschung breitmacht und die Frage aufkommt: „Ist das Erreichen meiner Ziele wirklich das, was ich gesucht habe? Habe ich mir mein Leben so vorgestellt?".

Die Erfahrung einer Sinnkrise ist immer eine sehr persönliche und intime Angelegenheit. Trotzdem lassen sich zusammenfassend einige Kategorien von Erfahrungen nennen, die uns in eine existentielle Krise führen können: Verlust, Versagen, Überdruss (Übersättigung) und die Erkenntnis der Vergänglichkeit. Ich möchte hier nur die Erfahrung der Vergänglichkeit genauer ansprechen.

Die Erfahrung der Vergänglichkeit

Die Kurzfristigkeit des Wirtschaftens gerät in Konflikt mit dem menschlichen Charakter, dessen Sehnsüchte auf Langfristigkeit und Verlässlichkeit angelegt sind. Die Schnelligkeit des menschlichen Verfallsdatums tritt heute wesentlich spürbarer nach außen. Wir leben unter dem Gesetz einer ablaufenden Zeituhr. Vergänglichkeit als Wesensmerkmal des Menschseins führt zur Einsicht: „Die Zeit vergeht, ich kann nichts festhalten." Das Vorübergehen der Zeit wird oft als sehr schmerzhaft erfahren. Insbesondere das Älterwerden stellt für einige Menschen ein riesiges Problem dar. Oft denken sie mehrmals am Tage darüber nach und haben in ihrer oberflächlichen Umgebung niemanden, mit dem sie über ihre innere Not sprechen können. Jemand sagte: „Älter werden ist kein Job für Feiglinge." Sie leiden unter der Wahrnehmung, dass die Zeit knapp wird, und spüren, dass nicht die von ihnen angehäuften Besitzstände, sondern ihre noch verbleibende Lebenszeit zum kostbarsten Rohstoff wird. Das unaufhaltsame Fortschreiten der Verknappung ihrer Zeit beunruhigt sie und versetzt sie nicht selten in Panik. Eine ältere Frau beschrieb ihre Situation so: „Alles schmerzt, und was nicht schmerzt, funktioniert nicht. Ich fühle mich wie am Abend vorher und bin nirgendwo gewesen. Ein tropfender Wasserhahn verursacht einen unkontrollierbaren Druck in der Blase. Ich brauche Brillen, um meine Brillen zu finden. Ich sitze in einem Schaukelstuhl und bringe ihn nicht zum Schaukeln. Mein Rücken krümmt sich auch ohne Last. Mein Haus wird leer, mein Arzneischrank immer voller. Ich kenne alle Antworten, doch niemand stellt mir dazu die Fragen."

Das Bewusstsein der Spannung zwischen ablaufender Zeit und dem Bedürfnis nach bleibenden Werten und Geborgenheit lässt Unruhe aufkommen und ist normalerweise der Auslöser für unsere Fragen nach dem Sinn. So fragte mich bereits mein damals neunjähriger Sohn auf einem Spaziergang: „Papa, warum werden wir denn überhaupt erst geboren, wenn wir doch wieder sterben müssen?"

Spätestens im mittleren Alter erkennen wir plötzlich, dass die noch vor uns liegende Zeit kleiner ist als die bereits gelebte Zeit. Uns wird die Begrenztheit bewusst: Die Begrenztheit unserer physischen Kräfte, die Begrenztheit unserer Beziehungen, wenn wir realisieren, dass unsere Eltern alt geworden sind und sterben, die Begrenztheit unserer beruflichen Optionen. Wer aber nur so gepolt ist: „Ich bin nur etwas, wenn es immer weiter und immer höher geht", der kommt unweigerlich in die Enge, weil seine Weltvorstellung immer weniger mit seiner physischen Wirklichkeit übereinstimmt, je älter er wird.

Die in diesem Alter häufig auftauchenden Depressionen sind nur eine natürliche Folge und ein natürliches Signal, wenn die Seele überfordert ist mit dem, was das verkürzte Weltbild ihr zu denken vorschreibt. Depression als seelische Sabotage.

Mit der Mitte unseres Lebens steht die Frage im Vordergrund: Wie kann ich das (wenige) Leben, das noch vor mir steht, gegenüber dem mehr Leben, das schon hinter mir liegt, so leben, dass es trotzdem Sinn gibt?

Doch anstatt die nun verbleibende Zeit sinnvoll zu gestalten, indem man sich auch ab und zu ein paar Augenblicke der Selbstreflexion und Kontemplation gönnt, erleben wir in der Realität, dass die Zeit immer knapper und der Geschäftsalltag immer hektischer wird. Wenn man sich der inneren Mahnung zur Selbstreflexion in den guten Jahren nicht stellt, holt einen diese Frage irgendwann ein. Je früher wir uns die Frage stellen: „Was muss noch ich tun, bevor ich sterbe?", desto mehr Sinn werden wir für unser verbleibendes Leben finden. Die Krise gegen Ende unseres Lebens hat noch ein etwas anderes Gesicht als die Identitätskrise in jüngeren Jahren. Wir könnten sie mit den Worten beschreiben: „Ich bin, was von mir bleibt."

Bereitschaft zur Bestandsaufnahme

Eine äußerst ermutigende Erfahrung aus meiner Beratungstätigkeit ist es aber, dass über sechzig Prozent der Klienten den Wunsch und die Bereitschaft einer tiefergehenden Bestandsaufnahme haben. Sie realisieren, dass ihre bisherigen Lebensfundamente nicht ausreichten. Auch wenn in der dann folgenden Beratung nie alles glatt geht und Ohnmacht auch auf der Seite des Beraters nicht selten zu spüren ist, ist doch etwas grundsätzlich anderes im Vergleich zu den Folgen der zuerst aufgezählten Verhaltensmuster sichtbar. Eine Bestandsaufnahme kann oft schmerzlich sein, wenn im gemeinsamen Gespräch innere Prägungen entdeckt werden, die einen Menschen von früher Kindheit an getrieben und fixiert haben. Freilich war es bei den wenigsten so, dass sie ganz von sich aus zum Nachdenken geführt wurden. Erst Ereignisse wie plötzliche Entlassung, unmittelbar auftretender Ärger im Geschäft, unüberwindbare Eheprobleme, Verkehrsunfälle, Krankheiten oder Verleumdung waren bei den meisten der Auslöser dafür, dass die Krise ans Tageslicht kam und sie das Bedürfnis entwickelten, ihre Lebensfundamente tiefer zu setzen.

Viele von denen, die sich einer gründlichen Bestandsaufnahme stellten, haben wieder Fuß gefasst. Sie haben eine Vertiefung erlebt und blicken sogar mit einer Art Dankbarkeit auf die Krisenerfahrung zurück. Manche kommen sogar zum Ergebnis, dass sie die Krise gebraucht haben, um endlich das Leben in einem tieferen Sinne zu verstehen. Sie haben neue Leitsätze für ihr Leben gefunden, gesellschaftliche Beziehungen werden neu gewichtet, kleine Dinge des Lebens plötzlich mehr geschätzt, bewusster gelebt und ein anderer, nämlich sensiblerer Umgang mit Menschen gepflegt als bisher. Einige haben sogar ein neues Aufgabenfeld gefunden, in dem die nicht materiellen Werte eine größere Rolle spielen.

Wenn wir uns klar darüber werden, dass wir nicht nur denken können, sondern dass wir uns auch unseres Denkens bewusst werden können, dann ist dies der Moment, in dem wir uns aus dem Bereich der Instinkte verabschieden, aus der Genügsamkeit eines Denkens, dass der Sinn schon längst gegeben ist, wenn die Bedürfnisse und Affekte befriedigt werden. Eigentlichen Sinn erfährt der Mensch erst, wenn er aus der ersten Ebene der eigenen Bedürfnisbefriedigung herauswächst, wenn er aus seinem Quadrat, das sich nur auf die Befriedigung seiner eigenen Bedürfnisse bezieht, heraustreten kann. Ist der Mensch noch ein Mensch, wenn er nur in den Kampf ums Dasein involviert ist? Er ist dann Mensch, wenn er nach dem Sinn seines Daseins fragt, wenn er sich an eine Aufgabe, die auf ihn wartet, hingibt.

Sinn fängt in der Kindheit an

Ein Kerngedanke für mich ist, dass Identität nicht Ausdruck unserer Leistung sein kann, sondern umgekehrt sollte unsere Leistung Ausdruck unserer Identität werden. Die allermeisten leiten ihre Identität und ihren Sinn von ihrer Leistung ab. Wenn wir aber lernen wollen, uns unabhängig von unserer Leistungskraft, unserer momentanen Nützlichkeit, unserem akademischen Grad, unserem Gesundheitszustand, unserem momentanen Aussehen oder unserem Marktwert als wertvoll anzuerkennen, dann führt der Weg in unsere frühe Kindheit zurück, denn dort konnten wir uns noch nicht über die Leistung definieren. Liegt hierin auch der Grund, warum viele mit einer Art Wehmut an die Kindheit zurückdenken? Die Predigt eines Freundes vor vielen Jahren hat mir persönlich einen bleibenden Schlüssel für dieses Thema in die Hand gegeben, der mir über meine ganze Laufbahn als Unternehmensberater geholfen hat: Am Anfang des Lebens stand eine prägende Erfahrung von Sinn, die ganz und gar nicht von unserer Leistung her definiert wurde. Unser Leben begann an einem geschützten und vertrauten Ort: An der Brust der Mutter, in den Armen der Eltern, in der Wiege zu Hause. Die Zuwendung der Eltern war die erste und größte Sinnerfüllung, die wir je erlebten. Ihre Fürsorge signalisierte, dass wir wichtig und wertvoll für sie sind, ohne dafür etwas getan oder geleistet zu haben. Die Zuneigung unserer Eltern stellte nicht das Ergebnis unserer Anstrengungen dar. Wir waren wichtig – einfach durch unser Dasein.

Die Liebeserfahrung durch unsere Eltern erwies sich für uns als der erste Sinn, den wir kennen gelernt haben. Weil sie uns anlächelten, lernten wir zurückzulächeln. Die ersten sinnerfüllten Erfahrungen hatten mit uns allein und nicht mit einer von uns erbrachten Leistung zu tun. Wir hätten uns damals unseren Sinn nicht selbst geben können. Wie wichtig und willkommen wir waren, konnten wir uns nicht selbst sagen. (Wie groß das Maß an Zuwendung ist, das wir als Menschen von klein auf brauchen, zeigen leider die seelischen Schäden, die sich beispielsweise bei Kindern, denen kaum oder nur wenig auf dieser Ebene geschenkt wurde, bemerkbar machen.)

Wir verdanken unsere ersten Erfahrungen und damit die Grundlagen für unser späteres Suchen nach Sinn und Identität nicht einer Leistung, sondern einer Beziehung. Unsere ersten Sinnerfahrungen mussten wir nicht selbst erwerben, sondern wir bekamen sie geschenkt. Sinn und Wohlbefinden lernten wir aus dem Angenommensein einer Beziehung kennen, die nicht vom Leistungsprinzip her bestimmt war.

Diese damalige Erfahrung legte das Grundmuster: Wirklicher Sinn, der uns befriedigt und den wir suchen, kann nicht der Sinn aus Leistung sein. Es muss ein Sinn sein, der die Grundlage für Leistung ist, aber niemals die Leistung zur Grundlage hat.

Aus dem Vertrauten und der Geborgenheit heraus wuchsen wir allmählich ins *Fremde* hinein. Das begann mit dem Kindergarten und der Schule. Und ganz anders als in unserer frühesten Kindheit werden wir nun in der Gesellschaft streng nach unseren Fähigkeiten und Leistungen beurteilt. Die Wertschätzung, die wir jetzt brauchen, hängt nun von unserem Aussehen und unserer Leistungskraft, von unseren Qualifikationen und unserem Potential ab. Wir finden nicht mehr einfach Anerkennung, weil wir da sind. Wir müssen uns die Anerkennung erst erwerben. (Wir leben ja schließlich in einer Erwerbsgesellschaft.) Aber auch die höchste Anerkennung, die wir jetzt erwerben können, wird niemals auch nur andeutungsweise so tief reichen wie die Anerkennung und das Urvertrauen, die wir in unserer frühesten Kindheit geschenkt bekommen haben, ohne etwas dafür leisten zu müssen.

Unsere Identität in der Leistungsgesellschaft bleibt immer eine „erarbeite-te" Identität. Die Identität aber, die wir suchen und die wir brauchen, ist eine geschenkte Identität. Eine Identität, die nicht wegen unseres Tuns besteht, sondern wegen unseres Seins.

Erfahrungen, die dieses Nützlichkeitsprinzip durchbrechen, sind beispiels-weise Erfahrungen der Freundschaft und der Liebe. Zwischen Freunden und Liebenden gelten keine unbarmherzigen Gesetze. Darum sind Freund-schaften so wichtig, sie helfen uns über vieles hinweg. Ein Freund wird ver-suchen, mich nach einem Fehler oder Versagen aufzubauen. Ähnliches gilt für die Liebesbeziehung zwischen zwei Menschen. Wenn ich in das Gesicht dessen schaue, der mich liebt, spüre ich etwas, das ich seit meiner frühen Kindheit nicht mehr erlebt habe: Ich bin wichtig, einfach weil ich da bin, so wie ich bin. Was meinem Leben Sinn verleiht, ist das Angenommensein in einer Beziehung, nicht meine Leistung. Diese Art von Sinn kann nur eine Person vermitteln. Kein Geld, keine Idee, kein Beruf, keine Leistung kann zu mir sagen: „Für mich bist Du unersetzlich. Was wäre ich ohne Dich?" Meine Nützlichkeit mag bedeutungsvoll sein, hat mit Liebe aber nichts zu tun. Leistung kann niemals den Sinn vermitteln, den Manager suchen. Ich bin mehr als die Funktion, die ich ausübe, ich bin mehr als die Karriere, die ich mache. Ich bin hinter allem der, der ich mir selbst und meinen Freun-den bin. Ich bin mehr als die Rolle, die ich spiele.

Um den Schlüssel für Identität und Sinn des Lebens zu finden, sollte man sich von der einseitigen Ableitung des Selbstwertes aus Leistung und Nütz-lichkeit entfernen. Bisher bleiben Identität und Sinnerfüllung in der Erwerbsgesellschaft abhängig von Leistung, Aussehen, Attraktivität und Nützlichkeit. Der Preis dafür ist hoch. Viele Menschen stehen permanent unter gesundheitsschädigendem Leistungsdruck, und die meisten haben Angst vor dem Absturz. Wer weiß denn, ob er morgen noch gesund ist, noch so nützlich, leistungsfähig, attraktiv wie heute?

Ohne die erste Sinnerfahrung in der Kindheit würde die Suche nach Sinn nicht in einem entfacht werden. Der Mensch versucht, in allen Plänen und Mühen seine Kindheit oder wenigstens das verloren gegangene Lebensge-fühl der Kindheit wiederzuerlangen, indem er sich selbst aus eigener Kraft Mauern der Geborgenheit und Zugehörigkeit baut. Seine Ziele sollen ihm das unübersteigbare Lebensgefühl seiner Kindheit wenigstens wieder ein Stück weit zurückgeben. Er versucht mit Hilfe der Gesetzmäßigkeiten der Leistungsgesellschaft das wieder zurück zu erhalten, was durch keine Leis-tung zu erreichen ist. Das ist das Dilemma des modernen Managers.

Die erste Sinnerfahrung in der Kindheit hat nicht satt gemacht, sondern hungrig. Die Kindheit liegt deswegen in gewisser Weise auch vor uns, weil sie etwas Unübersteigbares hat. Wir können das Phänomen der Kindheit mit einem Kompass vergleichen. Er deutet die Richtung an. Die Kindheit stellt von Anfang an klar, dass die dem Menschen gemäße Lebensordnung jenseits der Tausch- und Erwerbsgesellschaft liegt. Wir dürfen dieses Ziel deswegen nicht zum Ergebnis unserer Anstrengungen machen, denn Kindheit kann man nie erwerben. Nicht nur das Ziel, sondern auch der Weg, auf dem wir Sinn finden können, orientiert sich also an der Kindheitserfahrung. Sinn kann man genauso wie Kindheit nicht erleisten. In der Kindheit haben wir den Sinn unseres Lebens nicht erworben, sondern geschenkt bekommen. Könnte es mit unserer Suche nach Sinn nicht wieder so sein? Sinn und Liebe sind nicht das Ergebnis unserer Leistungen, sondern sie sind Ausgangspunkt unserer Leistungen. Sollte uns das Leben durch die Kindheitserfahrung alle an der Nase herumgeführt haben, indem es uns etwas schmecken ließ, das wir zwar nie wieder vergessen können, das aber letzten Endes doch lebensfremd und darum nie wieder erlebbar ist? Oder könnte die Kindheit Zeichen, Wegweiser und Vorgeschmack auch dafür sein, wie es zur Sinnerfahrung kommt? So sagt Erich Kästner einmal: „Die meisten Menschen legen ihre Kindheit ab wie einen alten Hut. Sie vergessen sie wie eine Telefonnummer, die nicht mehr gilt. Früher waren sie Kinder, dann wurden sie Erwachsene, aber was sind sie nun? Nur wer erwachsen wird und Kind bleibt, ist ein Mensch."

Nirgendwo in der Weltliteratur sind die Sinnkrise und der schmerzliche Prozess des Verlierens und Wiedergewinnens der „kindlichen" Identität und Sinnerfüllung, die Irrwege der von uns selbst erworbenen Identität, faszinierender beschrieben als im Gleichnis vom verlorenen Sohn.[28] Das Gleichnis verdeutlicht uns das Prinzip der Leistungsgesellschaft. Es schildert uns in eindrücklicher Weise den Kampf eines Menschen, der nach dem Zusammenbruch seiner selbsterworbenen Identität (d.h. einer Identität, die nur aus dem Tun und nicht aus dem Sein heraus entspringt) als Erwachsener zurück in eine Identität findet, die auch im Erwachsenenalter eindeutig in die Kindheit zurückweist. Menschen, die diesen Prozess durchlaufen und ihre Identität wiedergefunden haben, werden sich zwar den Gesetzen des Erwachsenenlebens und der Erwerbsgesellschaft nicht entziehen können, sie stehen jedoch über ihnen und erhalten eine neue innere Unabhängigkeit und Souveränität.

In einer sehr einfachen Weise versinnbildlicht uns dieses vielleicht schönste Gleichnis das Problem der Konsum- und Nützlichkeitsgesellschaft und weist uns in eine neue Richtung. Es beschreibt einen Menschen, der sich nur vom Leistungsprinzip her definiert, als verlorenen Sohn und als Knecht. Der Wert eines Knechtes im Gegensatz zu dem eines Sohnes besteht darin, dass seine Identität und sein Sinn von der Nützlichkeit und Leistungsfähigkeit her abgeleitet werden. Der Stand der „Sohnschaft" dagegen besteht darin, dass er um seine „Kindschaft" weiß: Im Gegensatz zum Stand der „Knechtschaft" muss er sich seine Anerkennung und Wertschätzung nicht durch Leistung erarbeiten, sondern ist als Sohn anerkannt, geliebt und in sich selbst wertvoll.

Dieser Stand sollte nun für uns die Ausgangslage für unserer Leistung sein, nicht umgekehrt unsere Leistung zur Ausgangslage für unseren Stand. Das Gleichnis ist ein Bild für den Verlust und das Wiederfinden von Identität, Heimat und Wertgefühl. Es zeigt uns bildhaft den langen Weg, den ein Mensch geht, bis er den Wert seiner Identität unabhängig von der Wechselhaftigkeit äußerlicher Kulissen und seines Marktwertes findet.

Das Gleichnis zeigt uns auch, dass die Krise eine positive Bedeutung für unser Leben hat, weil sie das Ende einer Sackgasse markiert und so die Voraussetzungen einer neuen Orientierung bietet. Vor der Umkehr erfolgt eine ehrliche Bestandsaufnahme. Nach der Bestandsaufnahme folgt zuerst die totale Hilflosigkeit. In dieser Phase wächst der Entschluss, loszulassen und sich von den alten Werten zu trennen. Die Krise führt zum Nachdenken über die eigenen leistungsorientierten Werte und zum Erkennen von brüchigen Fundamenten. Die Krise und auch der Hunger nach Sinn und Identität helfen uns dabei.

Die meisten von uns leiten den Sinn und den Wert ihres Lebens von dem Prinzip der Nützlichkeit ab und fühlen sich ihr Leben lang als Knechte.

So beantwortet dieses Gleichnis die Schlüsselfrage nach dem Sinn des Lebens und weist zugleich den Weg zur Antwort: Woraus leite ich meine Identität ab, wenn ich das Fundament meiner Leistungskraft plötzlich verloren habe? Das Gleichnis endet mit dem Satz: „Dieser dein Bruder war tot und ist wieder lebendig geworden, er war verloren und ist wiedergefunden."[29] Obwohl er ja physisch die ganze Zeit über lebendig war, war er doch tot. Tot ist hier der Zustand, wenn der Mensch allein nach dem einseitigen Prinzip der Leistung lebt und nur von daher seinen Sinn definiert.

Die Identität, die wir uns selbst schaffen, orientiert sich an äußerlichen Kriterien und ist immer zeitlich begrenzt. Irgendwann kommt sie an ihr Ende. Wir stylen unsere Identität. Wir haben das Bedürfnis, in unseren Augen und in den Augen der anderen etwas Besseres zu sein: Wir wollen stolz sein und kämpfen für eigene Leistungen, aber wir wollen uns nicht in geschenkter Liebe geborgen fühlen. Die Folge davon ist, dass wir unseren Eigenwert von der Wertschätzung der anderen Menschen ableiten. Aus der Reaktion anderer Menschen schließen wir auf unseren eigenen Wert. Wenn die Wertschätzung der anderen aber plötzlich nicht mehr da ist, weil wir für sie nicht mehr wertvoll sind, zu alt sind, krank sind, landen wir zwangsläufig (um bei der Wortwahl des Gleichnisses zu bleiben), wie der „verlorene Sohn" bei den „Schweinen". Davor haben unterschwellig viele Manager Angst.

So wichtig es einerseits ist, dass jeder seine Fähigkeiten und Gaben im Beruf vollständig einsetzt und bereit ist, Verantwortung zu übernehmen, so müssen andererseits „persönliche" Grenzen beachtet werden. Das Ziel, „Karriere" zu machen, darf derartige Grenzen nicht negieren. Die Karriere darf nicht nur dem einen Ziel dienen, das eigene Selbstwertgefühl zu steigern. Die Frage taucht auf, ob eine Karriere überhaupt die empfehlenswerte Art ist, sich als Person zu entfalten. Vielen Menschen ist ihr Beruf zur Falle geworden, weil sie sich fast nur noch über beruflichen Erfolg, in der Arbeit erbrachte Leistung und hart verdientes Geld definieren. Umso gefährdeter stehen sie da, wenn mit der Karriere etwas schiefläuft. Beruflicher Ehrgeiz macht oft blind für den Rest des Lebens. Menschen, die bei einer beruflichen Krise in große Verzweiflung geraten, verraten damit oft, dass ihnen zwar das Wohl der Familie oder des Partners am Herzen liegt, der Beruf jedoch eindeutig die Hauptrolle spielt. Wenn es im Beruf plötzlich nicht mehr klappt, erscheint ihnen alles andere plötzlich wie wertlos. Der berufliche Erfolg erweist sich als das eigentliche Statussymbol für gelungene Selbstverwirklichung. Kein Wunder, dass für dieses Ziel die meisten Ressourcen mobilisiert werden, über die ein Mensch verfügt: Zeit, Energie, Kreativität, Nerven und insbesondere zwischenmenschliche Beziehungen. Allmählich verengt sich aber das Leben immer mehr auf den Beruf, der verbleibende Rest der Zeit dient nur noch der Regeneration oder dem statusbewussten Konsum, was dem Menschen in seinem Wesen widerspricht. Oder hat der „Homo laborans" den „Homo sapiens" ersetzt?

Erst in der Krise erkennen die meisten, wie viel Kraft sie aus der Arbeit geschöpft haben. Als am schwersten zu verkraften erweist sich das plötzliche Gefühl, ohne die Arbeit, die einen jeden Tag beschäftigt hatte, einfach nicht zu genügen. Man merkt jetzt erst, wie abhängig man war von etwas, über das man letztlich keine Kontrolle hatte: Die eigene Karriere.

Arbeit oder Lebensaufgabe?

Wer etwas von seiner persönlichen Lebensaufgabe (Berufung) weiß, die viel mehr beinhaltet als Karriereziele, hat einen Schlüssel entdeckt, nicht von Umständen getrieben zu werden. Er hat eine Vision für sein Leben und seine weiter gesteckten Ziele. Er hat einen Kompass in der Hand, der ihn davor bewahrt, die Fassung zu verlieren, wenn es beruflich auch einmal bergab geht.

Zur Lebensaufgabe gehört das persönliche Wissen über die eigene Identität, den eigenen emotionalen Anker, die eigene Selbstachtung, das eigene Selbstwertgefühl. Menschen mit Lebensaufgabe sind nicht Spielball von Umständen und vom Denken anderer Leute. Sie treffen ihre Entscheidungen immer in Ausrichtung auf die Aufgabe, die nach ihrer Überzeugung ihrem Dasein auf dieser Welt ihre Bedeutung verleiht.

Victor Frankl sagte einmal sinngemäß, dass jeder in seinem Leben seine spezifische Berufung hat, in der er nicht zu ersetzen ist. Die Aufgabe eines jeden ist so einzigartig, wie seine Möglichkeit, sie zu erfüllen.

Wenn Menschen in der Krise etwas von ihrer Lebensaufgabe begreifen, die einzigartig auf sie zugeschnitten ist und nach der sie leben müssen, haben sie mit dieser Erkenntnis immer den Tiefpunkt ihrer Krise überwunden. Sie signalisieren durch ihre neue Authentizität auch anderen Menschen, dass Sinnerfüllung nicht durch Leistung allein zu erreichen ist.

Übung

Entwickeln Sie für sich persönlich eine Aussage, die Sie aufschreiben und auf die Sie sich berufen können in Bezug auf das, was Sie sein wollen (Vorbilder, Charakter), was Sie tun wollen, und welche Werte für Sie dabei von tragender Bedeutung sind. Denken Sie über Ihre speziellen einzigartigen Prägungen und kennzeichnenden Persönlichkeitsmerkmale nach, und lassen Sie sich eine Aussage schenken, die Ihre Einzigartigkeit nicht verleugnet, sondern die zu ihr passt. So wie Unternehmen oft ihr Leitbild in Worte fassen und sogar veröffentlichen (leider nicht allzu oft halten), so sollten auch Sie Ihr ganz persönliches Leitbild, Ihre ganz persönliche Verfassung, Ihre Präambel formulieren, die sich in Bezug auf Ihre Rolle und Ihr Verhalten auf alle wesentlichen Bereiche Ihres Lebens beziehen soll. Leben Sie mit dieser und denken Sie in Ihren freien Minuten bisweilen darüber nach. Sie werden merken, dass Sie mit der Zeit in allem Trubel des Alltags, in allen Veränderungen des Lebens, in allen Schicksalsschlägen eine zeitlose Kraft zur Verfügung haben, die in Ihrem Verhalten jeden Tag zum Ausdruck kommt.

Jeder Mensch stellt eine einzigartige, unverwechselbare Kombination von Stärken und Schwächen, von Talenten und Eigenheiten dar. Jede Falte im Gesicht, jedes Lächeln, jede Trauer im Herzen, jede persönliche Angst ist individuell und unverwechselbar. Persönlichkeit und Unverwechselbarkeit resultieren nicht aus Zufällen. Mit der Singularität jedes Einzelnen korrespondiert auch eine einzigartige Lebensaufgabe, zu der genau jene Charaktermerkmale benötigt werden, die gerade dieser bestimmte Mensch hat. Das Auffinden dieser Lebensaufgabe gehört mit zum tieferen Sinn des Lebens und ihre Einlösung gehört zur persönlichen Erfüllung.

Je stärker die Vorstellung der eigenen Lebensaufgabe entwickelt und konkretisiert wird, desto mehr werden wir von äußeren Turbulenzen unabhängig und können zu der Reife gelangen, die für unsere Persönlichkeit kennzeichnend wird. Je mehr wir unsere eigene Lebensaufgabe verwirklichen und vollenden, desto näher gelangen wir zur persönlichen Erfüllung.

Unter diesem Gesichtspunkt ist auch die Lebensaufgabe etwas anderes als ein Job. Sie ist höher als der Job, der heute kommt und morgen geht. Die Lebensaufgabe ist auch nicht den Unberechenbarkeiten des Marktes unterworfen. Eine Lebensaufgabe kann auch bleiben, wenn der Job verloren geht. Wenn der Mensch in seinem Leben einen Sinn gefunden hat, dann ist er zu sehr vielem fähig. Er ist bereit, auf bestimmte Dinge zu verzichten und gegebenenfalls Opfer auf sich zu nehmen. Für vieles, das zuvor im Bereich des Unmöglichen und Unerreichbaren lag, hat er plötzlich die Kraft, den Willen und die Motivation.

Menschen, die nach einem Jobverlust entdecken, dass ihr Dasein auf dieser Welt mit einer Lebensaufgabe zu tun hat, die es zu entdecken gilt und die auch in wirtschaftlich schwierigen Phasen erhalten bleibt, ja, davon unabhängig ist, fassen wieder Fuß und können neue Kräfte aufbauen, die ihnen vorher unbekannt waren.

Machen wir uns bewusst, dass Menschen, die die Weltgeschichte nachhaltig veränderten, ihre Berufung oft erst wahrnahmen, nachdem sie eine tiefe Lebens- oder Sinnkrise durchlebt hatten. Aus diesem Grund mache ich

Menschen gerne darauf aufmerksam, dass sie für ihre Krise danken können, weil darin ihre große Chance liegt, ihre eigentliche Lebensaufgabe zu finden.

Sinnfindung trotz unerreichter Ziele

Das Imas-Institut hat Tausende Menschen befragt, vor welchem Menschentypus sie den höchsten Respekt haben. Das Resultat war: Nicht die berühmten Gelehrten, Wissenschaftler, Künstler, Sportler oder Astronauten sind Vorbilder, sondern Menschen, die in selbstloser Weise anderen helfen und vor allem Menschen, die ein schweres Schicksal mit Würde meistern. Die Professorin Patricia Stark aus Alabama betreute ein 22-jähriges Mädchen, das vor Jahren niedergeschossen wurde und seither vom Hals ab vollkommen gelähmt ist. Sie ist nur noch zu einem fähig: Mit einem Holzstab zwischen den Zähnen Maschine zu schreiben, aber sie hat in ihrem Leben einen Sinn gefunden. Sie schaut Fernsehen, lässt sich Zeitungen vorlesen, und wenn sie von Leuten erfährt, die eine Tragödie durchmachen, schreibt sie mit dem Holzstab zwischen den Zähnen Briefe, mit denen sie diese Menschen ermutigt und tröstet.

Sinn hat nichts mit materiellen Werten zu tun: In Nachkriegszeiten oder nach verschiedenen Katastrophen beobachtet man, dass viel weniger Menschen Selbstmord begehen, als in den sogenannten „guten" Zeiten. Es ist demnach eine falsche Schlussfolgerung, dass das Leben sinnlos ist, wenn es schwierig ist oder wird. Das Wohlleben im Westen entlastet keineswegs, sich der Sinnfrage zu stellen.

Halten wir fest: Menschen können Nöte und Leiden aushalten, wenn sie einen Sinn gefunden haben. Die Sinnerfahrung kulminiert oft in der Erfahrung einer Aufgabe für andere.

Es muss nicht immer gelitten werden, um einen Sinn zu finden. Es ist aber möglich, sogar trotz Leiden einen Sinn zu finden. Das mag lapidar erscheinen, doch in der Beratungspraxis ist die Vermittlung dieses Gedankens gerade bei arbeitslosen Führungskräften wesentlich.

Sinn kann jedoch nicht einfach produziert werden. Kein Coach, kein Arzt, kein Priester kann einen Sinn verschreiben. Dennoch besitzen sie eine bedeutungsvolle Aufgabe. In ihren Händen liegt die Vermittlung, dass das Leben jedes Menschen Sinn besitzt, welcher bis zum letzten Atemzug darauf wartet, von uns erfüllt zu werden. An ihnen liegt es, die Menschen zur gelegentlich auch sehr trostlos und vergeblich erscheinenden Suche zu ermutigen. An ihnen liegt es, die Menschen von einem Verharren in der Gleichgültigkeit wachzurütteln. An ihnen liegt es, die Menschen nach einem entmutigten Aufgeben wieder entschlossen auf die Suche zu schicken. An ihnen liegt es, den Menschen die Sinnfrage zu stellen, immer wieder neu. Wenn sie dieses Ziel verloren haben, dann sollten sie ihren Beruf aufgeben und einer anderen Aufgabe nachgehen.

Sinn muss auch konkret im Hier und Jetzt erfahrbar sein. Die Lösung der Sinnfrage stellt den wichtigsten Schlüssel dar, aus dem Sachzwangdiktat des Marktes herauszukommen.

Woran merken wir, ob wir den Sinn für unser Leben gefunden haben? Wenn wir aufhören können, nach dem Sinn zu fragen (Überwindung der Freudschen „Krankheit"), ohne dadurch in Sinnlosigkeit zu verfallen (Überwindung der Frommschen „Krankheit"). Oder – um es mit den Worten einer guten Freundin zu sagen: „Das Leben hat keinen Sinn, das Leben ist der Sinn."

Wer sich die Sinnfrage gestellt hat, dem wird eine Entwicklung seiner personalen Kompetenz zur Chefsache werden. Wer das verinnerlicht hat, hat das Sachzwangdiktat des Marktes durchbrochen. Für ihn werden Werte und Ethik wichtig.

Wenn ich den Sinn nicht erkenne, werde ich auch niemals das Bedürfnis haben, mein Handeln nach Werten auszurichten, wenn ich aber einen Sinn gefunden habe, wird es für mich zu einem Bedürfnis, mein Leben nach Werten auszurichten. Darum werden wir die Werte in den nächsten Kapiteln thematisieren. Werte ohne Sinn haben keinen Wert. Erst der Sinn macht Werte wertvoll.

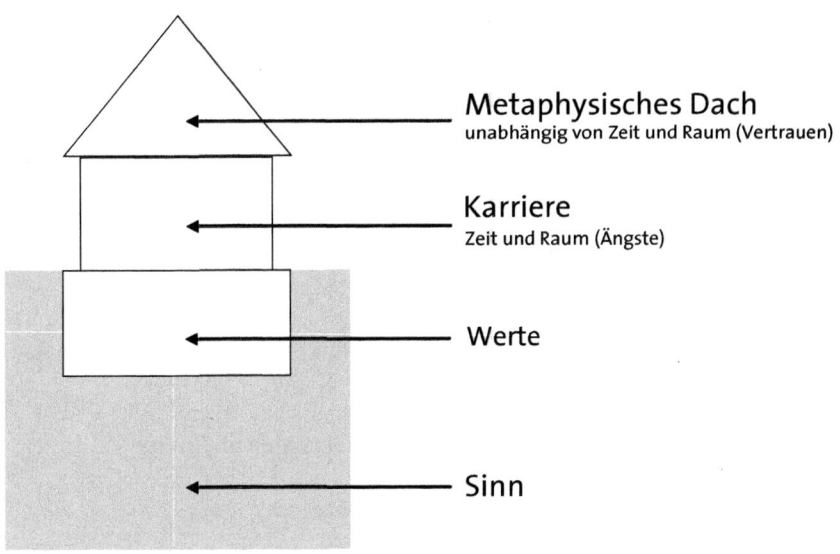

Metaphysisches Dach
unabhängig von Zeit und Raum (Vertrauen)

Karriere
Zeit und Raum (Ängste)

Werte

Sinn

Abbildung 1: Das Modell des „Karrierehauses"

Karriere ohne Sinn[30] ist wie ein Haus ohne Unterkellerung und ohne Dach. Es ist sehr witterungsanfällig. Ein Haus sollte auf festem Grund gebaut sein. In unserer Grafik stellt diesen Grund der Sinn dar. Darin kann das Fundament des Hauses, der von außen unsichtbare Keller, eingegraben werden. Übertragen sind dies die Werte unseres Handelns, die sich aus dem allgemeineren Sinn entwickeln. Die Karriere gründet sich so auf dem für andere unsichtbaren Grund. Weiter benötigt die Karriere ein Dach. In den Stürmen des Lebens wird schnell offenbar, ob das Karrierehaus über ein Dach verfügt.

Der Managerberater Baldur Kirchner weist in seinem Buch „Benedikt für Manager"[31] auf Untersuchungsergebnisse des Basler Psychiaters Balthasar Staehelin hin, nach denen die negativen Verhaltensformen im beruflichen Alltag die Folge eines auf Äußerlichkeiten reduzierten Weltbildes sind – um im Bild zu bleiben: Offensichtlich fehlt hier das Dach. In diesem Weltbild regiert die Angst vor Verlust, die jeden Menschen auf die eine oder andere Art eines Tages unweigerlich einholt. Die Abwehrmechanismen gegenüber dieser Angst finden ihren Niederschlag in ich-bezogenen Verhaltensformen, die das berufliche Zusammenleben schwer machen (siehe Kapitel Mobbing).

Das Wesen des „Daches" ist nach Staehelin identisch mit dem Elementar-
gefühl des Urvertrauens. Es ist erkennbar durch adäquate Erlebens- und
Erscheinungsformen:

• Vertrauen, geführt zu werden,

• Selbstwertgefühl,

• das Verstehen des Alltagslebens aus der Sicht metaphysischer Impulse,
  weil die Gewissheit einer metaphysischen Zugehörigkeit besteht,

• konstruktive Kommunikationskultur, durch die der Mitmensch Zuwendung empfängt,

• Gelassenheit im Umgang mit negativen Gefühlen anderer,

• innere Unabhängigkeit von materiellen Werten,

• weitgehend souveräner Umgang mit Leben und Tod,

• positive Interpretation schicksalhafter Erfahrungen,

• Liebesfähigkeit im Sinne der Akzeptanz fremder Bedürfnisse,

• Konzentrationsfähigkeit im Gespräch,

• verantwortlicher Umgang mit Freiheit,

• Ja-Sagen-Können zur eigenen Existenz und damit auch zur Fremdak-
  zeptanz gegenüber dem Mitmenschen.[32]

Führende, die in ihrer Lebensgestaltung mit diesem metaphysischen Dach
rechnen, strahlen Zuversicht aus. Sie sind ihrerseits fähig, den Geführten
Mut zuzusprechen und sie seelisch aufzurichten.

Dagegen tun sich diejenigen in Führungsrollen schwer, die stark von der
„Urangst" geprägt sind. Das Wort „Angst" und „Enge" sind wortge-
schichtlich miteinander verwandt. Starke Angstgefühle gehen stets mit
einer Bewusstseinsverengung einher. Der Führungskraft, die ihr Dasein
nur von der materiellen, biographischen Seite her betrachten will, wird es
mit der Zeit unvermeidlich „eng", „Angst und Bange".

Staehelin weist darauf hin, dass das Getrenntsein des menschlichen Ichs von dieser Geborgenheit zu einem elementaren Gefühl der Disharmonie, Haltlosigkeit und Sinnlosigkeit führt. Es handelt sich um eine Angst vor Krieg, Krankheit, Untergang, Verlust etc. Nach seiner medizinpsychologischen und psychiatrischen Erfahrung zeigt sich der Verlust des Spirituellen als psychosomatisches Allgemeinsyndrom in sieben Gruppen:

1. Beschwerden im Kopf,

2. Herz- und Kreislaufbeschwerden,

3. Beschwerden bei der Atmung,

4. Beschwerden im Magen-Darm-Trakt,

5. vegetative somatische Allgemeinsyndrome,

6. vegetative somatische Beschwerden,

7. psychische Grundverstimmungen und psychopathologische Begleiterscheinungen (zum Beispiel Minderwertigkeitsgefühle, Gefühle der Vereinsamung, Resignation und Erschöpfung, Schlafstörungen, übergroße Sorgenanfälligkeit, Gefühle der Bedrohung, Panikzustände, Neigung zu Suchtverhalten, Neigung zur Überbewertung von Statussymbolen).

Das Gefühl der Urangst produziert die Mechanismen der Angstabwehr, die uns den beruflichen Alltag immer schwerer machen. Diese Mechanismen, von denen sich der betroffene Mensch unbewusst eine Linderung seines belasteten Lebensgefühls erhofft, stellen die dunkle Kehrseite zum Urvertrauen dar. Es handelt sich um Merkmale, die auffallend auf zahlreiche Führungskräfte in Wirtschaft, Politik und Kirche zutreffen. Staehelin skizziert einige davon:[33]

• Abwehr von Konfliktbeziehungen durch eine überaus höfliche, gekünstelt freundliche und pseudo-harmonische Gesprächshaltung,

• überaus harte, kantig-abweisende Kommunikationsweise, die eine innere Verhärtung und Unzufriedenheit erkennen lässt,

- egoistische Grundhaltung im gesamten Grundstil – diese Haltung zeigt sich etwa in der Unfähigkeit, zuzuhören oder die Bedürfnisse anderer Menschen wahrnehmen zu können,

- zwanghafte und narzisstische Tendenz zur Selbstverwirklichung,

- unreflektierte und unselbständige Beziehung zu ideologischen Inhalten, so dass die Extreme Fanatismus und Mitläufertum hervortreten können,

- Selbstgerechtigkeit, die eigenes Tun zur Norm für andere erhebt,

- Pharisäertum, die das Einhalten der Norm über das Liebeshandeln stellt,

- elementare Resignationsstimmung als Zeichen von Hilflosigkeit und Selbstzweifeln,

- Sinnleere über den eigenen Lebensentwurf und die damit verbundene Suche nach Freizeitaktivitäten,

- Besitzdenken, das zu übersteigerter materieller Absicherung führt und damit Neid- und Geizgefühle produziert,

- generelles Machtstreben, um über andere Menschen Herrschaft auszuüben,

- Überbewertung von Sexualität und körperlichem Wohlbefinden,

- ganz allgemein hedonistische Tendenzen,

- Definition des eigenen Selbstwertes ausschließlich über die Leistung, so dass Versagensangst und Perfektionsstreben das Lebensgefühl eines solchen Menschen bestimmen,

- rationale Kritikabwehr, so dass eine kritische Selbstreflexion unterbunden wird,

- die Unfähigkeit, persönliche emotionale Erlebnisinhalte zu verbalisieren.

Kirchner stellt zusammenfassend fest: „Ist also die metaphysische Dimension (Dach) beim Einzelnen von der Urangst besonders spürbar überschattet, so hinterlässt sie diese oder noch andere vorübergehend kaum auslöschbaren Spuren im Persönlichkeitsbild."[34] Damit erscheint aber auch die wahre Führungsqualität fraglich.

Die hinter uns liegenden Betrachtungen haben uns einen Schlüssel zu einem neuen Verständnis unseres Lebens in seinen vielschichtigen Dimensionen gegeben: Persönliche Sinnerfahrung bildet das Fundament für die berufliche Sinnerfahrung. Berufliche Sinnerfahrung stellt langfristig die Grundlage für wirtschaftliches Wohlergehen dar. Erst wenn das qualitative Ziel klar ist, können quantitative Ziele festgelegt werden, indem sie von qualitativen Zielen abgeleitet werden.

Das Erleben von Sinnhaftigkeit hat positive Konsequenzen. Wird in einem Bereich Sinn erlebt, zum Beispiel bei der Arbeit, dann steigen das Engagement und auch die Ausdauer; das Wohlbefinden und die Lebenszufriedenheit verbessern sich. Das Erleben von Sinn führt auch dazu, dass Menschen mit Schicksalsschlägen, Stress und Krankheiten besser fertig werden. Umgekehrt kann man sagen, wenn Sinn fehlt, dann kommt es zu Depressionen, innerer Kündigung, Aggressivität, Alkoholismus, Drogenkonsum oder sogar zum Suizid.

Sinn ist nicht objektivierbar. Das entbindet aber ein Unternehmen oder seine Führungskräfte nicht davon, Bedingungen zu schaffen, unter denen es leichter fällt, einen Sinn zu finden. Sinn finden die Menschen dort, wo werteorientiert gearbeitet wird und wo die Führung ein Gespür für Ethik hat und ihr Platz einräumt. Wo diese Voraussetzungen fehlen, ist viel eher das diffuse Gefühl von Sinnlosigkeit bei den Mitarbeitern zu verifizieren. Wenn aber Führungsprinzipien vorhanden sind, die es dem Einzelnen ermöglichen, einen Sinn in seinen Handlungen zu erkennen, seine Tätigkeit in einem Gesamtzusammenhang zu sehen, dann erhöht sich damit auch die Möglichkeit, dass der Arbeitnehmer seine Tätigkeit als wertvoll erachten kann. Man muss ihn auf seine Bedeutung hinweisen. Man muss ihm klarmachen, dass ohne ihn eine empfindliche Störung im Produktionsprozess stattfinden würde. Am Gefühl der Sinnlosigkeit und an der Nichttransparenz, „warum und wozu" einzelne Tätigkeiten für das Unternehmen wichtig sind, liegt die Ursache von Demotivation und damit die Ursache für eine unzufriedene Arbeiterschaft, die schlechte Leistung erbringt. Sinn sieht man in einem Sachverhalt nur, wenn man weiß, wozu er gut ist.

Zur Sinnfindung brauchen Menschen auch nicht immer nur ganz große Antworten. Es sind oft ganz unspektakuläre Dinge, in denen Menschen in ihrem Dasein Sinn erfahren: Kleine positive Erlebnisse, für die Familie da sein, eine Aufgabe zu haben, von anderen Menschen gebraucht zu werden etc.

Im Rahmen einer ganzheitlichen Unternehmensstrategie muss in Zukunft mehr Sorgfalt auf sinnerfüllte Ziele gelegt werden. Mit solchen Zielen, die ethischen Ansprüchen genügen müssen, setzt man bei jedem einzelnen Mitarbeiter kreative Kräfte frei.

Sinngebung vermitteln zu können wird in den kommenden Jahren eine der wichtigsten Managementfunktionen sein. Wer Sinn vermitteln kann, wird Menschen bei der Stange halten können.

Nur der Mensch, der sich mit der persönlichen Sinnfrage auseinandergesetzt hat, will und kann moralisch adäquat handeln. Wer sich dieser Frage weder stellt, noch sie gelöst hat, ist dazu geneigt, sich weiterhin nur an kurzfristig befriedigende Geschäfte zu verkaufen.

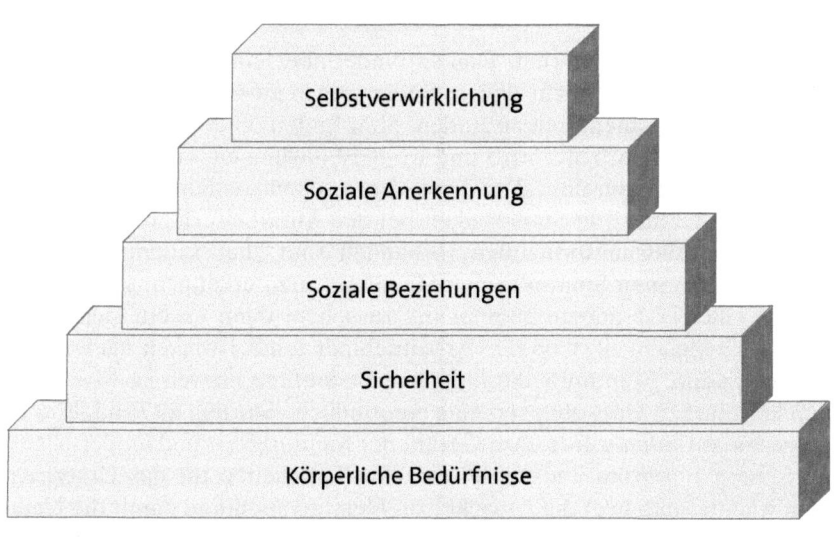

Abbildung 2: Die Maslowsche Bedürfnispyramide

4. Kapitel: Authentischer Umgang mit Unvoll-
kommenheit und Scheitern

Immer bergauf? Unser Leben spricht eine andere Sprache

Es gibt jede Menge Bücher, die uns den Weg zum Erfolg weisen, aber kaum eines, das uns den Umgang mit Scheitern erklärt. Das ist umso erstaunlicher, als ja in jedem Leben beides permanent vorhanden ist. Die heutige wirtschaftliche Situation, die durch immer größeren Konkurrenzdruck beherrscht wird, „produziert" geradezu notwendigerweise für die Gewinner ihre Verlierer. Obwohl wir täglich mit beidem gleich oft konfrontiert sind, gehört das Scheitern zu den großen Tabuthemen unserer Zeit.

Erfolg und Scheitern liegen ganz nah beieinander, und sie stehen in einer Wechselbeziehung. Sieg und Niederlage, Kraft und Schwäche, Leben und Tod, Berühmtheit und Schmach, Hoffnung und Verzweiflung, Lust und Ekel, Emporsteigen und Hinunterstürzen können sich ständig abwechseln.

Hierzu ein Auszug aus einem Interview der Wochenzeitung „Die Zeit" mit dem Manager und Autor Daniel Goeudevert:

Die Zeit: „Sie wollen auch einen Lehrstuhl für gescheiterte Topmanager einrichten. Was sollen die unterrichten?"

Daniel Goeudevert: „Sie sollen von ihren Erfahrungen berichten, was sie aus dem Scheitern gelernt haben. Von der Grundschule bis zur Universität werden wir mit dem Scheitern nur negativ konfrontiert. Das will ich ändern."

Die Zeit: „Was ist am Mißerfolg erstrebenswert?"

Daniel Goeudevert: „Heute erzählen wir den Studenten nur vom Erfolg. Doch daß die Niederlage ebenso zu jeder Karriere gehört, lernen sie nirgendwo. Gerade heute führt eine Karriere nicht mehr wie ein Fahrstuhl nur nach oben. Die Berufsbahnen der Zukunft gleichen einer Achterbahn. Drei- bis viermal werden wir womöglich unseren Beruf wechseln müssen. Wer das früh begreift, wird es später einfacher haben."

Zeit: „Wer soll die Vorlesungen halten?"

Goeudevert: „Ich selbst wäre der erste Dozent. Als ich als stellvertretender Vorsitzender des VW-Konzerns geschaßt wurde, habe ich mir viele Fragen gestellt: Was habe ich falsch gemacht? War ich zu unbequem? Kann ich in Zukunft noch eine Firma führen? Wie reagiert meine Familie? Noch heute kommen mir diese Fragen immer wieder hoch – wie Zwiebelgeschmack im Mund. Doch das hat seinen Sinn. Ich glaube, man sollte sich über den Sinn des Scheiterns genauso viel Gedanken machen wie über den Sinn des Erfolges."[35]

Erfahrungen, die zur Krise führen können

Die Erfahrungen von Scheitern und Krisen sind individuell sehr unterschiedlich. Auslöser sind oft Machtkämpfe, Verlusterfahrungen, Versagen, aber auch Überdruss (Übersättigung), das Realisieren des eigenen Verfallsdatums und des Älterwerdens oder das Empfinden von Sinnlosigkeit. Die Erfahrungen können plötzlich kommen, sich aber auch durchaus langsam entwickeln. Je nach Auslöser kann bei dem einen tiefe Wut vorherrschen oder Rachegefühle, bei dem anderen tiefe Traurigkeit oder Resignation.

Diese Krisenerfahrungen sind oft miteinander verknüpft. Wir können unterschiedlich viel von solchen Erfahrungen verkraften, bevor sie eine Krise auslösen. Trotz aller theoretischen, wissenschaftlichen, psychologischen sowie politischen Erkenntnisse und trotz unserer bisherigen Erfolge können wir plötzlich den Boden unter den Füßen verlieren. In den Krisen zeigt das Leben, dass es unberechenbar ist und anders, als es uns die Außenwelt vorgegaukelt hat. Ich möchte an dieser Stelle nur beispielhaft Ursachen herausgreifen.

Die Erfahrung des Verlustes

Die Erfahrung des Verlustes kann sich auf viele verschiedene Lebensbereiche beziehen:

• auf den Verlust eines geliebten Menschen durch Tod oder durch Trennung, auf den Verlust der Gesundheit, auf den Verlust einer wertvollen Aufgabe oder Zukunftsperspektive (die Entlassung aus der Anstellung oder die frühzeitige Pensionierung bringt für viele eine Krise mit sich), auf den Verlust einer Position im Geschäftsleben oder in der Politik, auf den Verlust des Rufes, auf den Verlust sozialer, materieller Sicherheiten.

Die Erfahrung von Verlust kann Lebenswille und Lebensfreude zerstören.

Die Erfahrung des Versagens

Zur Verlusterfahrung gesellt sich zusätzlich das Element: „Du bist selbst schuld." Häufiges Versagen zermürbt. „Die Entlassung war wie ein Hammerschlag ... Die haben meiner Seele einen Stich versetzt ... Die Verwandten glauben, ich arbeite ... Ich kann es ihnen noch nicht sagen, ich schäme mich immer noch. Schwer drückt die Angst aufs Herz, einer der Hausbewohner könnte fragen: Wie geht's bei der Arbeit? Manchmal fasse ich Mut, will allen, die ich kenne, die Wahrheit sagen, doch jedes Mal waren bisher die Scham und die Schuldgefühle stärker."[36]

Die Erfahrung des Überdrusses

Doch auch die Erfüllung von angestrebten Zielen kann der Auslöser einer Krise sein. Wenn ich alles erreicht habe, stellt sich die Frage: Was kann das Leben noch bieten? Das Erreichen der Ziele hat vielleicht Jahre gedauert – vielleicht sogar meine „besten Jahre". Wie viel Zeit bleibt mir nun noch für mein eigenes Leben? Da hat einer jahrelang für ein bestimmtes Ziel gekämpft, nur dafür gelebt und alle Energien eingesetzt, und jetzt, wo er das Ziel erreicht hat, erkennt er, dass er sich zu viel davon versprochen hatte und die (privaten und familiären) Kosten viel zu hoch waren. Die Sehnsucht war schöner als die Erfüllung. Mein Verlangen hat mir vieles vorgegaukelt. Ich habe den ersehnten Posten und bin doch nicht glücklich geworden. Ich habe den Umsatz verdoppelt, aber zufrieden bin ich deswegen nicht.

Ernst Bloch nennt diese Erfahrung die „Melancholie der Erfüllung". Auch dies ist eine einschlägige Beratungserfahrung: Gerade Menschen, die sich alles erfüllen konnten, sind schließlich suizid-gefährdeter als Menschen, bei denen viele Wünsche unerfüllt geblieben sind.

Die Erfahrung der Vergänglichkeit

Vergänglichkeit und Bedürftigkeit beziehungsweise das Bewusstsein über beides, lassen den Menschen zu einem krisenanfälligen Wesen werden. Wir leben unter dem Gesetz einer ablaufenden Zeituhr, und so ist die Vergänglichkeit ein Merkmal des menschlichen Lebens. Die Zeit vergeht. Ich kann nichts festhalten. Der Augenblick, der eben war und nun vergangen ist, kehrt nicht wieder zurück. Die Zeit ist wie eine Einbahnstraße. Es gibt nur eine Richtung. Das Vorübergehen der Zeit kann sehr schmerzhaft sein. Oftmals am Tage werden wir daran erinnert. Jede neue Falte in unserem Gesicht und jedes graue Haar erinnert uns daran, wie auch jede fehlerhaft getroffene Entscheidung. Nichts kann ungeschehen gemacht werden. Das Bewusstsein der Spannung zwischen ablaufender Zeit und Bedürfnis nach bleibenden Werten lässt Unruhe und Lebenskrisen entstehen. Viele haben sich innerlich abgeschottet, um in ihren eigenen Gedanken oder in Gesprächen diese Spannung nicht aufkommen zu lassen. Werbung und Freizeitindustrie helfen beim Verdrängen. Im biblischen Psalm 90 (Vers 12) hieß es schon vor über dreitausend Jahren: „Lehre uns bedenken, dass wir sterben müssen, damit wir klug werden."

Die unmittelbare Erfahrung mit der Vergänglichkeit löst oft eine Krise aus, die umso vehementer durchbricht, je weniger wir uns mit der Vergänglichkeit auseinandergesetzt haben: Wenn Jugend und Schönheit und damit Anziehungskraft, Gefragtsein und Marktwert schwinden, wenn die Vitalität nachlässt, wenn bei Managern, Sportlern und Musikern Erfolg und Ruhm schnell vergessen werden und ein jüngeres, schöneres und erfolgreicheres Gesicht das Titelblatt der Regenbogenpresse schmückt, wenn man plötzlich wieder allein in dem großen Haus sitzt, das man sich gebaut hat, und wahrnimmt, dass man alt geworden ist, und dass diejenigen, für die man das alles zu leisten gemeint hat, längst ausgezogen sind, wenn sich die Gebrechen des Alters melden, wenn Krankheit und Tod sich plötzlich einstellen. In solchen Momenten ist die Erfahrung der Vergänglichkeit am stärksten. Das Erlebnis, das unsere Fundamente am stärksten erschüttert, ist der Tod. In einer nie für möglich gehaltenen Dringlichkeit melden sich plötzlich die Fragen nach dem Sinn des ganzen bisherigen Lebens. Der Tod kann sich so wie ein großer Schatten auf das gesamte Leben legen.

Unser Leben in seiner Abfolge von Erfolg und Scheitern (nach D. Goeudevert: Achterbahn) kann man zum Beispiel anhand einer Wellenlinie oder Sinuskurve graphisch darstellen. Je nach individueller Biographie und nach Beschaffenheit der Krise verläuft die Sinuskurve steiler oder flacher. Warum fällt es den meisten so schwer, über die Situationen von Scheitern offen zu sprechen und Talfahrten in Worte zu fassen? Viele realisieren nicht, dass ihr eigentlicher Schmerz sich im nichtrationalen Bereich abspielt. Die Ursachen werden vom Betroffenen aber dort zunächst nicht vermutet. Darum verlangen sie beispielsweise nach dem scharfen Anwalt, der materiellen Kompensation, der Wiederherstellung von Gerechtigkeit und des guten Rufes und sie realisieren erst später, dass sie durch ihre rationalen Lösungsversuche lediglich ihre Agression mit einer tiefen Depression eingetauscht haben. Ihr Schmerz aber ist in Wirklichkeit im Nichtrationalen Bereich zu suchen als Folge eines emotionalen Heimatverlustes und dem daraus resultierenden Gefühl des Abgeschnittenseins und der Minderwertigkeit.

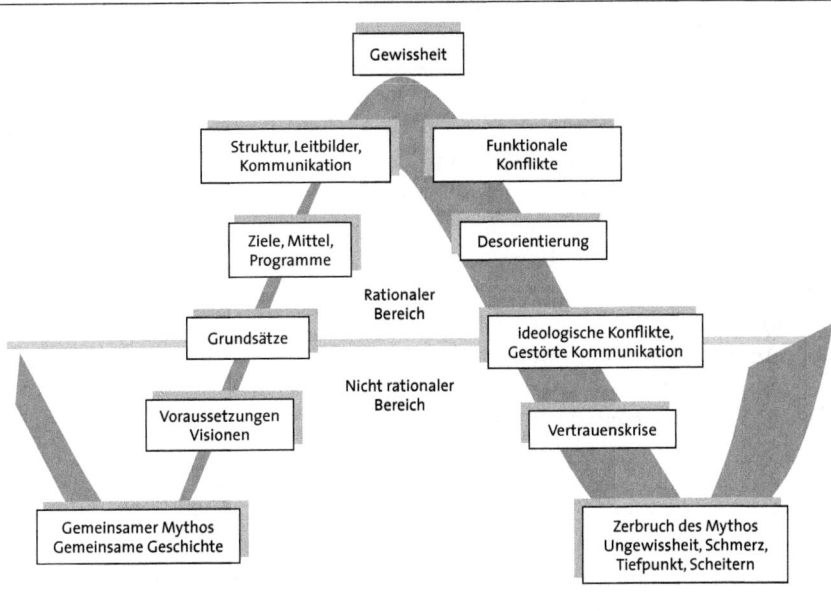

Abbildung 3: Bergauf

Bergauf

Am Anfang war es ganz unspektakulär. Irgendwo begegnete man sich und begann, miteinander einen gemeinsamen Weg einzuschlagen. Man kämpfte gemeinsam, man stritt miteinander und versöhnte sich wieder, man entbehrte gemeinsam, man schuftete gemeinsam, man entspannte gemeinsam, man kaufte gemeinsam, man sorgte sich gemeinsam, man verreiste gemeinsam. Während dieser Zeit baute sich ganz unmerklich das auf, unter dessen Verlust man erst leidet, wenn es zerbricht: Es ist die „gemeinsame Geschichte", der „gemeinsame Mythos". Unter Mythos verstehe ich den Anteil der gemeinsamen Geschichte, der unsagbar und doch präsent ist.

Mythos entsteht ungewollt und ereignet sich unmerklich während der gemeinsamen Erfahrungen, der gemeinsamen Streitereien, der gemeinsamen Überstunden, der gemeinsamen Niederlagen, der gemeinsamen Siege. Der Mythos entspricht einem gemeinsamen Lebensgefühl, das eine Gruppe von Menschen, sei es eine Familie, sei es eine Arbeitsgemeinschaft, sei es eine Freundschaft, zusammenschweißt.

Nach dieser Phase des Anfangs, in welcher sich manches einfach so aus einer Mischung von Sympathie und zufälligen Begebenheiten ergibt, und in welcher vieles noch auf der nicht-rationalen, unbewussten Ebene des Erlebens abläuft, folgt die Phase des Planens und Aufbauens. Hier ereignet sich das meiste auf der bewussten und rationalen Ebene. Man gießt die Masse seiner Motivationen und Sympathie in äußerlich für andere erkennbare Formen. Da geht es um Gesetzgebung, Statuten und Deklarationen, die helfen, die Identität nach außen zu gestalten: Es geht um Glaubensbekenntnisse, die auch klar machen, wer dazu gehört und wer nicht. Es geht um gemeinsame Zeiten. Es geht um die Anzahl Personal. Es geht um Geld. Es geht um Wohnmöglichkeiten und Räume, Absatzmannschaften und Strukturen. Es geht bergauf. Es geht alles sehr rational und pragmatisch zu. Man fühlt sich gut, man weiß, was man tut, und man redet gerne darüber.

Der Gipfel – die Gewissheit

Bei jedem gemeinsamen Weg, sei es im geschäftlichen oder privaten Bereich, gibt es einen Höhepunkt. Ich nenne ihn „Gewissheit". Man ist stolz, glücklich und siegesgewiss: „Wir haben es gefunden, wir haben ein tolles Ziel, wir haben die Antwort, wir haben ein super Produkt, wir haben die beste Idee, wir sind einig, wir fühlen uns stark, wir sind sicher, wir haben den Schlüssel, wir sind geborgen, wir sind voller Kraft. Wir haben Gewissheit, wir haben keine Angst."

Bergab

Wenn wir unser Leben nüchtern betrachten, müssen wir uns leider von dieser Vorstellung, dass es immer weiter aufwärts geht, verabschieden. Es widerspricht jeder Wahrhaftigkeit, unser Leben als ständig aufwärtsführende Kurve zu bezeichnen. Mit dieser Denkweise lügen wir uns selbst in die Tasche und lenken uns von den (eigentlichen) Tatsachen des Lebens ab. Wenn beispielsweise altersbedingt der eigene Marktwert plötzlich wieder abnimmt, kann man sich zwar vorgaukeln, dass dafür der Wohlstand und die Sicherheit ständig wächst, das Auto immer größer wird, der Luxus immer zunimmt (wenn es wirklich so ist). Das alles sind trotzdem Trugbilder, mit denen wir der Wahrheit nicht mehr ins Auge schauen.

Unsere Lebenserfahrung lehrt, dass Höhenerlebnisse des Erfolges, der Harmonie, der Sympathie kurz sein können und auf keinen Fall beständig sind. Bald stellen sich die ersten Zweifel ein. Sie erscheinen am Anfang noch harmlos. Sie beziehen sich auf Teilaspekte, auf Fragen der Abläufe und Gefühle (Warum schreiben wir die Kunden nicht persönlich an, warum haben wir unsere Meetings nur einmal im Monat, warum musst du immer das rote Kleid anziehen etc.).

Viel schwieriger wird es, wenn unvermittelt inhaltliche und „ideologische" Konflikte eintreten (Ich weiß nicht, ob ich diese Frau wirklich je geliebt habe. Wir haben eigentlich von Anfang an nie zusammen gepasst. Oder: Ich habe Zweifel, dass X unsere Zielsetzung wirklich je verstanden hat. Können wir mit dieser Geschäftsideologie überhaupt noch die nächsten Jahre überstehen? Hat unser Chef nicht halbwegs ungenügende Voraussetzungen, um diese Aufgabe zu bewältigen etc.).

Wenn diese Abwärtsspirale erst einmal in Fahrt kommt, ist sie oft nicht mehr zu stoppen. Häufig beginnt alles mit einem überraschenden Ereignis. Wie aus heiterem Himmel sind wir betroffen und werden betroffen, weil es uns betrifft. Das Vertrauen zerbricht (siehe Abbildung 3). Angst beherrscht die Atmosphäre. Man redet übereinander und hinter dem Rücken des anderen. Man unterstellt sich unlautere Motive (Im Grunde ist der andere ein totaler Egoist; er will sich nur profilieren; er ist ein Machtmensch, der über Leichen geht.).

Die hier geschlagenen Wunden gehen sehr tief. Freunde werden zu Feinden. Jahrelang aufgebautes Vertrauen kann innerhalb einer Stunde zerstört werden.

Die Talfahrt kann sich auch ereignen durch plötzliche Arbeitslosigkeit, ein zerschmetterndes Zeugnis, Todesfälle, üble Nachrede. Die Talfahrt kann sich aber auch langsam und prozesshaft ereignen, beispielsweise durch wachsenden Überdruss, oder wenn die lange erstrebten Ziele letztendlich doch keine Befriedigung gebracht haben.

Bei Führungskräften beginnt die Talfahrt zunächst unmerklich nicht selten dadurch, dass sie sich mit Leuten umgeben, die ihnen nach dem Munde reden. Ihre Sucht nach Macht entfernt sie von der Wirklichkeit und macht sie blind dafür, Entwicklungen und Tendenzen richtig einzuschätzen. Sie riskieren Dinge, die sie normalerweise nicht riskieren würden, während der kleine Kreis ihrer Anbeter sie mehr und mehr von der Basis entfernt. Viele Führungskräfte werden zurzeit Opfer dieser Machtfalle. Sie haben nie gelernt, sich selbst zurückzunehmen, geschweige denn sogar das Dienen als eine besondere Führungsqualität anzuerkennen.

Der Tiefpunkt

Wenn der Tiefpunkt erreicht ist, trennt man sich gewöhnlich. Jede Brücke zum anderen scheint abgebrochen zu sein. Nichts mehr verbindet. Beziehungen zerbrechen. Über allem steht der Stempel „Endgültigkeit". Man kann sich nicht mehr in die Augen sehen.

Nach Karl Jaspers ist das Scheitern ein schicksalhaftes Erlebnis in der Begegnung mit Grenzsituationen, welches den Menschen vor das Nichts stellt.[37] Es ist der Tiefpunkt, wo ein bisheriger Weg aufhört und ein neuer Weg noch nicht sichtbar ist. Dieses Ereignis wird nicht gemacht, sondern bricht unvermittelt über den Betroffenen herein. Die Situation lässt sich nicht mehr durch die Ratio steuern. Sie ist unkontrollierbar. Der Betroffene fühlt sich gelähmt.

Am Tiefpunkt versagen die bisher erfolgreichen Werkzeuge, Methoden und Argumente. Deswegen leidet man unter der *Sprachlosigkeit*, weil man das, was einen zutiefst bewegt, nicht in Worte fassen kann. Es geht um den zerbrochenen Mythos. Mit dem Scheitern zerbricht eine gemeinsame Geschichte, aus der Geborgenheiten, Freuden, Stimmungen und Gewohnheiten gewachsen sind; es werden Wurzeln, aus denen Identität, Lebensgefühl und Erinnerungen abgeleitet wurden, ausgerissen. Den zugrunde liegenden Mythos spürt man eigentlich immer erst dann, wenn er zerbricht, wie ein Körperteil, das man erst dann wahrnimmt, wenn es krank ist. Es ist auch eine Situation der Entblößung erreicht. Man hat nichts mehr, in das man Vertrauen setzen könnte. Man gleicht jemandem, der auf seinem Sterbebett realisiert, dass er nichts mitnehmen kann. Der betroffene Mensch kann nichts mehr bewirken. Er hat keine Möglichkeit, etwas zu ändern, und ist der Situation ausgeliefert. Alle bisherigen Fixpunkte, mit denen er sich zuvor identifiziert hat, geraten ins Wanken. Je stärker die Bindung an die Fixpunkte zuvor war, desto stärker fällt jetzt der Schock aus. Er empfindet sich wie ein Boot, dass aus den Verankerungen gerissen wurde.

Welche Phasen erlebt ein Mensch im Tiefpunkt?

Wenn die Krise durch ein Verlusterlebnis herbeigeführt wurde, steht am Anfang der Schock. Diese Phase ist geprägt durch die Flucht in Denkmuster des nicht Wahrhabenwollens. Starke *Ängste* können dabei jeglichen klaren Gedanken rauben. Das *Gefühl des Ausgeliefertseins* dominiert. In dieser Situation werden viele Fragen gestellt. „Warum muss mir das passieren? Wieso hat es mich getroffen? Wieso gerade jetzt? Wie konnte es nur so kommen?" Man versucht die Lage immer neu zu interpretieren. Dabei steht meist die Frage nach dem „*Warum*" im Vordergrund. Immer und immer wieder lässt man die Situation vor dem inneren Auge ablaufen.

Danach folgt nicht selten eine Phase starker Aggressionen und Anklagen, die durch vehemente Verzweiflung abgelöst wird, sobald die Situation in ihrem ganzen Ausmaß realisiert wird. In dieser Phase werden andere Personen, die ins Geschehen involviert sind, zu Schuldigen gemacht.

Danach beginnt bei vielen eine tiefe *Erschöpfung,* die entweder in eine noch stärkere Depression, Verzweiflung und Resignation oder zu etwas führt, das ich als *Trauerphase* bezeichnen möchte. Die Trauer hat eine wichtige Bedeutung. Sie hilft, die vergangenen Erlebnisse zu verarbeiten und loszulassen. Indem man etwas betrauert, macht man eine Bestandsaufnahme. Es ist eine interessante Beobachtung, dass Menschen, die die Phase der Wut und des Schmerzes aushalten und nicht verkürzen, letztlich schneller das „neue Ufer" erreichen. Diejenigen, die also eine Zeitlang auf der Stelle zu treten scheinen, sind später besser dran. Sie erweisen sich später als viel resistenter gegen neue Verletzungen. Die anderen, welche Wut und Trauer über den Verlust verdrängen, in dem sie schnellen Ersatz für das Verlorene suchen, plagen sich später viel öfter mit Rachegedanken oder Minderwertigkeitsgefühlen. Wo Berater durch gutgemeinte, aber nicht adäquate, beruhigende Worte Leidensprozesse verkürzen wollen, laufen sie Gefahr, dass die Klienten in einer chronisch-depressiven Verstimmtheit hängen bleiben. Wenn der Betroffene aber den Schmerz zulässt und danach das Verlorene loslassen kann, öffnen sich ihm schließlich Horizonte zu einer neuen Zukunft.

Und plötzlich kann fast unmerklich die Situation umkehren. Der wache Beobachter erkennt nach dem Schmerz des völligen Verlustes einen ganz zarten Lichtschimmer. Gerade in der Trauerphase geschieht also nicht selten die Wende in der Krise. Diese Phase ist geradezu dadurch geprägt, dass oft auch der Berater völlige Ohnmacht empfindet. Dieses „nichts für das

Gegenüber tun zu können" charakterisiert sozusagen die letzte Phase des so dunkel erscheinenden Tunnels.

Hier geht es tatsächlich um Tod und Sterben, und das „nie mehr", bezogen auf zerbrochene Beziehungen, kann als sehr schmerzhaft erlebt werden. Diese Phase ist geprägt durch Warten, Schweigen und Hoffen. Der Betroffene beginnt Abschied zu nehmen von lieb gewonnenen Menschen oder Vorstellungen oder von unerfüllbaren Träumen. Sowohl die Phase der ersten Anfänge eines Mythos wie auch die Phase des Zerbrechens eines Mythos findet weitgehend auf der nichtrationalen Ebene statt (siehe Abbildung 3). Deswegen können hier Zeichen, die nicht rational sind, zum Teil mehr bewirken; zum Beispiel ein teilnehmendes Schweigen, ein symbolisches Geschenk, eine Umarmung, eine gemeinsame Mahlzeit, eine Melodie, ein Bild etc.

Die Herausforderung für den Berater besteht jetzt darin, sein Gegenüber zu unterstützen, das Erlebnis des Versagens in seinem Leben zu *akzeptieren* und es als bedeutungsvollen Abschnitt seiner persönlichen Geschichte zu sehen, auch wenn vielleicht eine Familie nicht mehr zusammengeführt wird, ein Arbeitsplatz oder ein Posten verloren bleibt oder andere Leute nicht damit aufhören werden, Schlechtes über diesen Menschen zu reden, oder eine Krankheit weiter getragen werden muss. Als Berater habe ich immer wieder an diesen Wendepunkten teilnehmen dürfen. Meine Hilfeleistung bestand im Wesentlichen darin, einfach da zu sein, oft schweigend und mit Spannung die ersten Lichtstrahlen eines neuen Morgens nach einer langen Nacht zu erkennen. Plötzlich konnte das Gegenüber noch mitten in der Krise sagen: „Das ist meine Geschichte. Das habe ich erlebt. Das war meine Eiszeit, und jetzt gehe ich aus dieser Eiszeit als anderer neuer Mensch heraus. Jetzt beginnt eine neue Geschichte, die mit der alten nichts zu tun hat und die ganz neuen Prioritäten und Maßstäben folgt."

Das Wunder, dass es wieder bergauf geht

Jeder Mensch, der nach einer persönlichen Krise wieder auflebte, erinnert sich besonders an diese Phase. Kaum einer der Menschen, die den beschriebenen Trauerprozess durchgemacht haben, will die Krise im nachhinein missen. Er hat letztendlich überaus wertvolle Erfahrungen über das Leben im Allgemeinen und sich selbst im Besonderen gewonnen. Wenn ich später solchen Menschen wieder begegne, die ihre Krise unverkürzt durchlitten und dabei gelernt haben zu verzeihen, dann stelle ich fest, dass ein ehemals Verzweifelter Souveränität und eine vorher nicht gekannte innere Ruhe gefunden hat. Als gestärkte Persönlichkeit hat er seinen neuen Weg eingeschlagen. So können Phasen des Scheiterns dazu beitragen, neue Perspektiven zu erhalten, Authentizität zurückzugewinnen, an der Persönlichkeit zu wachsen, größere Nüchternheit und bessere Selbsteinschätzung zu erlangen. Krisen haben manchen Menschen zur Persönlichkeitsreifung verholfen, weil sie gezwungen wurden, sich so wahrzunehmen, wie sie wirklich sind. Menschen, die ihre Krisen hinter sich haben, denken also nicht selten mit Achtung an die schwere Zeit zurück. Gier nach Besitz, Geld und Macht hat in ihrem Leben an Faszination verloren. Sie haben gelernt, in Harmonie mit ihren Bedürfnissen und Fähigkeiten zu leben und zufrieden zu sein, weil sie erfahren haben, dass Gutes im Leben nicht selbstverständlich ist. So haben sie auch einen neuen Bezug zu ihrer Arbeit und ihrem Handeln gefunden.

Ich erinnere mich an das Gespräch mit einem Konzernchef in einem renommierten Hotel in Berlin. Diesen Mann hatte ich vor unserem Gespräch noch nie gesehen, und ich begann das Gespräch anders als üblich. Ich stellte ihm Fragen über seine Kindheit, seine Pläne und Träume, die er als Junge gehabt hatte, und fragte danach, wie viele er davon hatte verwirklichen können und welche gescheitert waren. Das brachte ihn offenbar in ein Nachdenken, das Schmerz über unerfüllte Träume und Enttäuschungen zutage brachte. Plötzlich fing dieser Mann mitten in der Hotelhalle an zu schluchzen. Es dauerte vielleicht eine Viertelstunde an. Einige Menschen drehten sich betroffen um. Ich wusste, dass es gewissermaßen eine im Zeitraffer stattfindende innere Bestandsaufnahme war. Er erlebte innerhalb von Minuten die Fahrt auf der Achterbahn: Er vergegenwärtigte sich das Bergauf der Hoffnungen seiner Kindheit, das Bergab der Realitäten seiner Berufsjahre, die Trauer über Verlorenes und Zerbrochenes, die Annahme seines Schicksals und die Neuorientierung, wie er später sagte. Mir wurde klar, dass wir Bestandsaufnahmen, wie sie in einer Krise im Großen geschehen, eigentlich regelmäßig im Kleinen durchführen sollten.

Der Charakter eines Menschen kann gerade in schwierigen Zeiten zur Reife gelangen. Er wird gewöhnlich nicht in Zeiten des Erfolges geformt, sondern nutzt sich in solchen Zeiten eher ab. Ein amerikanisches Sprichwort sagt treffend: „Wen die Götter zerstören wollen, dem schicken sie dreißig Jahre lang Erfolg."

So gesehen täte es unserer Gesellschaft eigentlich nur gut, wenn es mehr Erschütterungen, mehr Zusammenbrüche und einstürzende Gebäude gäbe, damit mehr Neuanfänge, Wiederaufbau und bessere, haltbarere Neubauten entstehen könnten.

Leider ergreifen nicht alle am Tiefpunkt ihrer Krise die Chance, die die Krise für eine Neugestaltung ihrer Persönlichkeit bietet. Einige können es nicht, andere wollen es nicht. Es gibt Menschen, die ihre Krise schließlich selbst zum Lebensinhalt machen und in der Folge aus Defätismus, Nihilismus und Selbstmitleid nicht mehr herauskommen. Sie sind es auch, die an ihrem Leben verzweifeln und aus eigener Kraft nicht mehr aus der Depression herausfinden. Diese Gruppe wächst. Sie kommt in unsere Beratung mit der bereits vorgefertigten Antwort: "Für mich gibt es keine Lösung und keine Hoffnung mehr, ich bin zu nichts mehr nutze, ich falle nur noch meiner Umgebung zur Last, warum soll ich noch leben, ich verbrauche jetzt nur noch das Geld, das ich vorher verdient habe."

Eine äußerst ermutigende Erfahrung aus meiner Beratungtätigkeit ist es aber, dass über sechzig Prozent der Klienten am Tiefpunkt ihrer Krisenerfahrung den Wunsch und die Bereitschaft einer tiefergehenden Bestandesaufnahme haben. Sie wissen, dass sie nicht mehr so leben wollen wie bisher, sie realisieren, dass ihre bisherigen Lebensfundamente nicht ausgereicht haben, sie bringen die Frage mit: Wie sollen wir denn nun leben?

Wirkliche Selbsterkenntnis hat etwas mit innerer Arbeit zu tun, die anstrengend und schmerzhaft ist. Wirkliche Veränderung vollzieht sich unter Geburtswehen. Es gehört Mut dazu, diesen Weg zu beschreiten. Viele Menschen fürchten diesen Weg der Selbsterkenntnis, weil sie Angst haben, ihre eigenen Abgründe könnten sie verschlingen.

Freilich war es bei den wenigsten so, dass sie ganz von sich aus zum Nachdenken geführt wurden. Erst Ereignisse wie plötzliche Entlassung, unmittelbar auftretender Ärger im Geschäft, unüberwindbare Eheprobleme, Verkehrsunfälle, Krankheiten, Verleumdung, etc. waren bei den meisten der Auslöser dafür, dass die Krise offenbar wurde und sie das Bedürfnis entwickelten, ihre Lebensfundamente tiefer zu setzen.

Die meisten Klienten, die sich einer gründlichen Bestandesaufnahme gestellt haben, haben wieder Fuß gefasst. Sie haben eine Vertiefung erlebt und blicken sogar mit Dankbarkeit auf die Krisenerfahrung zurück, selbst dann, wenn etwa eine Ehe nicht mehr gerettet, ein Arbeitsplatz nicht mehr erhalten oder eine chronische Krankheit doch nicht überwunden werden konnte. Manche kommen sogar zum Ergebnis, dass sie die Krise gebraucht haben, um endlich das Leben in einem tieferen Sinne zu verstehen. Sie haben neue Leitsätze für ihr Leben gefunden, Lebensmuster haben sich geändert, gesellschaftliche Beziehungen werden neu gewichtet. Klienten berichten davon, dass sie kleine Dinge des Lebens plötzlich mehr schätzen können, Dankbarkeit für Dinge erleben, die sie vorher als selbstverständlich annahmen, bewusster leben und einen anderen, nämlich sensibleren Umgang mit Menschen pflegen als bisher. Sie betrachten die Schönheiten in der Natur wieder mit größerer Aufmerksamkeit, und einige haben ein neues Aufgabenfeld gefunden, in dem die nichtmateriellen Werte eine größere Rolle spielen.

Allen denjenigen, die sich für den Weg einer gründlichen Bestandsaufnahme entschieden haben, ist eines gemeinsam: Sie wollen trotz der erlittenen Enttäuschungen, Schmerzen und Tiefen im Nachhinein die Krise nicht mehr missen.

Fazit

Warum vergeht mir nicht die Zuversicht, Menschen in ihren Krisen zu begleiten? Warum sind sie mir im abgeschminkten Zustand, ungepflegt, zitternd, schweigend, schwitzend, heulend, wütend, undiplomatisch, taktlos, übermüdet und vulgär sympathischer, als sie mir in ihren überdimensionierten Chefsesseln hinter ihren überdimensionierten Schreibtischen in ihren überdimensionierten Büros waren? Weil sie in der Krise authentisch und echt werden, weil sie nichts mehr vortäuschen. Aber nicht nur deswegen. Ich durfte miterleben, wie für viele die Krise zur Chance eines Neuanfangs wurde, auch wenn ein Arbeitsplatz verloren blieb, auch wenn eine Scheidung nicht rückgängig gemacht werden konnte. Die Krise veranlasste sie zum Umdenken. Die Enttäuschung befreite sie von der Täuschung. Sie lernten, nachhaltigere Entscheidungen für ihr Leben zu treffen. Sie erlebten die befreiende Kraft loszulassen. Sie begriffen, dass ihr Zwang zur Selbstverwirklichung und ihre Machtbesessenheit sie in eine Sackgasse geführt hatten. Sie trennten sich von Rachegedanken und von Unverzeihlichkeit. Sie lernten, ihren Selbstwert nicht mehr von der Leistung, sondern ihre Leistung von ihrem Selbstwert abzuleiten. Sie stellen sich bisweilen das erste Mal die Frage: „Was bleibt von mir, wenn ich die Arbeit verliere". Sie begriffen, dass Erfolg ohne Erfüllung kein Erfolg ist. Sie realisierten, dass ihre angeschlagene Gesundheit, die sie sich eingehandelt hatten, um viel Geld zu verdienen, mit dem ganzen verdienten Geld nicht zurückzukaufen war. Sie begriffen, dass eine intakte Familie besser ist als in eine intakte Altersversicherung. Sie verstanden, dass die Zuneigung einer einzigen Person wichtiger sein kann als alle Privilegien ihrer vergangenen Macht. All das hätten sie nicht begriffen, wenn ihnen die Krise erspart geblieben wäre. Sie hätten sich weiter im Scheinwerfer von Macht Sand in die Augen gestreut. Sie gewannen an Weisheit, an Wahrnehmungsfähigkeit und nicht selten an Dankbarkeit. Einige konnten wieder unbeschwert feiern. Einige gewannen an Gelassenheit und an Frieden. Einige lernten, wie entlastend es sein kann, sich selbst nicht so wichtig zu nehmen. Eine Reihe von ihnen entwickelte sich so zu wirklich sympathischen Wesen.

In der Begleitung von Menschen in Krisen profitiere ich selbst: Ich werde mir immer wieder bewusst, wie klein der Schritt zwischen hoher Anerkennung und demütigender Ablehnung ist, und ich lerne, am Boden zu bleiben. Ich begreife, dass mein eigenes Wohlergehen kein selbstverständlicher Besitz ist, und ich denke oft: Ich könnte selber der sein, der mir gegenüber sitzt.

Sinn und Zweck unserer Ziele

Nachdem dargelegt wurde, warum eine Betrachtungsweise, die davon ausgeht, dass es immer bergauf geht, unserer Lebenssituation nicht entspricht, und Krisen und Scheitern in unserem Leben ein wichtiger Bestandteil sind, ergibt sich die Frage: Wenn das wichtigste Ziel nicht die oberste Karrieresprosse sein kann, was ist es dann?

Ein Vorstandsmitglied einer großen Bauunternehmung besuchte mich. Ich fragte ihn nach seinem Ziel. Er sagte: „Vorstandsvorsitzender." Ich antwortete: „Ich kenne einige, die diese Position erreicht haben und ganz oben an der Leiter angekommen sind. Da oben ist ein kleines Schild angebracht, das aber nur diejenigen lesen können, die eben ganz oben angekommen sind." Er fragte mich, ob ich ihm denn nicht verraten würde, was da oben stehe. Ich antwortete: „Auf diesem Schildchen steht: Hier ist das Ende der Leiter."

Dieses Ziel wollen wir nicht sehen, wir verdrängen es. Eine Karriereleiter ist immer begrenzt. Einmal kommt immer das obere Ende. Dort oben kommt die Erkenntnis oft zu spät, dass Nutzloses nicht dadurch an Wert gewinnt, dass man es effizient erledigt. Nur ein veränderter Blickwinkel kann dieses alte Erfolgsmuster durchbrechen, welches sich nur begrenzt auf die Qualität von Funktionsabläufen bezieht statt auf tragfähige Ziele. Vier Wochen nach unserer Begegnung rief mich der gleiche Mann wieder an und berichtete sehr niedergeschlagen, dass er innerhalb dieser Zeit sowohl von der Karriereleiter gestürzt war, als auch zur gleichen Zeit sein Sohn von einer Krankheit befallen wurde, die sich zur lebensgefährlichen

Bedrohung entwickelte. Es folgten Monate tiefer Dunkelheit, Verzweiflung und Ohnmacht, psychischer Schmerzen, negativer Gefühle, Trauer, Depression, Wut und Resignation.

Kurze Zeit darauf wurde er in einem anderen Unternehmen Vorstandsvorsitzender, sein Sohn wurde wieder gesund. „Nie möchte ich diese Erfahrung im Nachhinein missen. Das, was ich in dieser Zeit für mein Leben lernte, war mehr, als die vielen Jahre in erfolgreicher Geschäftsführung", vertraute er mir später an.

Ein treffenderes Bild als das der Karriereleiter, bei der es immer nur aufwärts geht, bis man unvorbereitet herunterstürzt, ist das Bild des Labyrinths, wie es der Luzerner Seminardirektor Lothar Emanel Kaiser[38] vorschlägt.

Abbildung 5: Das Labyrinth

Das Labyrinth gilt es vom Irrgarten zu unterscheiden. Im Labyrinth gibt es keine Sackgassen. Man kommt über Umwege zum Ziel. Für den Betroffenen kann es aber über lange Zeit als großer Irrgarten erscheinen. Dieses als Irrgarten erscheinende Labyrinth ist für ihn der große Umweg zur Mitte, zum Mittelpunkt. Er ist geprägt von Richtungsänderungen und Wendemarken. Der Mittelpunkt ist ein Kreuz. Es kann als Schnittstelle von allem was oben und unten ist angesehen werden, und von allem, was vergangen und zukünftig ist. Alles Erleben ist immer auch Umweg und Knick. Nach diesem Schaubild besteht der Sinn des Lebens nicht darin, die höchste

Sprosse zu erreichen, wo es dann eben nicht mehr weitergeht und wo uns schwindlig wird, wenn wir nach unten schauen, sondern der Sinn ist sowohl schmerzliche Erkenntnis des Endlichen, Unvollkommenen als auch Frieden mit dem Gegebenen.

Im oben gezeigten Labyrinth sehen wir in der Mitte aller Wege und Umwege das Kreuz. Menschen, die an dieser Kreuzung standen, haben eine neue Definition für Erfolg gefunden: Früher verstanden sie darunter beruflichen oder materiellen Erfolg. Sie nahmen dafür Niederlagen auf anderen Gebieten in Kauf. Zwar war die Ehe zerrüttet, die Gesundheit ruiniert, zwar waren einige Laster da und einige Charakterschwächen, aber im Beruf hatten sie Erfolg. Heute ist ihnen klar geworden: Echter Erfolg gefährdet nicht die Balance und entsteht nicht auf Kosten der oben erwähnten Bereiche. Echter Erfolg hat nicht mit „Haben", sondern mit „Sein" zu tun.

5. Kapitel: Vom Ende her denken und die Fähigkeit loszulassen

Ich sehe manche Verkäufer vor meinen Augen, die über ihr ganzes Berufsleben dem Kunden gegenüber immer Jugendlichkeit, Frische, Innovation, Dynamik, unbändige Kraft, Schönheit, volles Haar und Sportlichkeit ausdrücken müssen. Wenn mit Mitte vierzig die Haare ausfallen, müssen nicht selten eine Perücke oder künstliche Haare herhalten. Viele haben mit Depressionen zu kämpfen. „Depression" heißt – vereinfacht gesagt – seelische Sabotage. Das ist der Zustand, wenn die Seele nicht mehr mitmachen will, was man sie zu tun nötigt. Es wird nach Mitteln gegen seelischen Kummer gefragt. Besser wäre es, auf die Warnlämpchen zu achten.

Es ist eine vermeintliche „Wahrheit", mit der wir gezwungen werden, uns vor unseren Kunden zu bewegen, bei jedem Kundenbesuch immer jünger auszusehen, Jugendlichkeit und Sexappeal zu versprühen. Je älter man wird, desto unglaubwürdiger wird das Spiel.

Ich habe mich ganz bewusst entschlossen, in meiner Unternehmensberatung nach einem anderen Konzept zu arbeiten und zu leben. Nicht nach einer Wahrheit, die uns vom Markt vorgegeben wird, sondern nach der Wahrheit, die uns vom Leben vorgegeben ist. Und diese Wahrheit, so ernüchternd sie auch sein mag, sieht vor, dass der Mensch älter wird und dass er sterben wird. Unser Leben wird also einmal durch ein unvorstellbares Ereignis beendet sein. Angesichts dieser unverrückbaren Tatsache stelle ich mir häufig die Frage: Welches ist meinem gegenwärtigen Alter gemäß die weiseste Lebensform? Sobald ich mich mit dieser Wahrheit auseinandersetze, sobald ich nicht fitter erscheinen muss, als ich bin, sobald ich nicht jünger aussehen muss, als ich bin, sobald ich mich nicht schöner machen muss, als ich bin, sobald ich mit den oft an Lügen grenzenden Höflichkeiten wie: „Ach, wie jung sehen Sie heute wieder aus" aufhöre, stehe ich auf dem Boden der Wahrheit und gleichzeitig damit auf einer Basis, die Frieden ins Leben bringen kann. Diesen Frieden gönne ich meinen Kunden. Auf diesem Fundament ist es möglich, ein größtmögliches Kontingent an individueller Beratung zu vermitteln, denn nur eine wahrhaftige Beratung ist auch eine gute Beratung.

Das neue Konzept in meiner Unternehmensberatung geht also – platt gesagt – vom Ende aus bzw. von der Frage, wie viel Zeit ich noch vor mir habe, und was ich am sinnvollsten mit dieser übrigbleibenden Zeit anfange.

Übung

Machen Sie zu Hause einmal folgende Übung: Nehmen Sie ein handelsübliches Metermaß aus Ihrem Nähkorb. Markieren Sie darauf den Endpunkt Ihrer Lebenserwartung (wenn nichts dazwischen kommt, werden das um die achtzig Jahre sein). Nehmen Sie jetzt das Metermaß an der Stelle mit zwei Fingern in die Hand, die ihr gegenwärtiges Alter bezeichnet (zum Beispiel 35, 47, 58 etc.). Lassen Sie nun beide Enden des Metermaßes lose herunterbaumeln. Die Strecke vom Anfang bis zu ihren Fingern entspricht der Zeit, die Sie bereits gelebt haben, die Strecke von Ihren Fingern bis zu dem von Ihnen markierten Punkt der Lebenserwartung entspricht dem Zeitraum, der aller Erwartung nach noch vor Ihnen liegt. Heute ist der erste Tag vom Rest Ihres Lebens.

Einem Jungunternehmer beispielsweise würde ich raten, noch mehr Zeit in seine eigene Ausbildung und den Unternehmensaufbau zu stecken, einem Unternehmer über fünfzig, mehr Zeit in die Weitervermittlung von Knowhow an die nachfolgende Generation, und einem Unternehmer über sechzig würde ich raten, sich in allem geschäftlichen Treiben darauf zu besinnen, dass er nicht ewig auf dieser Welt sein wird, die Nachfolge dringend klären muss und sich damit beschäftigen sollte, wie er die Zeit nach seiner Pensionierung verbringen will.

Das ist das Konzept der Wahrhaftigkeit in der Beratung, und ich bin überzeugt, dass wir selbst damit langfristig auch unseren Kunden gegenüber die besseren Karten in der Hand haben, auch wenn wir damit nicht immer das schnelle Geld machen, da unsere Ratschläge in ihrer ehrlichen Natur möglicherweise abschreckend wirken können.

Die Menschen gehen heute meist völlig unvorbereitet ins Älterwerden und Sterben. Sie verdrängen beide Themen und unterdrücken ihre Angst davor mit Tabletten oder anderen Mitteln, wie zum Beispiel Überbeschäftigung. Die Jahre unseres aktiven Schaffens sind aber gezählt. Es ist wichtig, dass wir uns diesen Tatbestand bewusst machen und nicht verdrängen. Sich die Lebenszeit, die ablaufende Lebensuhr bewusst zu machen, ist mit Schmerz verbunden, führt aber auch in eine große Freiheit.

Wenn ich mir als Spitzenmanager bewusst bin, dass zwei Drittel meiner aktiven Arbeitszeit abgelaufen sind, dann werde ich nicht die meiste Kraft dazu verwenden, mich zu profilieren, sondern mein Wissen an andere weiterzugeben, andere an meinen Lebenserkenntnissen teilhaben zu lassen. Das sind auch die Dinge, die andere Menschen schätzen und die ein gutes Klima bewirken. Weil jedoch die meisten zum Opfer der Verdrängung ihrer eigenen Vergänglichkeit werden, nutzen sie das Ellbogenprinzip bis zum bitteren Ende, bis sie durch Frühpensionierung zum Hobbygärtner (heraus)befördert werden, woran sie sich nicht wirklich erfreuen können. Klugheit und Weisheit im Arbeitsprozess können uns nur geschenkt werden, wenn wir uns bewusst sind, wie viel Zeit vielleicht noch vor uns liegt und wie viel Zeit bereits hinter uns liegt.

Ein Professor in den USA hat seine Studenten gebeten, eine Woche lang mit folgender Übung zu leben: „Nehmen sie an, Sie hätten nur dieses eine Semester zu leben. Während dieses Semesters sollen Sie als Student an der Uni bleiben. Visualisieren Sie, wie sie dieses Semester verbringen würden, und führen Sie über diese Zeit Tagebuch."

Es tauchten plötzlich Werte auf, die vorher nicht einmal erkannt worden waren. Die Studenten schrieben plötzlich ihren Eltern, wie sehr sie sie liebten und schätzten. Sie versöhnten sich mit Geschwistern oder Freunden, zu denen die Beziehung schlecht geworden war. Das dominante Thema ihrer Aktivitäten waren Taten der Liebe. Gedanken der Rache und Anschuldigungen schmolzen, als sie daran dachten, dass sie nur noch kurz zu leben hatten. Werte wurden für jeden Einzelnen viel klarer und deutlicher. Wenn Menschen ernsthaft versuchen zu identifizieren, worauf es in ihrem Leben in der Hauptsache ankommt, wer sie wirklich sein und was sie tun wollen, dann beginnen sie, in größeren Begriffen als heute und morgen zu denken.

Neben meiner Tätigkeit im Coaching von Führungskräften halte ich jeden Monat einmal eine Beerdigung auf dem Basler Friedhof. Mir drängt sich dabei folgende Frage auf: Was würde den Trauernden das bedeuten, was mir vorher im Gespräch noch so dominant, lebensbejahend und fordernd entgegengekommen ist, als ich mit dem vor Leben und Ehrgeiz sprühenden Jungmanager sprach? Wie tragfähig sind die Fundamente unseres Lebensgebäudes angesichts der immer kürzer bemessenen Jahre, in denen unser Marktwert noch zählt? Das Schweizer Fernsehen drehte in einem Portrait über meine Tätigkeit eine Szene auf dem Friedhof. Ein Manager aus Zürich sah zufällig die Sendung, fotografierte und sandte mir dann mein Portrait vor den Grabsteinen zu. Mit einem dicken Filzstift schrieb er über das Bild den Satz: „Unsere Friedhöfe sind voll von unentbehrlichen Managern."

Was für unser gesamtes Leben gilt, hat auch bei der Planung kurz- oder mittelfristiger Aktivitäten seine Gültigkeit. Wenn Sie keine Angst davor haben, bei der Planung Ihrer Vorhaben schon deren Ende ins Auge zu fassen, können Sie die einzelnen Schritte am Tag anders ausrichten und bewerten. Sie können die Ihnen zur Verfügung stehende Zeit souveräner füllen und Ihre Prioritäten besser bewerten. Es ist möglich, sehr viel zu erreichen und dabei im Grunde sehr wenig effektiv zu sein.[39] So opfern viele in den ersten Jahren die Gesundheit ihrer Karriere, um einen Haufen Geld zu verdienen, in der zweiten Hälfte ihrer Karriere dann den ganzen Haufen Geld, um ihre Gesundheit zurückzuverdienen. Für den Erfolg opfert man das, was man durch keinen Erfolg bezahlen kann. Wenn wir demgegenüber unser Ziel und unser Ende vor Augen haben, können wir unsere Prioritäten jeden Tag auf das richten, worauf es ankommt.

Solange die ästhetische Distanz funktioniert, erscheint uns der Tod als Gast. Was passiert aber, wenn er näher kommt und dann mitten in unser Leben hinein tritt? In unserer Gesellschaft fehlt letztlich die Grundlage zur Reifung und zur ausgewogenen Sicht der Dinge, solange der Tod permanent nur verdrängt wird. Die Schnelligkeit des menschlichen Verfalls tritt heute wesentlich krasser und nackter nach außen. Die immer kürzer gewordene Zeit, in der man beruflich aktiv sein kann, beschäftigt viele. Sie sind unfähig, darüber sprechen. Sie schämen sich. Die Folge unseres Denkens der Kurzfristigkeit richtet sich gegen uns selbst.

„Vom Ende her Denken": Fragen zur Selbsteinschätzung

• Wie viele Jahre habe ich bereits gelebt?

• Wie viele Jahre oder Jahrzehnte kann ich wahrscheinlich noch leben?

• Was möchte ich in meinem Leben noch erreichen?

• Welche Werte sind mir persönlich wichtig?

• Wieviel Raum gebe ich diesen Werten in meinem Alltag?

Loslassen können

Jeder Mensch sucht nach einem Halt.
Dabei liegt der einzige Halt im Loslassen.

Die Prioritätensetzung gehört zu den goldenen Managementregeln. Leider wird häufig vergessen, dass die Setzung von Prioritäten auch das Gegenstück, nämlich die Setzung von Posterioritäten, erfordert. Um sich den wirklich wichtigen und wesentlichen Dingen widmen zu können, müssen wir uns immer wieder von Unwichtigem und Unwesentlichem trennen. Dazu gehört auch das Loslassen. Nur wer Altes loslassen kann, hat offene Hände, die neuen Herausforderungen entgegenzunehmen.

Der amerikanische Franziskanerpater Richard Rohr meint hierzu: „Alle Spiritualität ist die Lehre vom Loslassen: Alle kontemplativen Lehrer führen uns in diese Richtung, und wir müssen endlich auch den Mut haben, uns auf einen eigenen Weg zu schicken, und zwar mit allen Risiken. Der Weg führt in die Freiheit, und er heißt: „Letting go!"[40]

Nur das innere „Loslassen-Können" gibt uns schließlich die nötige Freiheit und Souveränität, damit sich auch unser Blick für andere Menschen ändern kann. Der Mensch, der loslässt, stellt nicht mehr Platzhalter auswechselbarer Schnittpunktfunktionen dar, die allein nach dem Prinzip momentaner Nützlichkeit definiert sind.

Besonders älteren Mitarbeitern, die sich von der Pike auf hochgearbeitet haben, fällt es schwer, loszulassen, abzugeben und zu delegieren. Ich denke an die Erfahrungen mit einem Herrn, der als kleiner Hilfspostbote seine Karriere begonnen und sie leider viel zu spät und allzu plötzlich als Telekommunikationsdirektor beendet hatte. Solche Menschen neigen dazu, alles zu kontrollieren. Sie haben während ihrer Karriere nur auf den Aufstieg geachtet. Unsäglicher Stolz erfüllte sie bei jedem Schritt, den sie auf der beruflichen Karriereleiter empor geklommen waren. Aber sie haben es vergessen, dass man auf einer Karriereleiter nicht nur nach oben steigen sollte, sondern auch heruntersteigen muss, damit man nicht von dieser Leiter stürzt, und wie viele lernen heute und wo lernen sie es, wieder herunterzusteigen? Weil ich kaum Bildungsstätten kenne, wo diese Kunst des Herabsteigens gelehrt wird, fallen viele oder sie stürzen von der Karriereleiter und landen auf dem Boden der Wirklichkeit mit gebrochenem Genick und sind so unfähig, den verdienten oder unverdienten Ruhestand zu genießen.

Persönliche Zeit, die man sich regelmäßig einplanen sollte, muss immer auch mit der Frage gefüllt sein, was muss ich loslassen und wie kann ich es loslassen? Oft können wir Dinge, die längst überflüssig sind, nicht loslassen, beispielsweise aus schlechtem Gewissen oder aus Angst vor Reaktionen.

Wirksame Führungskräfte reservieren sich Zeiten, in denen sie sich gründlich die Frage stellen: „Was sollte ich nicht mehr tun?" Sei es, dass sich die Dinge überlebt haben, dass man über die Dinge hinausgewachsen ist, sei es, dass man sich in eine andere Richtung entwickeln will, sei es, dass es bessere Methoden gibt, sei es, dass es Wichtigeres zu tun gibt. Man sollte nicht nur eine Liste anfertigen, auf der alles steht, was man in nächster Zeit erreichen will, sondern auch eine Liste, auf der aufgeführt ist, was man ablegen und streichen möchte. Wir haben durch unsere Erziehung zu sehr gelernt, Sachen zu sammeln und anzuhäufen und viel zu wenig gelernt, loszulassen, zu geben und Ballast abzuwerfen. Weise Leute werfen immer wieder Ballast ab und schaffen sich dadurch Platz für Neues.

In Gesprächen mit Führungskräften merke ich immer wieder, wie schwer ihnen das Loslassen fällt, wie wehmütig sie an Dingen und Sachen, an Accessoires, an Titeln, an Gewohnheiten, an Privilegien hängen, wobei uns doch das ganze Leben lehren sollte loszulassen.

Negative Dinge loslassen

Probleme lösen heißt zunächst, sich von den Problemen lösen. Viele Probleme könnten durch die Fähigkeit loszulassen, gelöst werden. Wer sich innerlich von den Problemen gelöst hat, bevor er sie gelöst hat, hat den wichtigsten Schritt schon getan. Wer nicht Abschied nimmt vom Alten, schleppt dies auf Dauer mit sich. Der Wandel erfordert es, dass das Alte schnell abgelegt werden muss. Der Abschied von dem, was früher einmal nützlich war, muss heute ganz schnell, gründlich und ständig neu geschehen. Viele sind voll von Schutt und Stress des Alltags, nehmen sich keine Zeit der Abfallentsorgung und sie wissen auch nicht, wie es funktioniert. Wie soll man denn zum Beispiel Verletzungen, Demütigungen, Verleumdungen, Verurteilungen einfach so los werden? Dass der innere Prozess genauso wesentlich ist und eingeübt werden muss wie das Aufräumen und tägliche Entsorgen im eigenen Büro, ist vielen nicht bewusst, aber man sieht ihnen an, dass sie an dem Unvermögen, dies zu tun, leiden.

Ziel einer kompetenten Beratung sollte sein, mit den Klienten Zeit zu finden und Lösungsmöglichkeiten zu erarbeiten, wie dieses Loslassen funktionieren kann. Gerade für den verantwortungsbewussten Manager ist dieses tägliche innere Loslassen und Aufräumen besonders wichtig. Das verbreitete Burn-out ist ein Symptom dafür, dass viele dies nicht schaffen.

Manager werden in der Zukunft viel häufiger in Situationen des Abschiednehmens und des Loslassens kommen. Auch wenn viele diese Veränderung theoretisch durchaus gelassen zur Kenntnis nehmen, sind sie doch täglich mit ihrem Unvermögen dazu in der Praxis konfrontiert. Die Folge dieses Unvermögens ist, dass Menschen Verletzungen und Verbitterungen konservieren und jahrelang nicht überwinden können. Es bedarf darum einer neuen Kultur des Loslassens. Physische Gesundheit und Lebensglück für die kommenden Phasen hängen davon ab, wie man die Übergänge zwischen den Phasen meistert. Umzüge, Trennungen, Arbeitslosigkeit, Scheidung, Berufswechsel und Krankheiten folgen ständig aufeinander, und der Einzelne hat immer weniger Zeit, die innere Verarbeitung zu bewältigen. Besonders die Phase des Loslassens in den Wendepunkten des Lebens ist immer eine kritische Phase. Diese Übergänge kann man schnell verpatzen. Man kann im Alten stecken bleiben und den ganzen Ballast in die neue Lebensphase hinüberschleppen. Dem modernen Menschen sollten nicht nur ständige Wechsel zugemutet werden, die ja geradezu ein Markenzeichen postmoderner Lebensläufe sind, sondern ihm sollten für die Wechsel auch die Handwerkszeuge mit auf den Weg gegeben werden. Wer eine gravierende Veränderung zu schnell hinter sich bringt, riskiert psychische Probleme.

Wer loslassen kann, kann Gelassenheit entwickeln. Voraussetzung für Gelassenheit ist eine Haltung, die nicht auf den eigenen Vorteil bedacht ist. Es geht um Uneigennützigkeit zugunsten des größeren Ganzen. Eine solche Persönlichkeit kann annehmen, was kommt und was geht, und kann annehmen, wie es kommt und wie es geht. Sie hindert weder das Vergehende am Gehen noch das Kommende am Kommen. Derjenige, der gelassen ist, hat somit die Hände nicht voll, sondern frei für das, worauf es ankommt.

6. Kapitel: Zeitinseln schaffen

Von Zeit zu Zeit ist es gut, Ruhe zu suchen.
Sie wird lauter sein, als Du erwartest.

Zeitmanagement ist in aller Munde. Oft aber werden dadurch nur Unwichtigkeiten effizient gemanagt. Das wichtige ist eben nicht, die Zeit zu managen, sondern uns selbst. Statt sich auf Dinge und Zeit zu richten, sollten wir unsere Prioritäten darauf richten, Beziehungen zu erhalten und tragende Ergebnisse zu erzielen. Die Zeit ist ein sehr materialistischer Wert geworden. Unsere Väter lebten in einer Produktionsgesellschaft, die uns materiellen Reichtum gebracht hat. Das Informationszeitalter macht aus unserer Gesellschaft immer mehr eine Wissensgesellschaft, für die Zeit einer der größten Werte ist; sie wird mittlerweile feilgeboten wie in der Nachkriegszeit die Kartoffeln. Die Telefongesellschaften verkaufen nichts anderes als Zeit. Sie streiten um den Preis jeder Sekunde und Minute. Sie rechnen mit uns die Zeit ab.

Erfolgreiche Menschen finden immer wieder Zeit für Entspannung. Wer denken will und sich konzentrieren will, muss abseits von Dingen und Sachzwängen und auch von Menschen stehen. Die Fähigkeit zur Entspannung bedeutet die Bereitschaft zum Abschalten. Wer Entspannung konsequent praktiziert, findet leichter zur Konzentration. Die freien Zeiträume zum Nachdenken werden immer kleiner und viele vernachlässigen es, sich diese zu erkämpfen. Positive Veränderungen ohne Zeit zum Nachdenken sind aber meistens fast unmöglich.

In den alten Orden, zum Beispiel bei den Jesuiten, ist die Zeit zum Nachdenken ein wesentlicher Bestandteil des klösterlichen Lebens. Bei ihnen wird zweimal pro Tag 15 Minuten in Stille nachgedacht, jährlich einmal eine Woche und zweimal 30 Tage in einem Leben. Darüber hinaus legt jeder, der dem Orden angehört, einmal ein Sabbatjahr ein. Diese Art von Meta-Reflexion fehlt in den Unternehmen und im Leben der meist oft so kurzfristig erfolgreichen Manager. Während eines Führungskräftetreffens sagte mir ein Manager, dass er tagsüber oft an der Überfülle von Informationen leidet. Die besten Ideen kommen ihm erst auf dem entspannten Weg nach Hause, zur U-Bahn-Station. Leider hat er dann meistens nicht gleich etwas zum Schreiben zur Hand. Wäre das nicht eine Idee für eine neue Managerkultur: Statt Stressprogrammen bewusst Momente der schönen Entspannung zum Nachdenken einzulegen, damit die besten Ideen eben auch kommen und nicht verloren gehen?

Die tägliche Investition einer Stunde für die Erneuerung und Erhaltung der physischen Kräfte und der Pflege der spirituellen Dimension, des Nachdenkens über Werte, ist Schlüssel für vieles. Sie stabilisieren dadurch ihre Leitsätze und ihre Sicherheit. Sie werden fähig, das Wohl der anderen zu suchen, sich über den Erfolg anderer zu freuen, andere besser zu verstehen.

Übung

Nehmen Sie sich pro Woche eine Stunde Zeit zum Nachdenken. Rüsten Sie sich mit einem Stuhl aus und begeben Sie sich allein in den Garten oder in ein abgesondertes Zimmer. Nehmen Sie kein Telefon mit, kein Buch, keine Musik, keine Zeitung, keine Agenda, nur sich selbst. Sie befinden sich in einer wichtigen Vorstandssitzung mit sich selbst. Denken Sie über Ihre Pläne nach, über Ihre nächsten Schritte und welche Folgen diese Schritte für Sie und ihre Familie haben, und welche Folgen die Folgen haben, und welche Folgen die Folgen der Folgen haben. Als Manager haben Sie gelernt, sowohl operativ wie auch strategisch zu denken, zu beurteilen und zu entscheiden. Haben Sie nun den Mut, eine eigene, intime Bilanz aufzustellen, bei der Sie neben ihrem eigentlichen Berufsleben auch Ihr Privatleben, Ihre Karrieremotive und die Entwicklung Ihres eigenen Charakters miteinbeziehen. Fertigen Sie sich eine Liste mit wesentlichen Punkten an, die für ihr persönliches Leben und ihre spirituelle Dimension wichtig sind. Schreiben Sie die Beziehungen auf, die Sie vertiefen wollen, schreiben Sie Niederlagen auf, die Sie gerne überwinden möchten, schreiben Sie Sätze auf, die Ihnen geholfen haben, Dinge besser zu tun. Schreiben Sie Ziele auf, die Sie erreichen möchten. Schreiben Sie die Werte auf, an denen andere Menschen Sie erkennen sollen. Durchdenken Sie Ihr Verhalten in verschiedenen Situationen, die Sie in den Tagen zuvor erlebt haben. Prägen Sie sich immer wieder Ihre Leitsätze ein.[41]

Die Informationsgesellschaft, die auf uns zukommt, ist voller Komplexität und überfordert die einzelnen Menschen. Wir brauchen deswegen für die Zukunft Unterstützung zur Reduzierung von Komplexität, damit wir uns auf wesentliche Dinge im Leben konzentrieren, die uns in dieser ungewissen Welt Kraft geben. Wir brauchen Hilfsmittel, um im neuen Durcheinander Orientierung zu finden. In den Zeiten der Stille können wir uns auf die wesentlichen Dinge konzentrieren, die für uns wertvoll sind und die uns schlussendlich Grundlage zur Flexibilitätsbereitschaft werden können. Diese Empfehlung ist durchaus mehr als nur ein gut gemeinter Ratschlag eines Beraters. Die „Konzentration auf das Wesentliche" ist einer der wichtigsten Managementgrundsätze, dessen Einhaltung wir bei allen erfolgreichen Managern beobachten können.

Auch zwischen den verschiedenen Lebensabschnitten, durch die heute ein Mensch viel mehr als früher gehen muss, gibt es Leerzeiten. Viele neigen dazu, sich übergangslos sofort in neue Aktivitäten, Bindungen und Beziehungen zu stürzen. Doch diese Übergangszeiten sind äußerst wichtig für die Psyche. In diesen Zeiten kann Selbsterkenntnis wachsen. Man kann manches schärfer sehen und seine Umwelt sensibler wahrnehmen. Man kann Distanz zum Alltag gewinnen und Lebensmuster ändern. Man kann hinter die Dinge schauen und Lebensweisheit lernen. Viele können das aber nicht und setzen sich in diesen Auszeiten selbst unter Druck. Sie können das Gefühl der Leere, vielleicht der Melancholie nicht ertragen. Welche Pflichten haben mich bisher beeinflusst? Habe ich gelebt, um Erwartungen zu erfüllen? Was wäre, wenn mein Leben heute endete? Was bliebe ungelebt, was wäre vollendet, was würde ich in einen Nachruf über mich selbst schreiben? Wir sollten diese Auszeiten als wichtige Erziehungsprozesse annehmen. Einer Zeit, die von Produktivität und Wachstumsraten, von Geld, Karriere und Lebensstandard spricht, einer Zeit, die in den Kategorien von Macht und Erfolg denkt, die einem übersteigerten Machbarkeitswahn und Fortschrittsglauben huldigt, heißt es, jene „Vita contemplativa" entgegenzuhalten, die es uns ermöglicht, Distanz und Zeit zu gewinnen, damit wir uns auf das Wesentliche unserer Existenz besinnen können.

Nur wer sich radikal genug mit dem Zustand seines inneren Hauses auseinandersetzt, kann sich dem Teufelskreis entziehen, der den Wert einer Führungsperson allein von seinem Umsatz her definiert. Nur wer sich radikal der Sinnfrage stellt, wird schließlich die Opfer erbringen können, die zum Bau der Brücke zwischen Beruf und Privatleben vonnöten sind und schlussendlich seine einzigartige Lebensaufgabe erfüllen.

Die innere Bereitschaft, Kurskorrekturen nach unten vorzunehmen, hat bei Klienten von mir oft Wunder gewirkt und Lebensfreude und Energie wieder hergestellt; quasi aus dem Nichts ist wider alle Erwartungen etwas gewachsen. Dazu braucht es aber innere Arbeit. Das Gefühl, in einer beruflichen Situation allmählich auszubrennen oder sich in eine Richtung verrannt zu haben, die mehr Stress als Befriedigung bringt, sollte Auslöser für eine Kurskorrektur sein. Es geht darum, Wünsche und Ziele, die mit dem Beruf verbunden sind, neu abzustimmen, und Prioritäten in einem ganzheitlichen Verständnis des eigenen Lebens neu zu setzen. Denn der Mensch lebt nicht von der Arbeit *allein*.

Werte

7. Kapitel: Charakter

Karriere und Charakter

Der aktuell bestehende globale Kapitalismus, der sich vermehrt und auf lange Sicht hin multikulturellen Herausforderungen gegenüber sieht, verlangt in wachsendem Maß nach einer Eigenschaft, die man früher als Charakter definierte. Jeder weiß, was mit Karriere gemeint ist, zumindest für die eigene Lebensplanung oder Erfolgsstrategie. Doch mit dem Charakterbegriff tun sich viele Menschen schwer, denen die Vielfalt aller Möglichkeiten und der Wegfall eines Normenapparates seit der Postmoderne vor Augen geführt wurde. Das oft zitierte Schlagwort „anything goes", sinngemäß übersetzt mit: „Alles, was Erfolg bringt und meiner Karriere dient, ist auch erlaubt", hat den Begriff und die Notwendigkeit des Charakters verdrängt. Tatsache aber ist, dass wir den Charakter bzw. bestimmte Charaktereigenschaften wieder brauchen. Für die Herausforderungen, wie sie in nächster Zukunft in unserer Arbeits- und Alltagswelt anstehen, benötigen wir ein Fähigkeitsspektrum, das vom Kooperationswillen bis zur Sensibilität mit Menschen verschiedener Kulturen zusammenarbeiten zu können, reicht.

Folgende Ausführungen zielen darauf ab, Aspekte auszuarbeiten, die zu einem erfolgreichen Herauswachsen aus dem Sachzwangdiktat des Marktes verhelfen. Gleichzeitig soll deutlich werden, dass dies keinen Verlust darstellt, sondern dieses Herauswachsen aus den Sachzwängen gleichzeitig ein fruchtbares, kreatives Wachstum an unternehmerischer Kraft und Zuwachs an Lebensfreude nach sich zieht.

Die Harvard Business School untersuchte den Karriereweg von 150 ihrer besten Absolventen. Die Resultate waren erstaunlich – nur eine Handvoll schaffte wirklich den Weg an die Managementspitze. Bei der genaueren Recherche, welche Faktoren denn nun ausschlaggebend für den langfristigen Erfolg waren, ergaben sich unter anderem folgende Anforderungen an den Manager:

- Sie sind in der Lage, Spannungen und Belastungen zu ertragen, ohne zu explodieren und ohne zu resignieren.

- Sie gehen auch die unerfreulichen Dinge ihres Berufs- wie auch ihres Privatlebens mit Zivilcourage und in ruhiger, ehrlicher und taktvoller Weise an.

- Sie ertragen nicht nur ihre Niederlagen, sondern auch ihre Erfolge mit Haltung.

- Sie fördern ihre Mitarbeiter ohne Angst, sich dabei Konkurrenz in den eigenen Reihen heranzuzüchten.

- Sie respektieren die Würde anderer Menschen (der Mitarbeiter, Vorgesetzten, Kunden und der Konkurrenz).

- Sie sind selbstkritisch und bereit, sich selbst, ihr Handeln und ihr Denken in Frage stellen zu lassen.

- Sie sind bereit, für ihre eigenen Fehler geradezustehen, ohne die Schuld auf andere abzuwälzen.

Es bleibt, sich zu fragen, wie jene wenigen Absolventen zu den Eigenschaften gekommen sind, die sie in die Spitzenpositionen gebracht haben.

Das Persönlichkeitsprofil der Zukunft

Nur starke, d.h. in sich ruhende Persönlichkeiten können einen lebenslangen Wettbewerb verkraften. Sie sind in der Lage, strategisch zu denken und mit anderen Menschen umzugehen, ohne sie zu manipulieren. Sie sind risikobereit. Fachwissen, das sich schnell überholt, eignen sie sich bei Bedarf immer wieder neu an. Sie legen keinen Wert auf Status- und Abgrenzungssymbole, sondern auf Aufrichtigkeit und Kompetenz (Wahrhaftigkeit).

Gefragt sind Führungspersönlichkeiten, die Kommunikation suchen, die kraft ihrer Persönlichkeit Offenheit und Vertrauen wecken und selbst permanent Anstöße zu neuem, kreativem Tun geben. Sie verstehen ihr Unternehmen als einen lebendigen Organismus, der nur funktionieren kann, wenn sich alle Teile gegenseitig positiv beeinflussen und sich zur fruchtbaren Zusammenarbeit anregen.

Halten wir fest: Wirtschaftsführer brauchen in Zukunft noch mehr als heute die Fähigkeit zu strategischem Denken, zu effektiver Verhandlungsführung und Konfliktlösung. Sie werden weniger Zeit an den Schreibtischen, dafür mehr Zeit im Gespräch mit Kollegen, Mitarbeitern, Kunden und Partnern verbringen müssen. In der Vermittlung einer klaren Vorstellung von der Zukunft ihrer Firma auf interner und externer Ebene liegt einer der Schlüssel zum Erfolg.

Grundsätzlich gehören zum Anforderungsprofil eines modernen Managers Wissen und fachliche Voraussetzungen. Man verlangt von ihm zu Recht Managementfähigkeiten: Leistungsfähigkeit, Entscheidungswillen, Ausdauer, Initiative, Intelligenz, Organisationstalent, Zuverlässigkeit und Kontaktfähigkeit.

Aber diese wiederholt angesprochenen Eigenschaften, die Manager und Unternehmer aufweisen müssen, um erfolgreich zu sein, sind nur eine Seite der Medaille. Die andere Seite der Medaille, die Ausgewogenheit und Ganzheit verdeutlicht, sieht so aus: Es werden in Zukunft mehr Führungskräfte benötigt, die ein entwickeltes wirtschaftsethisches Bewusstsein haben. Diese werden (wieder) persönlich Verantwortung übernehmen und für ihre Entscheidungen einstehen und nicht permanent nach Schuldigen suchen, wenn etwas schief geht – und damit verbunden Unsummen von Zeit und Geld verschwenden. Es müssen Führungskräfte sein, denen man vertrauen kann, die zum Dienst an anderen bereit sind und die nicht nur sich selbst zum Maßstab nehmen und im Blickwinkel haben.

Den Herausforderungen der Zukunft wird darum der Nur-Techniker, der Nur-Finanzmann, der Nur-Personalchef, der Nur-Manager nicht mehr gerecht werden. Das einseitige Spezialistentum gehört der Vergangenheit an, weil es sich in einem System, das Wettbewerb weitgehend als Wettbewerb um persönliches Ansehen und um hierarchischen Vorrang betrachtet, selbst demaskiert. Für die Zukunft wird statt der Kultivierung des persönlichen Ehrgeizes dringend die Kultivierung der Integrations(pflicht)fähigkeit gefragt sein. Eine Spitzenposition sollte in erster Linie eine Sache des Charakters werden. Dies verlangt innere Bescheidenheit und verträgt keine Anmaßung. Selbstkritische Distanz zur eigenen Person, die den Narzissmus ausschließt, der heute überall herrscht (weil er bisher als etwas Positives gewertet und daher kultiviert wurde), ist gefordert.

Nur wer sich selbst nicht zu wichtig nimmt, kann die gebotene Flexibilität erfüllen. Den Kern eines erfolgreichen Führungsverhaltens bildet ein bescheidener, gelassener Umgang mit sich selbst.

Langfristig gesehen wird die Zukunft Führungskräfte brauchen, die ein (umfassend) entwickeltes wirtschaftsethisches Bewusstsein haben und persönlich Verantwortung übernehmen, also für ihre Entscheidungen einstehen.

Langfristig gesehen werden persönlicher Erfolg und damit das Aufrechterhalten unseres volkswirtschaftlichen Erfolgs nicht mehr alleine vom Intelligenzquotienten abhängen, sondern von Integrität und Charakter. Eine wirkliche Führungsaufgabe wird nicht einfach eine Fortsetzung der bisherigen Tätigkeit auf höherer Ebene sein. Es wird nicht mehr nur um Fertigkeit und Struktur, sondern um Verantwortung und deren Wertigkeit gehen müssen.

Natürlich sind schöpferische Gestaltungsfähigkeit, Urteilskraft, Selbstvertrauen, vielseitiges Wissen, Entschlussfreude, Zähigkeit, Robustheit, Gesundheit etc. Anforderungen, die man spontan mit der Rolle des Managers assoziiert, aber das werden in der Zukunft eigentlich nur Voraussetzungen für diesen Beruf sein – sie machen ihn nicht aus. Bei der Aufzählung der Managereigenschaften handelt es sich um vordergründige Aspekte. Das Unsichtbare und Unwägbare, welches die letztendlich alles entscheidende geistige Haltung konstituiert, wird damit eben nicht erfasst.

Die Zukunft wird jenen Unternehmen gehören, die es gelernt haben, auf allen Hierarchieebenen eine innovative Leitung zu entwickeln, die mit den soeben erwähnten unsichtbaren und unwägbaren Konstanten, den „Soft-Issues" umzugehen verstehen. Daraus resultiert ja, dass ihre Mitarbeiter zu außergewöhnlichen Leistungen inspiriert und motiviert werden. Grenzen der Planbarkeit werden so schnell und effizient überwunden. Zu den zentralen Erfolgsfaktoren, die sich auf die Gesamtqualität eines Unternehmens auswirken werden, zählt die persönliche Qualität der Führungskräfte im Sinne ihrer (inneren, ethischen) Einstellungen, Motive, ihres Engagements, ihrer Zusammenarbeit und ihres Vertrauens zueinander. Gefragt und herausgefordert ist hier die Flexibilität jeder Führungskraft, denn diese zu erwartenden ungeheuren Veränderungen müssen psychisch bewältigt werden.

Ich wiederhole: Neben dem (klassischen) Handwerk des rationalen Managers ist das neue Handwerk des innovativen *Leadership* gefordert. Wichtig ist hierbei, beide Seiten der Medaille zu sehen und an der komplementären Kombination dieser beiden Steuerungsgrößen zu arbeiten. Die Welt von Morgen verlangt nach schneller Reaktion, Flexibilität, Agilität und Spontaneität, die gleichzeitig in Ruhe, Souveränität und Gelassenheit eingebettet ist.

„Like a dew drop, settled, like a dew drop fading away – this, my life! So the affaires of Naniva, a dream in a dream! (Wie ein Tautropfen entsteht und auch wieder verschwindet, so ist mein Leben, genauso ist auch meine Angelegenheit: Ein Traum im Traum!)

Der japanische Manager Shogun Toyotome Hiteosie soll 1958 (!) seine persönliche Erkenntnis um Vergeblichkeit seines Tuns formuliert haben, die sich dahingehend verallgemeinern lässt, dass er mit den bisherigen Mitteln an eine Grenze geraten ist, an der sich die Herausforderungen der Zukunft nicht mehr bewältigen lassen.

Diese Grenze, an der sämtliche Strategien, derer Manager sich bedienen können, scheitern, ist inzwischen Realität. Selbst gute Strategen wählen falsche Strategien, wenn sie die Zukunft planen, und fatal ist, dass auch richtig gewählte Strategien falsch umgesetzt werden können. Um im Bild zu bleiben: Wir sind mit der Herausforderung konfrontiert, dass die Welt von morgen nicht mehr einem Tautropfen gleicht, der in der Morgensonne noch glitzert und bei zunehmender Temperatur kontinuierlich verdampft, sondern dass die Welt, in der wir morgen strategisch operieren werden, eher einem Wassertropfen vergleichbar ist, der auf einer heißen Herdplatte willkürlich herumspringt.

Die Strategen von morgen, die in dieser dramatischen Situation ihr „Management of Change" betreiben werden, gleichen dann den Wassermolekülen an der Oberfläche solcher Wassertropfen, die immer in der Situation sind, dass sie aus dem Karussell voller unerwarteter Tempi und Richtungsänderungen herausgeschleudert werden.

Bereits der ehemalige Reichskanzler Fürst von Bismarck hatte gesagt, dass ein Staatsmann nur zwei Jahre vorausschauen und planen könne, alles was jenseits davon läge, gehöre in den Bereich der Vorsehung. Wenn es schon vor 130 Jahren so war, können wir heute immer weniger davon ausgehen, Gestaltungs- und Wirkungsmöglichkeiten vorauszusagen. Vor uns liegt eine Zeit, in der Planungen gemäß bisheriger Managementmethoden immer weniger möglich sein werden.

Fazit: Der Manager von heute bringt, so perfekt er vieles machen kann, die Ausrüstung von gestern mit, die aber allein für die Herausforderungen der Zukunft nicht mehr ausreicht.

Fredmund Malik, Leiter des Managementzentrums St. Gallen, sagte: „Schweizer Manager sind nicht mein Hauptfach, und es gibt hier sehr viele gute Leute. Doch ich würde sagen: Vier Fünftel der Manager stolpern völlig unvorbereitet in ihre Positionen. Wenn Piloten eine den Managern vergleichbare Ausbildung durchliefen, würde kein vernünftiger Passagier in ein Flugzeug steigen."[42]

Das hier angesprochene Problem kreist um die Frage, dass durch Vermehrung von Fachwissen allein die für den jeweiligen Posten erforderten Persönlichkeiten nicht kreiert werden können. Tatsache ist allerdings auch, dass unsere Ausbildungsstätten in den letzten Jahrzehnten vielfach eine Reduzierung erfahren haben. Sie haben sich zu Verwaltungen von Sekundärtugenden herabstufen lassen. Dazu gehört die Beschränkung auf Fachwissen und Managementfähigkeiten. Machen wir uns klar, dass wir mit dieser die menschliche Wirklichkeit stark reduzierenden Botschaft von der Steigerung des Aktienwertes allein unsere Kinder nicht in eine unsichere Zukunft schicken können. Die Persönlichkeitsentwicklung junger Menschen darf nicht länger in den fakultativen Bereich abgeschoben werden.

Die Herausforderung der Zukunft besteht darin, dass eine Führungskraft in der Lage sein muss, in einer Zeit zunehmender Dynamik und Komplexität in einer neuen Denk- und Wahrnehmungsweise zu leben, die nicht mehr bei dem „Entweder-oder-Denken" verharrt, sondern die Gleichzeitigkeit von „Sowohl-als-auch-Konstellationen" ertragen und damit umgehen kann. Es werden Führungskräfte gebraucht, die kraft ihrer Persönlichkeit als Brücke in einem Spannungsfeld zwischen Widersprüchen in der streng logischen und rationalen Gedanken- und Argumentationswelt stehen können, die sich in der emotionalen Realität gleichzeitig als wahr erweisen. Um diese geforderte Flexibilität einerseits aufzubringen, gehört andererseits die Entwicklung einer tiefen, fest gegründeten Wurzel, die in der Entwicklung und der Pflege des Charakters besteht. Nur diese Balance wird den Stürmen des Lebens gegenüber die nötige Beweglichkeit aufbringen und ihnen standhalten können.

„Wer oder was gibt uns die Kraft und die Motivation, uns zu ändern? Woher leiten wir die Änderungsbereitschaft in unserem Denken und in unserer Persönlichkeit ab? Diese Fragen dürfen nicht länger unbeantwortet bleiben. Wir haben lange Zeit vergeblich versucht, Probleme mit Hilfe neuer Techniken zu lösen und zu managen. Dass wir dann allerdings immer wieder an den Ausgangspunkt des Grundproblems zurückgelangt sind, liegt daran, dass wir diese „richtigen" Probleme mit falschen Werkzeugen reparieren wollten.

Tatsächlich werden Gespräche mit Managern von Sachfragen dominiert. Es gilt als Tabu, die persönliche Ebene zur Sprache zu bringen. Im Kern geht es aber eben nicht um bloße Sachverhalte, sondern gerade um persönliche Fragen, die den Manager als Menschen zwar unterschwellig beschäftigen, die er aber aus diesem Grund auch so verdrängt. Es handelt sich um die Ebene der unerfüllten Hoffnungen, der Gefühle, beispielsweise wesentliche Dinge verpasst zu haben, wie die Pflege der Familie, die Auseinandersetzung mit dem Älterwerden, die Fragen nach dem Sinn usw.

Aus meiner Erfahrung kann ich sagen, dass wir erst dann, wenn diese Ebene angesprochen und aktiviert wird, ein Niveau erreicht haben, dessen Erneuerung allein in der Lage ist, das Verhalten auf der Sachzwangebene nachhaltig zu verändern. Die Marktwirtschaft löst ihrem Zweck entsprechend nur ökonomische Probleme. Es ist notwendig, auch solche Problemfelder sorgfältig wahrzunehmen, die nicht zur Ökonomie gehören. Nur so kommen wir auch aus der ökonomischen Sackgasse heraus.

Führungskräfteentwicklung muss Persönlichkeitsentwicklung werden

Mit den folgenden Ausführungen geht es mir nicht darum, aus der Sachzwangebene zu fliehen, sondern sie zu bewältigen. Es ist ein guter Ausgangspunkt, dass die meisten Erschütterungen auf dieser Sachebene dazu dienen, neue Ufer zu erkennen und zu erreichen.

Halten wir fest: Führungsentwicklung muss Persönlichkeitsentwicklung werden und Manager sind heute dazu aufgefordert, die künftige Unternehmenskultur in verantwortungsvoller Weise mitzugestalten. Wir wissen bereits, dass der Erfolg eines Unternehmens maßgeblich davon abhängen wird. Welchem Geist also erlauben wir, in den Gehirnen unseres Managements das Sagen zu haben? Charakter kann geschult werden, muss geschult werden, und die Unternehmen tragen hierbei eine große Verantwortung.

In einem teilweise rauen und egoistisch erscheinenden Umfeld wird die persönliche (soziale) Kompetenz oft in den fakultativen Bereich abgeschoben. An dieser Feststellung werden bereits alle Probleme deutlich, die mit dem folgenden Zitat veranschaulicht werden. Dr. Richard Osswald, ehemaliger Personalvorstand von Daimler-Benz AG, sagt: „Wir haben durch Fachwissen Milliarden erwirtschaftet, dasselbe haben wir wieder durch fehlende Personalkompetenz verloren."[43]

Personale Kompetenz ist die Kompetenz der Zukunft. Sie ist schwieriger zu erlernen als Management- und Fachwissen. Personale Kompetenz ist die Fähigkeit, sozialen Kontakt zum Mitmenschen aufzunehmen, Anforderungen an sich selbst und anderen zu erkennen. Ein Mensch mit personaler Kompetenz verfügt über Konsensfähigkeit. Er ist mit einem hohen Grad von Selbstachtung ausgestattet und zeigt allen Menschen gegenüber Wertschätzung, Einfühlungsvermögen, Fairness, Offenheit und Toleranz. Er erträgt Kritik und kann mit Kritikern umgehen. Personale Kompetenz bedeutet in der heutigen Zeit und für die Zukunft, eine Haltung einzunehmen, die die Mitarbeiter/-innen in ihrer Entwicklung gezielt unterstützt, ohne ihnen die eigene Verantwortung abzunehmen. Es bedeutet, dass man ein Arbeitsumfeld schafft, das Eigenverantwortung und persönliche Entwicklung fördert.

Stellen wir das Problem, das hier angesprochen ist, einmal vereinfacht als polaren Konflikt zwischen Kopf und Herz oder als Konflikt zwischen Karriere und Charakter dar. Im Konfliktfall bedeutet das, sich für die Seite des Charakters zu entscheiden, wenn der Weg zur Karriere den Charakter ausschließt.

Drei Anforderungsdimensionen

Auf den unteren Hierarchiestufen steht die fachliche Qualifikation der jungen Führungskräfte im Mittelpunkt aller Personalförderungsmaßnahmen. Fachkompetenz wird gefördert, entwickelt und bewertet. Mit dem Aufstieg in höhere Hierarchiestufen rücken zunehmend Managementwissen und Führungsfähigkeiten der Mitarbeiter in den Vordergrund des Interesses der Personalentwicklung. Doch die hier als wichtigste Anforderungsdimension erkannte Entwicklung zu einer reifen Persönlichkeit hat man vernachlässigt und vielerorts vergessen.

Mit dem folgenden Abschnitt will ich transparent machen, dass eine Führungskraft zukünftig den Anforderungsparametern aus drei „Dimensionen" gerecht werden muss, die ich mit „Fachkompetenz", „Methodenkompetenz" und „Personale und soziale Kompetenz" benennen möchte. Es geht bei diesen drei Dimensionen nicht um ein „entweder – oder", sondern um ein „sowohl als auch". Die geforderten Eigenschaften hängen in ganzheitlicher Weise voneinander ab und ergänzen einander. Mein zentrales Anliegen ist es aber, vor allem die „dritte Dimension" von „personaler und sozialer Kompetenz" herauszuheben, die dafür verantwortlich ist, *wie* Fachkompetenz und Methodenkompetenz überhaupt zur Geltung gebracht werden.

Der Charakter ist sowohl aus individualpsychologischer als auch aus psychosozialer Sicht für die Karriereplanung, also die spezifische Definition von Zielen und Plänen, sehr wichtig.

Er ist nicht nur im zwischenmenschlichen Bereich, sondern gerade auch bei firmenpolitischen und strategischen Entscheidungen von großer Bedeutung.

Die folgende Liste ist ein Versuch, die wichtigsten Parameter zu benennen. Sie erhebt keinen Anspruch, vollständig oder gar abschließend zu sein. Und gerade weil es die ideale Führungskraft real nicht gibt, sind wir als Verantwortungsträger aufgefordert, neue Ziele zu verfolgen.

Fachkompetenz (Können und Wissen)	Methodenkompetenz (Management- und Führungsfähigkeiten)	Personale und soziale Kompetenz (Charakter, Persönlichkeit, Schlüsselqualifikationen)
• Experte	• Manager	• Leader
• Arbeitstechnik	• Projektmanagement	• Menschenführung
• Lösung von Fachproblemen	• Führungs- und Entscheidungstechniken	• Teamfähigkeit
• Präzision	• Selbstvertrauen	• Selbstwertgefühl
	• Selbständigkeit	• Selbstachtung
		• Aktive und passive Kritikfähigkeit
• Allgemeinbildung	• Unternehmerisches Denken	• Ganzheitliches Denken
• Begabung	• Organisationstalent	• Akzeptieren emotionaler Wirklichkeiten
• Intelligenz	• Planerische Fähigkeiten	• Eigenes Menschen- und Weltbild
• Bereitschaft, ständig zu lernen	• Strategisches Denken	• Werte und Ethik
• Fachwissen	• Abstraktionsvermögen	• Lauterkeit
• Spezialist	• Konzeptionelles Denken	• Vertrauensfähigkeit
• Analytisches Denken	• Vernetztes Denken	• Glaubwürdigkeit
	• Synthetisches Denken	• Berufliches Vorbild sein
	• Innovativ und visionär	• Wahrheitsliebe, Ehrlichkeit
	• Blick fürs Wesentliche	• Offenheit
	• Rationales, emotionsloses Denken	• Gewissensbildung
		• Liebesfähigkeit
		• Anteilnahme
		• Rücksichtnahme
		• Freundlichkeit

Fachkompetenz (Können und Wissen)	Methodenkompetenz (Management- und Führungsfähigkeiten)	Personale und soziale Kompetenz (Charakter, Persönlichkeit und Schlüsselqualifikationen)
• Zeitplan	• Körperliche und nervliche Belastbarkeit • Durchsetzungsfähigkeit • Erfolgsorientiertheit • Zielorientiertheit • Überzeugungskraft • Kontaktfähigkeit • Kommunikationstechnik • Behauptung in eigenem und fremdem Umfeld • Delegieren können • Informieren können • Mitarbeiter motivieren und fördern zur fachlichen Problemlösungsfähigkeit	• Mitleidensfähigkeit, Barmherzigkeit • Zivilcourage • Sinnorientiert • Vision • Vorbild • Kommunikationsbereitschaft als Haltung • Vermittlungsfähigkeit von Werten • Würdevoller Umgang mit sich selbst und mit seinen Mitarbeitern • Mitarbeiter fördern, ohne Angst vor Konkurrenz
• Disziplin • Fleiß • Ausdauer	• Zielstrebigkeit • Beharrlichkeit • Zähigkeit • Ehrgeiz	• Innere Ruhe • Gelassenheit • Souveränität • Innere Reife • Weisheit
	• Bereitschaft, fachliche Verantwortung zu übernehmen • Verantwortung für Dinge und Geld • Herrschen und beherrschen	• Eigenverantwortung • Verantwortung für Menschen • Dienen durch Verantwortungsübernahme und Menschenführung
	• Flexibilität • Internationalität • Rationaler, emotionsloser Denker • Interkulturelles Denken • Sprachliche Begabung • Shareholder Value-verpflichtet	• Integrität und Loyalität • Innere Unabhängigkeit • Beständigkeit • Fairness • Verlässlichkeit • Urteilskraft
• Leistung	• Entscheidungsfreude • Fähigkeit, Probleme frühzeitig zu erkennen	• Unangenehmes aushalten und bewältigen

Kompetenzen:	Voraussetzungen	Der Weg dazu
Fachkompetenz	• Kenntnisse/Werkzeuge • Professionalität	• Ausbildung (lernen, lehren)
Managementkompetenz	• Begabungen, Fähigkeiten	• Management- Development Training
Charakter- und Personale Kompetenz	• Wertebewusstsein • Persönlichkeit	• Elternhaus • Entwicklung • Förderung • Coaching
„Lebensaufgabe" (siehe Sinn: Kapitel 6)	• Sinnorientierung	Kann nur selber gefunden und entfaltet werden. (Hingabe, Passion, Glaube)

Worin unterscheidet sich der Manager vom Leader?

Zwei Beispiele möchte ich herausgreifen, um Ihnen den Wesensunterschied der unter der Rubrik personaler Kompetenz aufgezählten Eigenschaften von denen unter der Rubrik Management- und Führungsfähigkeiten aufgezählten Eigenschaften zu verdeutlichen.

Worin unterscheidet sich der Manager vom Leader? „Managers do things right – leaders do the right things", würden die Amerikaner sagen. Ein guter Manager ist der, der funktional optimiert, das heißt, eine Aufgabe mit einem Minimum an zeitlichem, finanziellem, emotionalem und sozialem Aufwand löst. Der Manager geht inkremental vor und arbeitet mit Methoden und Techniken. Der herkömmliche Manager war der Organisator des materiellen und menschlichen Potentials eines Unternehmens. Ein guter Leader ist der, der gleichzeitig auf eine personale Optimierung bedacht ist, bezogen auf Werte, Einstellungen, Interessen und Bedürfnisse von Führenden und Geführten. Er vermittelt, was Erfolg und Leistung konkret heißen und wie sie erreicht werden können. Er gibt in einer komplexen Welt Orientierung und verkörpert gelebte Einstellungen und Werte. Ein Leader ist jeder, der andere im positiven Sinne beeinflusst und zu kreativem und initiativem Handeln inspiriert. Ein guter Leader ist möglichkeitsorientiert, nicht problemorientiert, er ist auf Beziehungen und Ergebnisse konzentriert statt auf Zeit, Methoden und nackte Zahlen. Der neue Typus des Leaders ist viel mehr Vorbild und Coach seiner Mitarbeiter.

Leider ist es eine Tatsache, dass heute noch zu viele Firmen „overmanaged" sind, aber „underled". Leadership ist die Fähigkeit eines Menschen, mit sich selbst und anderen konstruktiv umgehen zu können. Management bezieht sich auf die Struktur und das Funktionale, auf die Mittel, auf die Definition von Abläufen. Management heißt analysieren und zergliedern. Management bedeutet Umsetzung, Disziplin und Ausführung. Managementkompetenz wird weitgehend systematisch vermittelt, Leadership-Eigenschaften sind das Resultat aus Anlage, Erziehung, Erfahrung und Selbstreflexion. Leadership bewirkt sinnvolle Veränderungen. Die Welt des Managements dagegen ist mehr die technische Seite einer Aufgabe, die Steuerung der Systeme. Führen ist mehr als Management und liegt auf einer Ebene, die oberhalb der Managementebene anzutreffen ist. Hier wird dem Management die Richtung, die Vision, das Ziel und damit auch die Motivation vermittelt. Führung ist die Kraft, die durch Sinnerfüllung und weitgesteckte Ziele freigesetzt wird. Führung vermittelt Ziele und Richtungsgefühl, ist eine Kompetenz, die es möglich macht, sich nicht von kurzfristigen Prioritäten dominieren zu lassen und im jeweiligen Moment eher von Werten gesteuert zu sein als vom Impuls des sogenannten dringenden Bedürfnisses. Leadership bedeutet auch, persönlich Verantwortung zu übernehmen und diese nicht in Gremien oder mit dem Verweis auf Vorschriften abzuschieben. Leadership ist mit einem hochqualifizierten Dirigenten vergleichbar. Leadership beginnt häufig dort, wo der Konsens aufhört. Hier gibt es kein Schema. Leadership kann man nicht mit einer Methode allein erlernen. Management dagegen ist lernbar, da es auf Methoden und Techniken beruht. Leadership kommt von innen heraus und hängt von subtilen und persönlichen Elementen ab.

Ein weiteres Beispiel, welches den Wesensunterschied der beiden Rubriken deutlich macht: Was wird von einer kompetenten Führungspersönlichkeit erwartet? In vielen Gesprächen bekomme ich regelmäßig zur Antwort: „Belastbarkeit". Dem Wort „Belastbarkeit" stellen wir nun das Wort „Mitleidensfähigkeit" gegenüber. Das Wort „Belastbarkeit" gehört zur Rubrik „Management", das Wort „Mitleidensfähigkeit" gehört zur Rubrik „Charakter". „Belastbarkeit" ist die Eigenschaft, derer sich gerade auch die Abgestumpften rühmen. In vielen Situationen scheinen sie auch am besten zu überleben. Mitleidensfähige Menschen sind ebenfalls belastbar, ihre Belastbarkeit äußert sich aber darin, dass sie betroffen sind und das Leiden der anderen ertragen, mittragen und mitleiden, statt es vom Tisch zu wischen. Belastbarkeit ohne Mitleidensfähigkeit leitet den Druck nur auf die „Unteren" weiter. Langfristige eigene Entlastung geschieht übrigens gerade nicht durch Verdrängen und Abdelegieren, sondern durch ein wahrnehmbares Betroffensein gegenüber den Betroffenen.

Ein ausgewogenes Verhältnis von Managementfähigkeiten und Charaktereigenschaften bewirkt den erstrebenswerten Führungsstil für morgen. Wir können uns auch keinen Führungsstil leisten, der Leistung erwartet, aber auf Persönlichkeit keinen gesteigerten Wert legt. Wir können uns ebenso keinen Führungsstil leisten, der zwar eine freundliche Atmosphäre beinhaltet, der aber die Leistung gering schätzt.

Kann man den Charakter verändern?

Wenn wir nun eine bedeutungsvolle Tür öffnen wollen, dann ist der Charakter der Schlüssel zu dieser Tür, auf die alles vorher Gesagte bereits hingewiesen hat.

Friedrich der Große warnte bereits im 18. Jahrhundert: „Wer in das Getriebe der großen europäischen Politik hineingerissen wird, für den ist es schwer, seinen Charakter lauter und ehrlich zu bewahren. Immerfort schwebt er in Gefahr, von seinen Verbündeten verraten, von seinen Freunden im Stich gelassen, von Neid und Eifersucht erdrückt zu werden ...“

Das Wort „Charakter“ ist eigentlich wertneutral. Im Duden heißt es: „Kennzeichnendes Merkmal“ oder „dem Menschen eingeprägte, innere Form“. Wörtlich aus dem Griechischen: „Das Eingeritzte“. Seit dem 17. Jahrhundert wird dieses Merkmal auf das sittliche Verhalten des Menschen übertragen. Der Schweizer Unternehmensberater und Psychotherapeut Philipp Johner sagt: „Charakter ist das, was wir tun, wenn es niemand sieht.“

„Das Eingeritzte“ klingt wie unveränderbar. Man sagt, dass der Mensch durch seine Erbanlage und durch das Umfeld bestimmt wird. Man sagt auch, dass der Charakter eben die Mischung aus beidem sei. Wir müssen uns gegen diese Definition wehren, denn sie vermittelt uns den Eindruck, als sei der Charakter etwas Unveränderbares. Wir wären ihm so ausgeliefert und könnten uns dann gewissermaßen entschuldigen: „Das ist nun mal mein Charakter.“ Dann kann aber auch von anderen mein Charakter wie eine unheilbare Krankheit beurteilt werden, die mich zum Outsider stempelt: „Er hat eben einen schlechten Charakter.“

Die Substanz des Charakters ist nicht so hart, dass man ihn ein Leben lang nicht mehr verändern könnte. Und doch kann die Arbeit an diesem Material sehr schwer sein, besonders wenn man älter wird. Deshalb ist die Charakterbildung gerade in jungen Jahren sehr wichtig. In der Verfassung eines deutschen Bundeslandes, Bayern, steht geschrieben: „Kinder sind das köstlichste Gut des Volkes. Die Schulen sollen nicht nur Wissen und Können vermitteln, sondern auch Herz und Charakter bilden."

Charakter ist eine veränderbare Größe und nicht einfach unser Schicksal, dem wir passiv ausgesetzt sind. Neben Erbgut, Erziehung (Kindheitserfahrungen) und Umwelt (die ökonomische und ökologische Situation) ist er am meisten geprägt durch unsere Gewohnheiten, und die kann man, wenn es auch zweifellos bisweilen sehr schwer ist, ändern. Weil wir ihn aber bisweilen gar nicht ändern wollen, reden wir uns mit den Worten: „Das ist nun mal mein Charakter" gerne heraus. Charakter ist ein Weg, eine Entwicklung, ein dynamischer Prozess. Charakter ist das, was ein Mensch langfristig ausstrahlt, nicht das, was er bisweilen vorgibt zu sein. Gewohnheiten sind die Fenster unseres Charakters. Es genügt also nicht, Gewohnheiten einfach durch andere Gewohnheiten zu ersetzen, wenn nicht zuvor die Ziele, die Vision, die Werte überprüft werden. Schlechte Gewohnheiten sind oft Ausdruck von Resignation. Man muss die Bereitschaft haben, das, was man jetzt zu wollen glaubt, dem unterzuordnen, was man später genießen will. Gerade in der Beratung von Suchtkranken geht es darum, diese Freiräume zu lokalisieren und, wenn sie auch noch so klein sind, durch Coaching systematisch zu vergrößern.

Der Ausdruck eines Charakters sind seine Prägungen, Einstellungen und Gesinnungen. Freundlichkeit, Optimismus, Loyalität, Vertrauen, Charisma, Ausstrahlung, Kritikfähigkeit und Selbstwertschätzung sind alles Attribute, die entstehen können, wenn man am Charakter arbeitet. Leider ist es so, dass die Arbeit meistens in der Jugend aufhört und die Menschen danach nur noch nach ihren Resultaten beurteilt und abgeurteilt werden, statt ihnen zeitlebens echte Möglichkeiten zur Weiterentwicklung, Wiedergutmachung oder Rehabilitation zu geben, zum Verändern der Verhaltensweisen und zur Chance eines Neubeginns.

Charakter ist der ethische Wert, den wir unseren Entscheidungen und unseren Beziehungen zu anderen zumessen. Charakter konzentriert sich auch auf den langfristigen Aspekt unserer emotionalen Situation. Charakter hat etwas mit Treue und gegenseitigen Verpflichtungen zu tun, Charakter hat etwas mit der Verfolgung langfristiger Ziele zu tun.

Ratgeber, Psychologen, Freunde neigen gerne dazu, ihr Gegenüber zu entlasten, indem sie die Ursachen schlechter Erlebnisse, Unwohlsein und zu kurz Kommen, Charaktereigenschaften auf die Umstände, auf die Vergangenheit, auf die Umwelt, auf die Eltern, auf das Wetter etc. abschieben. Sie wollen es dem Freund oder Klienten leicht machen, machen ihm es aber in Wirklichkeit schwerer. Wenn sie ihm so sein Bewusstsein für seine Eigenverantwortlichkeit durchlöchern, berauben sie ihn jedes Mal um ein Stück seiner persönlichen Freiheit. Ein Mensch, der die Eigenverantwortung für sein Handeln und Tun nicht begriffen hat, hat Freiheit nicht begriffen. Das Opfersystem der Psychologen läuft nach dem Muster: Der Reiz (Stimulus) verursacht die innere Reaktion (Fühlen, Denken). Diese bewirkt dann die äußere Reaktion (Handeln). Inmitten dieses geschlossenen Kreislaufes bleibt das „Ich" gefangen. Entscheidungen, die das unfreie „Ich" nach diesem Reizablauf fällt, sind nicht souverän, sind nicht langfristig und nicht tragfähig, weil sie aus Affekten und Reizen abgeleitet werden.[44]

Man ist doch dem oben gezeichneten Kreislauf nicht einfach ausgeliefert! Jeder Mensch besitzt die Fähigkeit zur Deutung und zur Interpretation der Reizauslöser, wenn er es will. Diejenigen, die ihre Fähigkeit dazu aus Bequemlichkeit nicht wahrnehmen, kommen aus der Opferrolle nicht heraus. In welche Richtung diese Deutung vollzogen wird, hängt von den persönlichen Werten des Einzelnen ab. Die Werte bestimmen unsere Interpretation. Wer im Augenblick des Reizes seine Möglichkeit zur Deutung wahrnimmt und gemäß seiner Erkenntnis über sein Handeln entscheidet, hat persönliche Verantwortung bewiesen und persönliche Freiheit wahrgenommen. Was gibt ihm die Kraft, an seinen Entscheidungen auch festzuhalten? Das, was er an langfristigen Perspektiven und Werten hat. Wer keine langfristigen Ziele hat, wird bei den kurzfristigen Entscheidungen sich nicht besonders Mühe geben wollen. Es stellt sich immer die Frage, welche Spuren man hinterlassen will, welchen Zweck man erfüllen will? Möchte man seiner Umgebung ein „value added" sein oder ist einem das egal? Natürlich kann man nicht immer steuern, was einem passiert, aber man kann Einfluss darauf nehmen, wie man reagiert.[45]

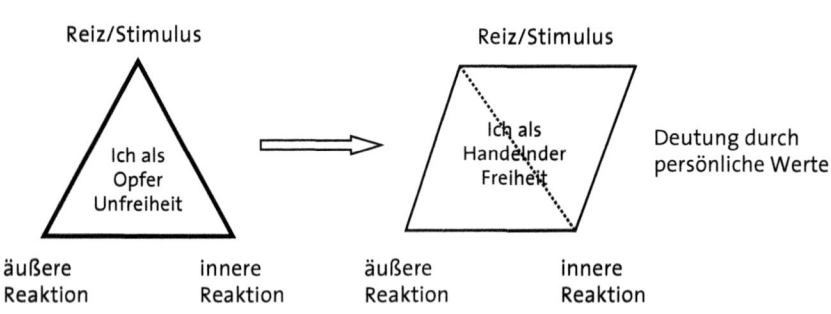

Abbildung 4: Von der Opferrolle zur Eigenverantwortung

Charakterveränderungen beginnen nicht bei den Umständen, sondern bei uns selbst. Veränderungen geschehen von innen nach außen.

Ich kann anders sein, wahrhaftiger, freundlicher, sorgfältiger, kooperativer und interessierter. *Ich* beginne, Versprechen zu halten, *ich* arbeite an meinem Einflussbereich, *ich* entscheide mich, auf Rechtfertigungen zu verzichten, *ich* entscheide mich, zu verstehen statt zu richten, *ich* höre auf, destruktive Dinge zu sagen, *ich* löse mich von der Einstellung, dass es sowieso keinen Wert habe ... etc. Die Arbeit an mir selbst entdecke ich als die wichtigste Art der Einflussnahme.

Die Voraussetzung für eine positive Veränderung des Charakters ist die Bereitschaft zur Selbsterkenntnis. Das wiederum hat etwas mit innerer Arbeit zu tun, die anstrengend und durchaus schmerzhaft sein kann, und es gehört Mut dazu.

Die Voraussetzung für eine positive Veränderung ist also die Erkenntnis, dass jede Veränderung der anderen und der Umstände bei mir selbst anfängt. Manchmal kann eine Liste helfen, auf der wir all die Punkte aufschreiben, die wir ändern, erneuern oder festigen möchten. Die durch die folgende Frageliste aufgeworfenen Fragen sollten idealerweise mit einem Coach oder einer Person des Vertrauens erörtert werden.

Übung

(regelmäßige Bestandsaufnahme in größeren Abständen)

Motive
Welche Motive liegen meinen Verhaltensweisen zugrunde? Welche Antriebe bestimmen mich? Macht? Freiheit? Neugierde? Anerkennung? Ordnung? Angst? Geiz? Besitz? Sicherheit? Minderwertigkeit? Libido? Sinn? Geborgenheit? Ruhe? Fürsorge? Ansehen? Macht? Rache?

Ziele
• Welches sind meine Nah- und Fernziele im beruflichen und persönlichen Bereich?
• Welches sind meine Bilder und Vorbilder?

Führung
- Wie führe ich meine direkten Mitarbeiter?
- Warum führe ich sie so und nicht anders?
- Erfülle ich selbst jene Anforderungen, die ich von ihnen fordere?
- Ist das (schlechte?) Arbeitsklima die Ursache oder die Folge meines Führungsverhaltens?
- Erkenne ich den Balken im eigenen Auge oder nur die Splitter in den Augen der anderen?
- Wie würde ich reagieren, wenn ich einen Vorgesetzten hätte, wie ich selbst einer bin?
- Wie viel bedeutet mir mein persönlicher Einfluss?
- Wie gestaltet sich mein persönlicher Umgang mit Vorgesetzten?
- Kann ich Menschen unabhängig von ihrer Situation schätzen?

Gewissen
- Welche Rolle spielt mein Gewissen in meinem Alltag?
- In welchen Bereichen bin ich abgestumpft und habe früher sensibler empfunden?
- Wie ist meine Sprache? (Wie ein Mensch spricht, so ist er.)
- Kann ich für die Wahrheit und für das Recht eines anderen eintreten, wenn ich keinen persönlichen Vorteil daraus ziehe?
- Prostituiere ich mich? Das heißt: Tue ich Dinge, die ich eigentlich gar nicht tun will, für Leute, die ich eigentlich gar nicht mag?

Geld
- Wie denke ich über Geld?
- Ist Reichtum für mich das wichtigste Ziel meines beruflichen Strebens oder eine Notwendigkeit zum Leben?
- Welche Bedeutung haben materielle und monetäre Werte in meiner eigenen Werterangordnung?
- Wie viel an innerer Freiheit, an zwischenmenschlichen Beziehungen und an gutem Gewissen bin ich bereit zu opfern, um mehr Geld zu verdienen?
- Welchen Umgang pflege ich mit fremdem Vermögen?

Persönliche Niederlagen
Bin ich vorbereitet:
- einen Erfolg hinzunehmen, ohne überheblich zu werden?
- einen Misserfolg zu erleben, ohne mich entmutigen zu lassen?
- eine Kritik zu ertragen, ohne beleidigt zu sein?

- ungerechtfertigte Verleumdung auf mich zu nehmen und richtig darauf zu reagieren?
- eine Wahrheit anzuerkennen, auch wenn sie meinem „System" widerspricht?
- den Verlust meines Besitzes hinzunehmen, ohne zu klagen?
- den Verlust meiner Arbeit zu erleben, ohne damit meinen Lebenssinn einzubüßen?
- den Verlust meiner Gesundheit durchzustehen, ohne die Geduld zu verlieren?
- den Verlust meiner nächsten Angehörigen zu ertragen, ohne zu verzweifeln?
- Schmerzen zu erdulden?
- Einsamkeit zu gestalten?

Die letzte Frage
- Bin ich vorbereitet zu sterben?
- Was würde ich tun, wenn ich nur noch einen Monat zu leben hätte?
- Was ist meine Lebensaufgabe, habe ich sie erkannt, lebe ich danach?
- Was habe ich Bleibendes geschaffen?
- Kann ich die Frage nach dem Sinn meines Lebens und Leidens beantworten?

Übung
(Regelmäßige Bestandsaufnahme in kürzeren Abständen)

Zeit und Freizeit
- Habe ich meine Zeit sinnvoll ausgefüllt?
- Habe ich fruchtlos über die Vergangenheit gegrübelt (hätte ich doch ..., wäre ich doch ...)
- Habe ich etwas gelesen, was mich selbst fördert?
- Habe ich mich mit einem Wert beschäftigt? (Mit welchem?)
- Habe ich für einen anderen Zeit gehabt?

Beziehungen zu anderen Menschen
- Erkennen andere meine Werte?
- Habe ich zugehört, was ein anderer zu mir sagte?
- Habe ich sein Vertrauen geweckt? Bewahrt? Gerechtfertigt?

- Habe ich eine Hoffnung oder Freude ausgelöst?
- Haben meine Kinder durch mich Freude erfahren?
- Habe ich ein Kind betrübt? Beschimpft? Zu sehr verwöhnt?
- Habe ich mich von Affekten überrennen lassen?
- Bin ich gelassen, ruhig und freundlich geblieben?
- Habe ich mich dankbar erwiesen?
- Habe ich andere oder mich selbst geärgert?
- Habe ich gestritten?
- Habe ich die Unwahrheit gesagt?
- Habe ich übertrieben?
- Habe ich aus Bequemlichkeit oder Feigheit geschwiegen?
- Habe ich jemandem Vorwürfe gemacht?
- Habe ich lieblos getadelt?
- Habe ich hinter dem Rücken geredet?
- Habe ich integriert?
- Habe ich zu wenig Rücksicht genommen?
- Habe ich zu viel Rücksicht genommen?
- Habe ich mich zu schnell von der Meinung anderer abhängig gemacht?
- War ich zu unentschlossen?
- War ich zu nachgiebig?
- Habe ich abgelehnt, statt richtigerweise ja zu sagen?
- Habe ich zugesagt, statt richtigerweise nein zu sagen?

8. Kapitel: Ethik

Ich habe Erfolg – warum brauche ich Ethik?

Wir brauchen ein tieferes Verständnis dafür, dass unser unternehmerisches Tun nicht wertneutral ist. Es gibt weder eine ethikneutrale Wirtschaft, noch eine ökonomiefreie Ethik.

Keiner, der eine wichtige Stellung in Wirtschaft und Gesellschaft einnimmt, darf sich um die Frage drücken, weil sie sozusagen nicht zu seinem „Ressort" zählt. Die Beschäftigung mit diesen Fragen gehört grundsätzlich in den Verantwortungsbereich eines jeden Menschen.

Die neue verhängnisvolle Ethik zweiter Ordnung

Das Gefangensein in einer Ethik, die der Markt selbst vorgibt, stellt für mich eine Ethik „zweiter Ordnung" dar und erlaubt nur das Träumen von einer Zukunft, die nicht länger als bis morgen dauert. Die Ethik zweiter Ordnung erfüllt immer nur unsere spontanen egoistischen Wünsche, eine Rahmenethik dagegen hinterfragt unsere Wünsche und Ziele. Ethik muss uns den Weg zeigen und nicht umgekehrt wir der Ethik den Weg. Nicht der Erfolg macht die Ethik, sondern die Ethik macht den Erfolg, nicht der Markt prägt die Ethik, sondern die Ethik prägt den Markt. Wer nach seinen Werten leben kann, der hat ein anderes Verhältnis zu seinem Erfolg als der, der das Ziel seines Erfolgs mit Ethik garnieren will. Echte Ethik sagt: Was ethisch richtig ist, kann niemals langfristig unternehmerisch falsch sein, und was ethisch falsch ist, kann niemals unternehmerisch langfristig richtig sein. Die Ethik „zweiter Ordnung" bezieht sich nicht auf Ziele, sondern auf Mittel. Es läuft nach der Spielregel: „Je besser etwas funktioniert, desto ethischer ist es." Plötzlich zählen nur noch die ökonomischen Maßstäbe. Der Gewinn wird zum „Guten", das die Menschheit spätestens seit Platon sucht, zum neuzeitlichen Begriff des Edlen. Ehe wir uns versehen, verändern sich unmerklich unsere Maßstäbe und machen uns plötzlich blind für andere Maßstäbe, die vorher selbstverständlich, grundlegend und bedeutungsvoll waren.

Die Ethik zweiter Ordnung ist wie ein Kurzstreckenfahrschein, der sich auf die Perfektion von Teilzielen und Mitteln bezieht, auf Techniken oder Methoden, und sie repräsentiert den Zeitgeist der immer perfekteren Mittel und der immer verworreneren Ziele.

Ähnlich der Ethik zweiter Ordnung (man möchte sogar sagen „zweiter Wahl") ist das Gesicht der Image-Ethik: Es gibt ein weitverbreitetes Denken, das Ethik als willkommenes Werkzeug innerhalb eines ganzheitlichen Marketingkonzeptes sieht. Dieses Denken ist ebenso gefährlich, weil es Ethik von einer ihr gebührenden Rahmenordnung hin zu einer manipulierbaren Masse degradiert. So ist der Markt voll von Büchern, die Tipps zum Erfolg geben. Ethik als Tipp für Erfolg, als Marketinginstrument zur Imageverbesserung, ist besonders beliebt. Dabei wird Ethik allerdings in die Kategorie „Management by ..." eingereiht, wobei das Wesentliche aber unter den Tisch fällt. Ethik wird so zu einer von vielen Methoden der Effizienzsteigerung herabgestuft, wird degradiert zu einer „Technik zur besseren Bewältigung menschlichen Miteinanders", nicht selten aber im Dienst egoistischer Ziele. Auf diese Weise wird die Ethik auch zum Mittel der Manipulation: Man gewinnt das Vertrauen anderer durch Vortäuschung von Werten und Harmonie. Schauen wir uns nur die vielen netten Gesichter auf den Hochglanzprospekten der Unternehmen an. Diese Ethik vermittelt nach dem Schema „Management by" die Illusion der schnellen Lösung, indem man etwas managen kann, statt es zu leben. Echte Ethik ist demgegenüber unabhängig davon. Sie hinterfragt auch das Effizienzsteigerungsprinzip und will Wegbereiter zu tieferem, fundamentalerem Denken sein, welches in Beziehung zur menschlichen Natur steht.

Wirkliche Unternehmensethik beschäftigt sich damit, welche Werte gegebenenfalls kostbarer einzuschätzen sind als der Wert des unternehmerischen Erfolges. Wirkliche Unternehmensethik ist Leitlinie und nicht Instrument unserer Ziele. Sie sagt: Nicht der Markt prägt die Ethik, sondern die Ethik prägt den Markt.

Im persönlichen Leben unglücklicher Manager beginnt Hoffnung immer dann zu wachsen, wenn diese sich von kleinen Teilzielen verabschieden, die sich immer nur auf die Perfektionierung der Mittel beziehen; wenn sie beginnen, sich darüber Gedanken zu machen, ob sie ein grundlegendes Ziel haben, und wenn sie aufhören, an den Blättern ihrer Verhaltensweisen zu zupfen und die Arbeit an der Wurzel aufnehmen. Viele von ihnen haben die Nase voll von den banalen Tipps der „Management by ...", sie haben überhaupt genug von ihrem erfolgreichen Managen. Die meisten haben erfolgreich gemanagt, aber sie wissen nicht, wofür, wohin und wozu sie so erfolgreich gearbeitet haben. Sie wollen ihre grundlegenden Lebensprobleme lösen, wollen wissen, wohin die Reise geht, sie wollen wissen, was sie an Bleibendem hinterlassen, für wen sie sich aufopfern. Sie interessiert mehr das Ziel der Reise, als die Frage, wie sie dort hinkommen. Sie suchen nach Werten, denen sie sich anvertrauen können.

Lebendige Ethik wächst aus der persönlichen Beunruhigung

Die personale Ethik, die sich im Gewissen des Einzelnen äußert und dort ihren Ursprung hat, muss letztlich Grundlage jeder Ethik sein, will sie dem Anspruch auf Glaubwürdigkeit standhalten. Gewissensfähigkeit ist das Verbindungsglied zwischen den Werten und unseren Zielen, Ressourcen und Begabungen.

In unserer Erziehung haben wir von der Bedeutung des Gewissens erfahren. Es ist diese Stimme, die uns in unserem Inneren mitteilt, was Gut und Böse ist, und die Signale setzt, was wir zu tun haben oder lassen sollen.

Aber angesichts unserer Subjektivität erweist sich das Gewissen als sehr verletzbares, manipulierbares Organ. Was wir für richtig halten, muss noch lange nicht objektiv richtig sein. Natürlich besteht dieses Dilemma. Trotzdem können wir es nicht als Alibi nehmen und uns auf diese Weise aus der Verantwortung stehlen. Trotz aller Gewalt, die man dem Gewissen antun kann, bleibt es immer noch die Grundlage aller ethischen Überlegungen, solange der Mensch seine persönliche Würde nicht mit Füßen tritt. Es ist doch erstaunlich, dass gewisse Werte in allen Kulturen oder sozialen Schichten bestehen und vorgegeben sind, wenn auch in ganz unterschiedlichen Ausprägungen: Das Wissen, dass man nicht töten soll, das Erkennen von Wahrheit und Lüge, das Gefühl von Gerechtigkeit, das Gefühl davon, dass böse Taten nicht ohne Konsequenzen hingenommen werden dürfen, der Wert der Fairness.

Diese und andere Werte sind die Landkarten auf dem manchmal unwegsamen Territorium unseres Lebens. Wir können nicht einfach das Gewissen mit dem Argument beiseite schieben, es sei ja sowieso subjektiv.

Aber wie können wir unser Gewissen intakt halten oder wieder intakt bekommen? Der beste Weg zum intakten Gewissen ist die Fähigkeit zur Selbsterkenntnis und zur Demut, denn wer sich selbst erkennt, wird sich seiner Begrenztheit auch in Bezug auf seine Fähigkeit, ethisch zu denken, bewusst. Wie aber können wir am besten ethischen Werten zu ihrem Recht verhelfen?

Autorität und Verordnungen helfen nicht unbedingt weiter. Nichts hat nämlich Menschen mehr verletzt als eine autoritär übergestülpte Ethik. Auch müssen wir die Frage zulassen, ob es in unserer Gesellschaft überhaupt noch ein genügend ausgeprägtes Reservoir an Verantwortungsgefühl für die Gemeinschaft gibt, das wieder aktiviert werden könnte.

Der Weg hin zu einer glaubwürdigen Ethik ist vorgezeichnet: Ethik erweist sich nicht als verfügbar, sondern muss tastend ergriffen werden. Dieses Dilemma darf auch kommuniziert werden.

Das Bedürfnis nach Ethik ist kein körperliches oder psychisches Bedürfnis und beruht auch nicht auf dem Lustprinzip. „Ethik setzt ein persönliches Engagement voraus, eine Beunruhigung, eine Fragebereitschaft, den Willen zur Veränderung."[46] Diese Haltung müssen wir durch unsere Persönlichkeit transportieren, damit sie andere ansteckt. Der Weg zu einer glaubwürdigen Ethik ist nicht nur durch Demut, sondern auch durch ein klares persönliches Wollen vorgeebnet.

Ethik ist nicht von einigen Spezialisten gepachtet. Jeder Mensch hat die Fähigkeit in sich, Werte zu wollen und zu erfahren. Wir finden dann einen besonderen und tragfähigen Zugang zur Ethik, wenn wir sie nicht in erster Linie als Festlegen von äußeren Spielregeln verstehen, sondern ihre Bedeutung mehr auf der Ebene der *Motivation* entdecken und wahrnehmen. Es geht um das innere Konzept, es geht um eine Neubesinnung, vielleicht auch um eine persönliche Erschütterung.

Ethik heißt: Ehrfurcht vor dem anderen Menschen. „In einer Gesellschaft, in der die enge Verfolgung des eigenen materiellen Interesses die Norm darstellt, ist der Übergang zu einem ethischen Standpunkt etwas wesentlich Radikaleres, als viele meinen. Eine ethische Lebenseinstellung wird vieles verändern, allem voran unser Verständnis für Prioritäten und unseren Lebensstil. Unsere Zielsetzungen werden sich verschieben. Der Konflikt zwischen Ethik und Eigeninteresse wäre erkennbar überwunden. Wir müssen einen ersten Schritt tun, wir müssen den Gedanken, ein ethisches Leben zu leben, zu einer realistischen und tragfähigen Alternative zur heutigen materialistischen Selbstsucht machen."[47]

Die Herausforderung besteht in der Integration von Ethik und Erfolg als unternehmerischer Herausforderung. Unternehmensethik muss also die Grundlage unseres unternehmerischen Denkens sein. Sie symbolisiert die Verantwortung, die jeder persönlich hat. Ein Mensch, der Verantwortung trägt, wird auch in der Lage sein, Widerstand zu leisten, wenn der Markt zum Beispiel zum Verschwenden statt zum Sparen Anreize gibt, wenn der Markt eine Entlassung von Mitarbeitern betriebswirtschaftlich kostengünstiger nennt als die Erprobung neuer Modelle der Umverteilung von Arbeit. Menschen mit unternehmensethischem Bewusstsein verstehen die Integration von Ethik und Erfolg als unternehmerische Herausforderung. Diese Menschen brauchen wir. Diese Menschen müssen gesucht, angesprochen und ermutigt werden.

Ethik als bewusste Lebenseinstellung

Das Emnid Meinungsforschungsinstitut in Bielefeld befragte 1997 in einer Umfrage 1.200 Deutsche nach ihren wichtigsten Werten und kam auf folgendes Ergebnis, nachdem die Befragten einige Wertebegriffe (Ehrlichkeit, Treue, Hilfsbereitschaft, Fleiß, Streben nach Geld, Verantwortung, Pünktlichkeit, Toleranz, Zivilcourage) mit dem Auftrag vorgelegt bekamen, diese nach ihrer Priorität zu ordnen: Ganz vorne auf der Prioritätenliste standen Ehrlichkeit, Treue, Toleranz und Liebe. Auffallend ist, dass Streben nach Geld ziemlich hinten stand. Haben diese Leute angesichts der Tatsache, dass wir überall meistens mit dem Streben nach Geld konfrontiert sind, nicht ganz die Wahrheit gesagt, oder wissen alle im Grunde ihres Herzens, dass das materielle Übergewicht nicht das sein kann, wofür es sich lohnt, seine Seele zu opfern?

Zu den Anforderungen, die vom Manager in der Zukunft erwartet werden, gehört neben dem Fachwissen und den benötigten Managementeigenschaften vor allem auch seine Motivation innerhalb seines Wirtschaftens und Handelns. Diese Motivation bewirkt die Einheit eines gesamtverantwortlichen Denkens, zu dem Wissen, Managementfähigkeiten und Charakter gehören.

Wichtig ist, dass die erfolgreichen Unternehmer ihren kritischen Kindern wieder in die Augen schauen können, dass sie das, was sie im Geschäft tun, mit gutem Gewissen vor ihrer Familie, vor ihren Kindern präsentieren (weil verantworten) können, ohne in übliche Ausreden wie „das machen ja alle" oder „das ist jetzt nun einmal so" flüchten zu müssen.

Die Schlüsselworte, von denen aus wir einen neuen Weg finden, lauten: Sinn, Integrität, Lauterkeit – nicht als Anhängsel oder als Mittel zum Zweck, sondern als selbststeuerndes Prinzip, unabhängig von jeder Kosten-Nutzen-Rechnung.

Warum haben Menschen Vorbehalte gegenüber Ethik?

Besonders problematisch erweist sich, dass viele Ethik und Moral oft von der negativen Seite her aufbauen.

Im Allgemeinen formuliert die Ethik, was man nicht tun soll. Leider wird Ethik selbst nicht selten zur Mobbing-Waffe missbraucht, wenn es darum geht, aus Rache Fehler bei anderen zu suchen und diese mit eigener weißer Weste öffentlich an den Pranger zu stellen. Die meisten Steuervergehen gelangen an die Öffentlichkeit, weil aus Rache anonyme Anzeigen gemacht werden, um via Moral persönliche Feinde aus dem Weg zu schaffen. Dieser Rachegeist hat den Ruf der Ethik belastet. Viele Menschen sind darum geneigt, das Thema Ethik mit heuchlerischen Kirchgängern in Verbindung zu bringen, die das Gebet des Selbstgerechten beten: „Mein Gott, danke, dass ich nicht so bin wie der da."

Umsetzung von Ethik im privaten und beruflichen Alltag

Die besten Erkenntnisse nutzen nichts, wenn man sich nicht Gedanken darüber macht, welche Wege der Umsetzung es gibt. Das Leben der Arbeitnehmer, besonders auf den mittleren und oberen Stufen, besteht zum größten Teil aus ihrem Berufsleben. Die oberste Leitungsebene einer Unternehmung ist deshalb dafür verantwortlich, wie das Anforderungs- und Charakterprofil der Führenden aussehen soll und welche Leute im Unternehmen Karriere machen sollen. Es braucht eine Unternehmensführung, welche bereit ist, ihr Wertesystem so zu orientieren und praktisch zu installieren, dass es auch dem Plädoyer ihrer Festvorträge standhält. Es braucht eine größtmögliche Übereinstimmung von Leitbild und Realität.

Die Umsetzung von Unternehmensethik dagegen ist keine Chefsache, sie muss auf allen Ebenen praktiziert werden. Allerdings wird sie stecken bleiben, wenn die geeigneten Kriterien für Entscheidungsprozesse nicht von der höchsten Stufe der Unternehmenshierarchie internalisiert und vor allem glaubwürdig vorgelebt werden.

Wir brauchen ein Leben von Wort und Tat, welches die Privatisierung des Gewissens ausschließt.

Unternehmensethik kann nur in dem Maße kultiviert werden, wie auch gleichzeitig das Anliegen nach dem Sinn an Raum gewinnt. Wer die Sinnfrage für sich nicht geklärt hat, dem fehlt die tiefste Motivation, nach ethischen Vorgaben zu handeln. Die Wiederherstellung unserer Unternehmenskultur fängt deshalb mit der Aufarbeitung der Sinnkrise an. Deswegen ist zu empfehlen, gleichzeitig nicht nur das Unternehmensleitbild, sondern auch die Sinnfrage mit den Mitarbeitern zu diskutieren.

Nur Mitarbeiter, die in ihrer Arbeit Sinn sehen, haben auch das Rückgrat, für die Einhaltung des Unternehmensleitbildes zu kämpfen. Ich glaube, dass die Klagen über zunehmende Charakterlosigkeit bei der Führung von Unternehmen so lange im Sande verlaufen werden, wie außer Acht gelassen wird, dass eine positive Prägung des Charakters ohne die Beschäftigung mit der Sinnfrage nicht möglich ist.

Ziele sind wichtiger als Regeln

Genauso wie Unternehmensethik ohne eine Sinngrundlage keinen Bestand hat, haben auch unsere Regeln und Maßnahmen keinen Bestand, wenn wir von den Zielen nicht zutiefst überzeugt sind. Das gilt schon für die Erziehung der Kinder: Auch Eltern müssen mit ihren Kindern mehr über wertvolle Ziele und wertvolle Sinnfindung sprechen als über wertvolle Verhaltensweisen. Sie denken viel zu oft an Themen wie gutes Verhalten, Höflichkeitsformen, Fleiß, Regeln, Pünktlichkeit und Kontrolle, anstatt ihren Kindern weit ausgelegte Zukunftsperspektiven ins Herz zu legen, ihre Talente und Träume zu begleiten, Geborgenheitsgefühle zu vermitteln, bedingungslose Liebe zu schenken und Sinn zu vermitteln.

Viele Menschen beklagen, dass sie nicht genügend Disziplin haben, und versuchen, sich mit Seminaren zu disziplinieren. Das wirkliche Problem liegt nicht in der Disziplin. Disziplinlosigkeit offenbart nur, dass persönliche Lebensziele nicht tief genug verankert sind oder die Ziele nicht so begeistern können, dass man dafür eingefahrene Verhaltensmuster korrigieren würde. „Der Schlüssel liegt nicht darin, Prioritäten für das zu setzen, was auf dem Terminplan steht, sondern darin, Termine für die Prioritäten festzusetzen."[48]

9. Kapitel: Werte

Zu Beginn meiner Seminare in Unternehmen verteile ich an die anwesenden Manager kleine Kärtchen. Ich lade die einzelnen Teilnehmer darauf ein, mir in einem Wort ihren höchsten Wert im Leben festzuhalten. Bei mittlerweile über 1.000 Befragten waren die häufigsten Antworten: Familie, Wahrhaftigkeit, Vertrauen, Liebe, Loyalität, Glauben, Freundschaften, Friede, Einigkeit, Gesundheit, Erfolg, obwohl diese höchsten Werte in ihrem Geschäftsalltag gar nicht oder kaum Erwähnung finden. Nach den auf das Thema abgestimmten Vorträgen höre ich bisweilen von Einzelnen: „Sie haben genau das angesprochen, was ich im Grunde auch denke, Sie haben meine Gedanken in Worte gefasst." Aber warum wagen es so wenige, in ihrem Berufsalltag zu dem zu stehen, was sie wirklich bewegt? Warum leiden sie lieber still vor sich hin? Warum schweigen sie sich aus, warum sprechen sie sich nicht mit ihren Kollegen aus? Warum passen sie sich an?

Dieses Kapitel zieht praktische Konsequenzen aus dem bisher Gesagten. Im Kern beschäftigt es sich mit der Frage: „Welches sind wichtige Werte, an denen ich mich in meinem Leben, in meinem privaten und beruflichen Leben orientieren kann?" Sicherlich ist die Aufzählung nicht abschließend und es können für jeden Einzelnen noch diese oder jene Werte hinzukommen. Auch sind die einzelnen Werte nicht für jeden gleichbedeutend; es gibt wichtigere und weniger wichtige Werte, je nach Situation und Person. Entscheidend ist aber, dass wir uns Klarheit darüber verschaffen, welches die Fundamente unseres beruflichen Handelns sind, und diese Fundamente können wir nicht aus der Berufswelt selbst ableiten. Sie müssen vielmehr im vorberuflichen Feld unseres privaten Daseins festgelegt werden.

Freilich weiß auch der Markt – egal ob der alte oder der neue – dass für den langfristigen Geschäftserfolg mehr als nur das Geld zählt. Noch nie wurden in Stellenanzeigen so viele kreative, engagierte, teamfähige etc. „Persönlichkeiten" gesucht wie in unseren Tagen. Das liegt nicht zuletzt daran, dass in einer immer komplexeren, stärker vernetzten und sich dynamisch verändernden Geschäftswelt offenbar nur noch das persönlich gestärkte Individuum Beständigkeit, Verlässlichkeit und soziale Sicherheit im Umgang mit wirtschaftlicher Unsicherheit verspricht. Der/die Manager/-in von heute wird denn auch überschwemmt mit Angeboten zur Persönlichkeitsentwicklung: Coaching, Supervision, Trainings für Selbst- und Zeitmanagement, erfolgreiches Auftreten, gelingende Kommunikation etc.

Aber schon im 18. Jahrhundert war der Rückzug des Individuums in die Privatsphäre nur ein Versuch, die zunehmend außer Kontrolle geratenden sozialen und wirtschaftlichen Systeme von einem vermeintlich sicheren Punkt aus zu beobachten und zu steuern.[49] Sehr häufig endete dieser Versuch – wie heute auch – in einer vollständigen Trennung von Privat- und Geschäftswelt. Und schon in der damaligen Flut von Benimm-Literatur und Rollenspielen wurde klar, dass der Rückzug ins Private die große Gefahr einer Doppelmoral in sich birgt. Im Zeitalter der kommerziellen Vermarktung des Voyeurismus mag der Begriff der doppelten Moral veraltet klingen. Ich mache aber immer wieder und gerade in der Geschäftswelt die Entdeckung, dass auch der zeitgenössische Mensch ein Gespür dafür hat, was im persönlichen Bereich echt ist und was nicht. Mit der Suche nach Persönlichkeiten für Führungspositionen wird letztlich die Erwartung nach Authentizität und Echtheit auch im Berufsleben verbunden. Die Konzentration auf die eigene Person kann deshalb nur als eine Flucht nach vorne verstanden werden, die erst dann gelungen ist, wenn die privaten Werte im Beruf umgesetzt werden und nicht vor den Strategien, Taktiken und Machenschaften einer selbstverliebten Geschäftswelt haltmachen.

Als Ergebnis seiner Analyse amerikanischer Literatur vom späten 18. Jahrhundert bis heute stellt Covey fest, dass etwa seit den 20er Jahren des vergangenen Jahrhunderts die sogenannte „Image-Ethik" vorherrscht, während das 18. und 19. Jahrhundert von einer „Charakter-Ethik" dominiert waren.[50] Er plädiert dafür, die Image-Ethik hinter sich zu lassen und sich wieder mehr um echte Charakterbildung zu bekümmern. Ich kann mich seinem Urteil über die „Ent-Täuschung" und Ernüchterung innerhalb der heutigen Geschäftswelt nur anschließen:

„Immer mehr Leute verlieren langsam ihre Illusionen über die leeren Versprechungen der Image-Ethik. Während meiner Reisen und meiner Arbeit mit Organisationen stelle ich fest, dass langfristig denkende Manager nichts von Trimm-Psychologien halten, die ihnen eine Mischung von unterhaltsamen Geschichten und Plattitüden zu bieten haben. Sie wollen Substanz; sie wollen einen Prozess. Sie wollen mehr als Aspirin und Heftpflaster. Sie wollen die chronischen, grundlegenden Probleme lösen und jenen Prinzipien folgen, die langfristige Ergebnisse bringen."[51]

Ich habe diese historischen Randbemerkungen und Zitate vorangestellt, um Folgendes deutlich zu machen:

Ein auf die persönliche Charakterbildung ausgerichtetes, werteorientiertes Leben ist kein Gegensatz zu langfristigem beruflichen Erfolg, sondern dessen Voraussetzung. Freilich wird eine werteorientierte Lebensform Erfolg anders verstehen und zum Beispiel auch berufliche Misserfolge als persönliche Lernchancen und somit private Erfolge definieren. Ich bin also nicht der Auffassung, dass ein werteorientiertes Leben automatisch zu beruflichem und geschäftlichem Erfolg führt; ich bin aber umgekehrt davon überzeugt, dass langfristiger beruflicher und geschäftlicher Erfolg auf Werten basiert, die ihre Wurzeln im persönlichen Bereich haben.

Wie lese ich dieses Kapitel?

Beim Schreiben der folgenden Ausführungen habe ich mich immer wieder gefragt: Wie soll der Leser dieses Kapitel lesen? Im Gegensatz zu den vorangegangenen Kapiteln möchte ich hier weniger nach und nach einen inhaltlichen Zusammenhang entwickeln, sondern Ihnen die Gelegenheit geben, wie in einer Blütenlese einzelne, in sich geschlossene, mehr oder weniger lange Kapitel als Anregungen für das eigene Denken und Handeln zu verdauen. Jedes Unterkapitel schließt deshalb unter der Überschrift *Fragen zur Selbsteinschätzung* mit einer Reihe von Fragen ab, die die weitere Reflexion mit dem Thema aus der ganz eigenen Situation hinaus motivieren sollen. In einzelnen Unterkapiteln finden Sie zudem Übungen zur Vertiefung des Gesagten. Bei diesem Kapitel handelt es sich um eine Art Lebensbrevier für den/die Manager/-in von heute, der/die sich nicht nur theoretisch, sondern ganz praktisch mit der Umsetzung eines werteorientierten Ansatzes im eigenen Leben befassen will.

Das Merkmal eines Wertes ist das Erhabensein über die Kurzfristigkeit. Wert und Kurzfristigkeit schließen sich nach dieser Definition aus. Die neuen sogenannten Werte der nachindustriellen Gesellschaft zeichnen sich aber gerade durch Kurzfristigkeit aus. Es sind unter anderem Flexibilisierung, Mobilisierung und Globalisierung. Ihre Auswirkungen sind: Unruhe, Veränderungen, Entwicklung, lebenslange Unsicherheit. Kann man hier überhaupt von Werten sprechen oder sollten wir nicht ehrlicher ein anderes Wort dafür finden? Der Brockhaus sagt „Werte sind Beschaffenheit von

Dingen oder Sachverhalten, die sie der Hochschätzung würdig machen."[52] Welche Sachverhalte sind so beschaffen, dass sie unsere Hochschätzung verdienen?

Die in diesem Kapitel aufgeführten Werte möchte ich den neuen Werten gegenüberstellen, um auf ihre zeitübergreifende *Aktualität* hinzuweisen. Sie haben nicht nur in der nachindustriellen Gesellschaft ihre Bedeutung, sondern diese auch schon vorher gehabt, und sie werden auch noch nach der nachindustriellen Gesellschaft ihre Bedeutung haben.

Werte sind unabhängig von Gefühlen, von inneren oder äußeren Drucksituationen, unabhängig vom Verhalten anderer, von der Mode, von der Umgebung. Werte verschwinden nicht durch Krankheit, Verlust, Unwetter, Naturkatastrophen und Scheidungen, sie verblassen auch nicht mit der Zeit und können auch nicht durch Menschen, die diese Werte ignorieren oder missachten, eliminiert werden. Werte sind weder durch neue technologische Entwicklungen, durch die Globalisierung oder durch E-Mail ersetzbar.

Menschen, die Werte verinnerlicht haben, ist es möglich, über den Zeitgeist hinaus zu blicken. Diese Menschen haben die Kraft zum Widerstand und zur Zivilcourage, gegen Tendenzen anzugehen, die auf Dauer schädlich für ihre Gesellschaft sind. Die durch diese Menschen erreichte Lebensqualität ist das Resultat des Zusammenspiels von Werten und Aktivitäten. Kritisch kann man einwerfen:

Es ist kurzsichtig zu behaupten, man müsse auf die bisherigen Werte verzichten, wenn man die heute geforderte Flexibilität erfüllen will. Tatsächlich ist das Gegenteil der Fall, denn nur im abgesteckten Rahmen eines Wertesystems kann man grundsätzlich Flexibilität für veränderte Situationen entwickeln. Die christlichen Werte Glaube, Liebe und Hoffnung enthalten in sich alle wichtigen Grundlagen für erfolgreiches Denken und Tun. Nur müssen sie in unsere Zeit transponiert werden. Im jeweiligen kulturellen Kontext haben diese Werte zu allen Zeiten und unter den verschiedensten kulturellen Bedingungen Antworten auf drängende Fragen liefern können.

„Menschen können im Gegenteil den Wandel nicht verkraften, wenn sie keine Wurzel haben, wenn es in ihrem Inneren keinen unwandelbaren Kern gibt. Der Schlüssel zur Wandlungsfähigkeit liegt in einem unwandelbaren Gefühl dafür, wer wir sind, warum es uns gibt und was wir wertschätzen. Wenn wir in diesem Sinne eine Lebensaussage treffen, haben wir Voraussetzungen, mit dem Wandel zu fließen."[53]

Zeitunabhängige Grundlagen für ein erfolgreiches und positives Handeln und Arbeiten sind unter anderem Zuversicht, Freude, Vertrauen, Kommunikation, Wertschätzung, Loyalität, Wahrhaftigkeit, Glaubwürdigkeit.

Was nutzen letztendlich alle technischen Verbesserungen, wenn Ängste und Depressionen am Arbeitsplatz zunehmen? Viele gestresste Arbeitnehmer renovieren – um ein Bild zu benutzen – unter Hochdruck ihre äußere Fassade täglich neu, während sie das Innere ihres Hauses, in dem die Motivationsgrundlage für ihr Tun liegen sollte, sträflich vernachlässigen. Angesichts der Unklarheiten darüber, welchen Wert die Ordnung des „inneren Hauses" für die Führungskraft darstellt, wird es für den Einzelnen immer schwerer, sein „äußeres Haus", in dem er sich in seinem Arbeitsalltag befindet, in Ordnung zu halten. Die Sinngebung wird in den „Do-it-Yourself"-Bereich verlegt. Hier liegt der Grund, weswegen im persönlichen Bereich vermehrt Ängste, Unsicherheiten und das Gefühl eines existentiellen Vakuums wahrgenommen werden. Wenigen gelingt es, sich dies selbst und anderen gegenüber einzugestehen. Als Folge davon sind Einsamkeit und Isolation bei Führungskräften zu beobachten, die linear zu ihrer persönlichen Karriere zu wachsen scheinen. Bei erfüllter Arbeit zählt nicht allein der äußerlich sichtbare Erfolg. Die inneren Antriebskräfte lassen sich auf Dauer nicht unterdrücken.

Jeder ist für sein Handeln oder das Unterlassen einer Handlung selbst verantwortlich. Unser Verhalten ist eine Funktion unserer eigenen Entscheidungen und nicht der gegebenen Bedingungen, Umstände oder anderer Menschen. Das Merkmal unreifer Menschen ist, dass sie passiv und von den Umständen fremdbestimmt leben. Das Merkmal reifer Menschen ist, dass sie ihre Verhaltensmuster aus ihren Werten, die sie sich zum Teil erkämpfen mussten, die sie sorgfältig überlegt und ausgewählt haben, ableiten. Auch sie stehen täglich unter Zugzwängen und Beeinflussungen, aber sie reagieren nicht unreflektiert. Sie haben die Freiheit gewonnen, zwischen verschiedenen Verhaltensweisen zu wählen. Die vielen Reize, denen auch sie ausgesetzt sind, identifizieren sie und ordnen sie ein mit Hilfe ihrer persönlichen Werteskala.

So war es für mich immer tief beeindruckend, Biographien von Menschen zu lesen, die in der Art ihrer Reaktion auf widrigste Lebensumstände ihrer Nachwelt den Beweis erbracht haben, dass nichts ihre innere Freiheit rauben konnte.

Historisch gesehen steht der Wertebegriff synonym für die Tugenden, und es ist interessant, diesen auch sprachlich existierenden Zusammenhang einmal näher zu betrachten.

Im Althochdeutschen waren Werte „Tugund" von „tugan" abgeleitet. Das moderne Wort heißt „taugen". Das griechische Wort „Arete" bedeutet ursprünglich ebenfalls Tauglichkeit oder Tüchtigkeit, das lateinische Wort „Virtus" bezieht sich stärker auf die Beherrschbarkeit des Handelns zum Guten hin und hat neben dem Aspekt der Tauglichkeit auch noch den der „Mannhaftigkeit". Hier wird deutlich, dass diese Werte oder Tugenden nicht einfach vorhanden sind, sondern eine Bewusstmachung der richtigen Reaktion und ein Ausrichten auf das als richtig und gut erkannte Ziel erst entstehen muss, bevor das Verhalten darauf ausgerichtet wird.

Im Laufe der abendländischen Geschichte haben sich sieben Grundwerte oder Grundtugenden als besonders relevante und zeitlose Werte herauskristallisiert; es sind die drei theologischen Tugenden „Fides", „Spes" und „Caritas" und die vier sogenannten Kardinaltugenden „Prudentia", „Temperantia", „Fortitudo" und „Justitia".

- *Fides:* Glaube, Treue, Ehrlichkeit (Vertrauen und Offenheit); Gegensatz: *Infidelitas:* Betrug, Verrat, Untreue (Misstrauen)

- *Spes:* Hoffnung, Motivation (Überzeugung); Gegensatz: *Desperatio:* Pessimismus, Verzweiflung (negative Einstellung)

- *Caritas:* Nächstenliebe (soziale Einstellung); Gegensatz: *Invidia:* Egoismus (Geiz, Neid)

- *Temperantia:* Selbstbeherrschung (Mäßigung); Gegensatz: *Ira:* mangelnde Beherrschung, Zorn (Ungeduld)

- *Fortitudo:* Entscheidungsstärke (Tapferkeit, Stärke, Mut); Gegensatz: *Inconstantia:* Unentschiedenheit (Wankelmut)

- *Justitia:* Gerechtigkeit (Fairness); Gegensatz: *Iniustitia:* Ungerechtigkeit (Unfairness)

- *Prudentia:* Klugheit (Vernunft); Gegensatz: *Stultitia:* Unvernunft (Torheit, Eigensinn)

Wenn wir uns diese Aufstellung vor Augen halten, fällt es uns klar ins Auge, welche hohe Aktualität die sieben Grundtugenden auch heute noch im Wirtschaftsleben haben, und es fällt uns ebenso klar auf, von welchen Tugenden wir uns entfernt haben.[54]

Vergeben – Bewältigung von Verletzungen

Auf welche Art und Weise können Menschen Stressbelastungen und seelische Verletzungen bewältigen und dennoch seelisch gesund bleiben? Viele Beratungsgespräche ergaben, dass Menschen, die fähig sind, Verletzungen aller Art abzulegen und zu verzeihen, um ein vielfaches belastungsfähiger und fröhlicher sind als Menschen, die nicht gelernt haben zu verzeihen.

Das Vergeben und das Einüben des Vergebens erweist sich in der Beratung als bedeutender Schlüssel. Umso verwunderlicher ist es, dass in den wissenschaftlichen Lehrbüchern der Psychologie und auch in internationalen Psychologiezeitschriften dieser Vorgang selten erwähnt wird. Das mag damit zusammenhängen, dass die moderne Psychologie den Begriff Schuld schon vor langer Zeit aus ihrem Repertoire gestrichen hat. Wer nichts von schuldig werden weiß, ist auch nicht in der Lage, etwas vom Verzeihen zu verstehen. Indem man Menschen von der persönlichen Schuld zu schnell entlastet („Ihr seid das Opfer, Ihr seid das Produkt von den Umständen."), entwertet man sie auch, weil man sie von ihrer eigenen Verantwortung entbindet. Auch wenn das nett gemeint ist, verhindert man dadurch einen Prozess, aus welchem Menschen als gestandene Persönlichkeiten hervorgehen können. Denn nur Menschen, die sich ihrer eigenen Verantwortung für ihr eigenes Leben bewusst sind, können sich auch selbst als wertvoll betrachten. Menschen hingegen, die nicht selten durch Berater und bisweilen auch Psychologen ständig nur gehört haben, dass sie das Opfer sind und folglich nichts für ihre fehlerhaften Haltungen können, sind nie in der Lage, sich persönlich weiterzuentwickeln.

Viel zu selten wird die Möglichkeit gesehen, durch Vergeben seelische Schmerzen lindern zu können. Diese Ignorierung des Vergebens in der Psychologie und Psychotherapie ist umso erstaunlicher, als die christliche abendländische Tradition die Vergebung zur eigentlichen Kernaussage macht. „Vergebt, so wird euch vergeben" (Lk. 6, 37). „Und vergib uns unsere Schuld, wie auch wir unseren Schuldigern vergeben" (Mt. 6, 12).

Dem Thema Verzeihen wird hier darum nicht ohne Grund ein breiterer Platz eingeräumt. Unbewältigte Schuldenkonti, sei es in der Rolle des Täters oder Opfers, sind Ursache für Stagnation in vielen Bereichen des Lebens und können kostbare Jahre „wegfressen". Verzeihen zu lernen und selbst Verzeihung anzunehmen, ist als Schritt zu einer integeren Persönlichkeit viel wichtiger als viele es ahnen.

Der Umgang mit dem Verzeihen und dem Annehmen von Verzeihung erweist sich in der Praxis offenbar als äußerst anspruchsvoll. So schrieb mir ein deutscher Fürst in einem Brief: „Eine der wichtigsten Erfahrungen in meinem Leben, von der ich mir wünschte, dass ich sie früher gemacht hätte, weil sie wesentliche Veränderungen in meinem Leben bewirkt hat, ist die Erfahrung vom Verzeihen und Versöhnen. In der Begegnung mit Juden – seit 1993 – habe ich erfahren, dass belastete Beziehungen zwischen Menschen natürlich werden durch Vergebung. Das gilt auch für die Vergangenheit meiner Familie. Die Bitte um Verzeihung für Lieblosigkeit, Gleichgültigkeit und Überheblichkeit ist der erste Schritt zur Versöhnung. Seitdem ich das weiß, halte ich die Botschaft zur Versöhnung für die entscheidende Hilfe in schwierigen und von Schuld belasteten menschlichen Beziehungen."[55]

Bei Menschen, die in Führungspositionen Rat suchen, tritt oft folgendes Phänomen auf: Sie fühlen sich durch Handlungen und Worte anderer tief verletzt. Sie machen diesen Menschen Vorwürfe für das, was ihnen angetan wurde. Sie empfinden Gefühle von Bitterkeit, Ablehnung und Hass; sie sind nachtragend und rachsüchtig. Oder sie können sich selbst nicht verzeihen. Mit vergiftetem Alltag und potentiell gefährdeter Gesundheit stehen sie vor dem Berater. Die Wunden können nicht heilen, weil der Hass immer wieder in ihnen aufflammt.

Wut und Rache sind das dominierende Element vieler Klienten. „Könnte ich nur einmal denen eins auswischen, die mir soviel Leid angetan haben, die mich so entwurzelt und bloßgestellt haben, die durch meine Entlassung soviel von meinem Lebensfundament zerstört haben." Bei vielen steckt die Wut über das Erfahrene ganz tief. Das innere Karussell kreist. Sie entdecken sich tagsüber und bis nachts in Träumen, wie sie Selbstgespräche führen mit dem, der sie so verletzt hat. Rachepläne beschäftigen sie, zu deren Umsetzung sie jedoch nicht im Stande sind, und während diese beispielsweise in Afrika vielmehr nach außen ausgelebt werden, frisst sich die ganze Aggression in unseren Breitengraden nach innen und rumort und schwelt, bis eine Reihe von Menschen sich mehr und mehr mit Suizidgedanken beschäftigt und nicht selten den Versuch unternimmt, diesen letzten Schritt auch zu tun.

Es gibt zwei Arten zum „Frieden" zu kommen. Der erste Weg ist die Rache. Dieser Weg bringt einem selbst zwar das vorübergehende Gefühl der Befriedigung, treibt aber das Schwungrad eines unheilvollen Kreislaufes weiter an.

Das ist das Prinzip „Auge um Auge, Zahn um Zahn", das in der ganzen Welt herrscht.

Der zweite Weg ist der Weg des Verzeihens. Verzeihen ist schwer. Aber man durchbricht den Kreislauf, dass ein Unrecht wieder das nächste gebiert, und die Genugtuung, die man durch diese Unterbrrchung erhält, hat eine andere Qualität als die Genugtuung, die man durch Rache oder Schadenfreude findet.

Die bekannte Psychologin Pumla Gobodo-Madikizela war eine der Verantwortlichen der südafrikanischen Wahrheitsfindungskommission. Nach dem Ende der Apartheid moderierte sie den Austausch von Opfern und Tätern des rassistischen Regimes. In einem Spiegel-Interview beschreibt sie die Arbeit ihrer Kommission, die keine Konkurrenz zur Gerichtsbarkeit darstellt, aber die eine weitaus höhere Akzeptanz in der Bevölkerung genießt als die Gerichtshöfe.[56] Letztlich ist es unter anderem der erfolgreichen Arbeit dieser Kommission zu verdanken und dem Vorbild Nelson Mandela, dass in Südafrika der von vielen erwartete blutige Bürgerkrieg weitgehend ausblieb. Die Kommission bringt Opfer und Täter zusammen. Sie unterstützt den Prozess, dass der Täter einen Weg finden muss, das Opfer um Verzeihung zu bitten und das Opfer ermutigt wird, dem Täter zu verzeihen. Im Jahre 1997 befragte sie viele Sitzungen lang Eugene de Kock, der für seine Verbrechen als Chef des Todeskommandos mit über 200 Jahren Haft bestraft wurde.[57] Zitat aus dem Interview: „Wer vergibt, befreit sich von Hassgefühlen. Und zugleich öffnet er die Tür zu einer Beziehung zum Täter als einem anderen menschlichen Wesen." Bezugnehmend auf de Kock sagt sie: „Ich hatte vorher mit den Witwen zweier Männer gesprochen, die er ermordet hatte. Sie hatten mit de Kock gesprochen und ihm dann verziehen ... Gerichte ermutigen Menschen, ihre Schuld zu bestreiten. Die Wahrheitskommission lädt sie ein, die Wahrheit zu sagen. Vor Gericht werden Schuldige bestraft, in der Wahrheitskommission werden Reuige belohnt ... Reue ist ein Teil des Heilungsprozesses. In der Wahrheitskommission hat sich immer wieder gezeigt, dass sich ein Verhältnis von Hass und Misstrauen wandeln kann zu einem echten Dialog … Wenn die Täter um Verzeihung bitten, dann bitten sie um etwas, dass nur ihre Opfer ihnen geben können. Es ist paradox: Nun ist plötzlich der Täter der Verletzte, und das Opfer entscheidet, ob es dem Täter die Hand reicht … Wer sagt: ‚Ich vergebe dir‘, der sagt damit vor allem: ‚Ich bin fähig zu leben, ohne länger an Dich gefesselt zu sein, ohne dass Du länger Hass in mir weckst.‘ Wer vergibt, der befreit sich von Hassgefühlen. Und zugleich öffnet er die Tür zu einer Beziehung zum Täter als einem anderen menschlichen Wesen.“

Als ich vor Jahren einen Vortrag hielt, stürzte ein offenbar verrückt gewordener, kräftiger Mann aus der Zuschauermenge nach vorne und griff mich an, indem er mir drei tiefe Bisswunden zufügte und dann wegrannte mit dem Satz: „Ich möchte Sie aus dem Weg schaffen, ich bin HIV-positiv.“ Voller Groll ging ich an diesem Abend nach Hause und war nicht fähig, den Groll abzulegen, da ich über längere Zeit der Arbeit fern bleiben musste. Ein Jahr später traf ich ihn plötzlich wieder auf dem Theaterplatz in Basel. Er war durch seine Krankheit sichtlich gezeichnet. Wir gingen aufeinander zu und wir umarmten uns, und das Verzeihen war wie eine große unausgesprochene Kraft zwischen uns. Ich habe dieses Erlebnis bis heute nicht vergessen. Kurze Zeit nach dieser Begegnung ist er gestorben, wie ich hörte, sehr friedlich.

Das sind gute Erlebnisse. Die ernüchternde Seite ist aber genauso präsent: Viele wollen nicht verzeihen. In der Theorie bejahen viele die Vergebung, lehnen aber in der Praxis deren Konsequenzen ab. Wie bereitwillig und zustimmend wird in der Umgebung genickt, wenn man sich wohldosiert im Kreis der Kollegen über die charakterlichen Fehlleistungen des anderen, der einen verletzt hat, ausspricht. Es besteht also beim näheren Hinsehen bei vielen gar nicht der ernsthafte Wunsch zum Verzeihen.

Es gibt aber auch eine Reihe von Klienten, die wollen verzeihen und können nicht. Sie schaffen es nicht, aus dem Räderwerk ihrer Gedanken auszusteigen. Man kann diese Menschen zum Verzeihen nicht zwingen, und der Prozess des Verzeihens kann Jahre dauern.

Vor einiger Zeit stellte man mir einen Mann gegenüber, zitternd, von Schweißausbrüchen gebadet, aufgedunsen, stotternd. Neben ihm sein ehemaliger Arbeitgeber, ein Arzt, eine Psychologin und ein Sozialarbeiter. Er hatte einen missglückten Suizidversuch unternommen, nachdem er seine Arbeitsstelle und seine Partnerin verloren hatte. Ich wurde gefragt, ob ich seine Begleitung übernehmen könnte. Als Verkaufsleiter in einer Branche, die unter großem Druck steht, wurde ihm von seiner Firma ein Verkaufsziel gesetzt, das er nicht erreichen konnte. In der gleichen Zeit wurde er mit der Drohung seiner Frau konfrontiert, dass sie ihn verlassen würde, falls er noch mehr zu arbeiten gedenke. Eine Sackgasse lag vor ihm.

In den darauffolgenden Jahren begegneten wir uns fast jeden Tag. Er verarbeitete seine Aggressionen in der Anfangsphase nach innen, bis er bei einer Selbstanklage angelangt war, die ihn zerstören wollte und seinen Selbstwert restlos vertilgte, so dass er tatsächlich versuchte, sich umzubringen. Erst die Bereitschaft zum Verzeihen öffnete ihm allmählich den Horizont für Neues.

Bei einem anderen Klienten fiel die Reaktion ganz anders aus. Er war so mit Wut und Racheplänen gefüllt, dass er mir nach einem meiner Vorträge seinen geladenen Revolver zeigte, mit dem er einige namentlich aufgezählte Versicherungsdirektoren in der folgenden Woche umbringen wollte. Nach einem schweren Verkehrsunfall, welcher seine Lebensgefährtin lebenslänglich zur Invalidin werden ließ, versuchte er vergeblich, die drei involvierten Versicherungen zum Zahlen zu bewegen. Ich alarmierte in der gleichen Nacht die betroffenen Versicherungen. Nach drei Tagen kam ein Gespräch mit der oberen Versicherungsleitung zustande, welches eine sofortige Zahlung zur Folge hatte, auf die der Klient zuvor Jahre vergeblich gewartet hatte. Auch wenn in diesem Falle eine glückliche Lösung eintrat, verzehrte sich dieser Mensch über Jahre mit Rache- und Wutgefühlen bis zu Mordplänen und verlor durch die verständliche Unfähigkeit loszulassen kostbarste Jahre seines Lebens.

Was ist Vergeben?

Vergeben bedeutet ein Entschuldigen, Freigeben, Loslassen oder auch Begnadigen. Das Ereignis wird nicht aufgerechnet, sondern als abgeschlossen angesehen, auch wenn man sich an das Geschehene durchaus erinnern kann. Dabei ist es nicht unbedingt notwendig, dass der andere physisch anwesend ist (vielleicht ist er gestorben). Es ist auch nicht unbedingt nötig, dass der andere um Entschuldigung bittet. Vielleicht wird der andere sein Leben lang nie das Gefühl haben, etwas falsch gemacht zu haben. Entscheidend ist, dass man dem anderen „innerlich" vergibt. So ist das Verzeihen das Durchbrechen des unheilvollen Kreislaufes von „Auge um Auge, Zahn um Zahn". Solange man nicht verzeihen kann, klebt man an dem, der einem Unrecht getan hat, und kommt nicht von ihm los.

Vergeben ist ein seelischer Vorgang der Bewältigung. Bei dem Vergebenden und dem Empfänger der Vergebung tritt hierdurch sehr oft seelische Ausgeglichenheit ein. Hass, Anklage und Schuldgefühle werden gemindert.

In der griechischen Überlieferung des Neuen Testamentes findet man zwei Begriffe für Vergeben. Erstens: *Aphesi:* Wegsenden, entlassen, loslassen, Zweitens: *Aphiemi:* Ich lasse los.

Verzeihen im Sinne von *Aphiemi* bedeutet einfach ausgedrückt etwa Folgendes: Ich lasse den, der gegen mich schuldig geworden ist, laufen, und verzichte auf mein Recht, ihn zu bestrafen.

Es gibt Menschen, die bewahren zeitlebens für andere belastende Briefe, Urkunden oder Protokolle auf, damit sie ihre Ansprüche jederzeit belegen können. Diese Menschen haben in dem Sinne dieses griechischen Wortes von „wegsenden", „loslassen", „in die Freiheit entlassen" nicht verziehen.

In der griechischen Überlieferung finden wir noch ein zweites Wort für Verzeihen: *Charis. Charizomai* heißt: Ich verzeihe, indem ich demjenigen, der an mir schuldig geworden ist, Gnade gewähre. Dieses Wort bedeutet nicht nur Verzicht auf Vergeltung, sondern beinhaltet darüber hinaus die Bereitschaft eines Mitdenkens für die Wiederherstellung des Täters. Wenn der Täter verurteilt ist, ist es für den, der dieses *charizomai* lebt, nicht zu Ende mit der Geschichte. Er fragt sich zum Beispiel „Warum hat dieser Mann diese Verfehlung begangen? Hatte er häusliche Schwierigkeiten, Überforderungen im Beruf oder Depressionen, Minderwertigkeitsgefühle oder Mangel an Liebe? Wenn es dem Mann gut gegangen wäre, dann hätte er diese Straftat wohl nicht begangen etc." Dieses *charizomai* fragt auch nach der Not, die hinter dem Fehlverhalten steckt, und es will dieser Not aktiv begegnen. Im beruflichen und persönlichen Leben heute ist diese Bedeutung von Verzeihen kaum noch jemandem bekannt. Die Griechen hatten immerhin noch ein eigenes Wort dafür. Man kennt verzeihen höchstens in der Bedeutung von *aphiemi*, nicht aber von *charizomai*. Wie oft hören wir: Ich habe ihm vergeben, aber ich will nichts mehr mit ihm zu tun haben.

Dabei leiden Menschen bei Auseinandersetzungen doch letztlich an den sozialen Folgen der Konflikte. Die Folgen sind Trennung und Isolation. Die Menschen leiden an der daraus resultierenden Einsamkeit.

„Vergib uns unsere Schuld, wie auch wir vergeben unseren Schuldigern" heißt es im Vaterunser. Für uns sollte seither gelten: Das Verzeihen entfaltet erst dann seine ihm eigene Wohltat, wenn der, der zum Verzeihen aufgerufen ist, die innere Bereitschaft nicht nur zum Auflösen der Schuldenkonti hat, sondern sogar Interesse hat am Wohlergehen dessen, der ihm Unrecht getan hat. Dieser Vorgang ist in der täglichen Praxis nicht gerade einfach.

Näheren Zugang bekommt man zu diesem Maßstab, wenn man Folgendes bedenkt: Auch in unserem Leben hat es vielleicht Menschen gegeben, die an uns geglaubt haben, als wir es nicht verdient hatten; die uns ermutigt haben, als wir versagt hatten. Wir sind heute vielleicht in einer komfortablen Situation, weil sich Menschen, als wir versagt haben, nicht gegen uns entschieden, wohlwissend, dass sie von uns nichts zurückbekommen würden. Gewinnen wir nicht unseren Lebensmut, unsere Sicherheit und unser Glück aus Beziehungen, in denen wir uns als ganze Person angenommen wissen, d.h. bedingungslos und umfassend?

Bedenken wir auch, dass wir in unserem Leben nicht nur Unrecht von anderen eingesteckt haben, sondern Unrecht auch selbst ausgeteilt haben. Keiner geht durchs Leben, ohne dass durch ihn auch andere verletzt werden. Auch durch uns sind andere verletzt worden, auch wir haben unsere blinden Flecken. Möchten wir denn wirklich unter einem Vorgesetzten arbeiten, der so ist, wie wir es selbst sind? Vielleicht kämpfen andere darum, uns zu verzeihen, und schaffen es nicht.

Ich merke, wenn es in den Gesprächen Momente der Stille gibt, in denen man die vergangenen Situationen gewissermaßen nüchtern von außen betrachten kann, dass fast jeder letztlich von dem Wunsch erfüllt ist, zu verzeihen und Verzeihung zu erhalten. Wir sollten uns auf diesem Weg Mut machen.

Menschen, die schwer verzeihen können, können im Allgemeinen auch schwer um Verzeihung bitten. Wer darum besser lernen will zu verzeihen, der lerne, andere um Verzeihung zu bitten. Um Verzeihung bitten zu können, ist nicht ein Zeichen der Schwäche, sondern das einer starken Persönlichkeit. Es ist doch ein Bestandteil unseres täglichen Lebens, dass wir permanent aneinander versagen. Das kleine Wort „Verzeihung" kann ganz schnell einen großen Stimmungsumschwung schaffen. Denken wir auch daran: Wenn wir uns darin üben wollen, anderen zu verzeihen, müssen wir auch lernen, uns selbst zu verzeihen. Viele wollen und können sich selbst ihr eigenes Versagen nicht vergeben. Um zur Verzeihensfähigkeit für eigene Fehler zu gelangen, kommen wir nicht umhin, uns zuvor ehrlich mit der eigenen Vergangenheit ohne Verdrängung, die ja oft so hervorragend funktioniert, auseinanderzusetzen. Dazu gehört es, um die Fähigkeit zu ringen, über die eigenen verlorenen Jahre und das eigene Versagen trauern zu können.

Folgende Beobachtungen können wir bei Klienten machen, die es geschafft haben, zu verzeihen:

Die Wirkungen des Vergebens bei denen, die Vergebung gewähren

• Im emotionalen Bereich tritt als Folge der geänderten Gedanken und Einstellungen oft ein Umschwung ein.

• Schuldzuweisungen, Anklagen, Wunsch nach Vergeltung, Bestrafung, Rachegefühle treten in den Hintergrund und verschwinden.

• Personen und Ereignisse werden weniger gerichtet.

• Die Fragen nach dem Warum in Bezug auf das Verhalten des anderen hören auf.

• Das Ereignis tritt zurück. Es wird in anderer Bedeutung wahrgenommen.

• Ein tieferes Verständnis für das Verhalten des anderen tritt ein.

• Die Realität wird klarer gesehen.

• Erkennen einer Ähnlichkeit des verletzenden Verhaltens des anderen mit der Art, wie sie selbst andere Personen verletzt hatten.

• Ungezwungenerer und offenerer Kontakt zu der Person, die verletzt hatte.

Die Wirkungen des Vergebens bei denen, denen vergeben wurde

• Sie fühlen sich erleichtert, entlastet.

• Manche spüren Dankbarkeit, Bewunderung und Liebe für den anderen, sehen das Gute am Verhalten des anderen und empfinden eine gewisse Ehrfurcht.

- Sie müssen über das Ereignis weniger nachgrübeln, weniger darüber sprechen und hören auf, sich selbst Vorwürfe zu machen.

- Psychosomatische Beschwerden gehen zurück.

- Erst das Vergeben bewirkt bei einigen die deutliche Motivation, ihre Fehler in Zukunft zu vermeiden, den festen Vorsatz, sich zu ändern und anderen Menschen schneller als bisher zu vergeben.

- Einige Menschen teilen mit, dass sie dadurch, dass ihnen vergeben wurde, das Vergeben erst gelernt hätten.

Warum ist Vergeben so schwierig?

- Oftmals fehlt der Wunsch zu vergeben.

- Wenn ein Mensch daran arbeitet, zur Vergebung zu kommen, geht er durch einen zum Teil schmerzvollen Prozess. Wenn er vergeben will, muss er sich zwangsläufig zunächst an das Ereignis erinnern.

- Bei der Erinnerung an das verletzende Ereignis treten die negativen Gefühle von Hass, Ärger, Wut und Verletzung wieder in das Bewusstsein.

- Es herrscht die Auffassung vor: Vergeben sei Ausdruck von Schwäche und verminderter Selbstbehauptung.

- Manche meinen, dass sie dem anderen wehrlos ausgeliefert wären, wenn sie ihm vergeben würden, oder sie glauben, dass sich das verletzende Verhalten wiederholen könnte.

- Vergebung wird oft hinausgezögert oder vermieden, um den anderen klein zu halten und um sich zu schützen.

Welche Einsichten können das Vergeben erleichtern?

Um Verzeihung bitten zu können, ist nicht ein Zeichen der Schwäche, sondern das einer starken Persönlichkeit. Personen, die seelisch ausgeglichen sind, können anderen leichter vergeben. Sie führen weniger grübelnde Selbstgespräche über belastende Ereignisse.

Hierbei hilft die Einsicht, dass es auch im eigenen Leben Menschen gegeben hat, die an einen geglaubt haben, wo man es nicht verdient hatte; die einen ermutigt hatten, wo man versagt hatte, oder die Einsicht, dass keiner durchs Leben geht, ohne dass auch durch ihn andere verletzt werden.

Das lösende Wort kann man sich nicht selbst sagen, gerade in Momenten, wo man Unrecht nicht wieder gut machen kann. Die Zusage der Vergebung Gottes ausgesprochen in der Beichte durch einen neutralen Zeugen, ist unendlich vielen Menschen bis zum heutigen Tage zur Hilfe geworden. Wie vielen ist in verzweifelten Situationen durch die Möglichkeit, eigenes Versagen auszusprechen und dunkle Geheimnisse nicht für sich behalten zu müssen, Entlastung und seelischer Frieden wiedergegeben worden. Die Suche nach dem Seelsorger entspringt dem Bedürfnis, dass aus einer höheren Autorität heraus Verzeihung zu erhalten und Verzeihung zu vermitteln von größerem Bestand ist, und dass Verzeihen untereinander leichter wird, wenn man die metaphysische Dimension nicht ausblendet.

Verzeihen: Fragen zur Selbsteinschätzung

- In welchen Situationen habe ich im Verzeihen versagt?

- Wann habe ich verziehen?

- Gibt es Bereiche in meinem Leben, wo ich Verzeihen üben kann?

- Gibt es für mich Vorbilder im Verzeihen?

- Wie kann ich verzeihen in meinem Leben lernen und entwickeln?

- Kann ich Personen nennen, zu denen ich persönlich gesagt habe: Verzeih mir?

- Kenne ich Menschen, denen man ansehen kann, dass sie nicht verziehen haben?

- Kann ich schnell um Verzeihung bitten, oder stehe ich auf dem Standpunkt, dass andere den ersten Schritt tun sollten?

- Wirken Menschen, die um Verzeihung bitten, schwach?

- Fällt es mir leichter, zu verzeihen, als mir verzeihen zu lassen?

- Gibt es Menschen, denen ich bewusst nicht verziehen habe? Will ich das ändern?

Selbstwert und Führung

Eine Führungskraft mit genügend Selbstwertgefühl erweist sich besonders geeignet für die in ihrer Komplexität so schwierigen Aufgaben, die an ihren Berufsstand gestellt werden. Das Selbstwertgefühl stellt jene elementare emotional-positive Grundeinstellung des Menschen zu seiner eigenen Existenz dar, die es ermöglicht, sein Hiersein auf dieser Welt mit Freude anzunehmen. Es handelt sich um ein positives Grundgefühl, das aus einer Wertschätzung des Menschen sich selbst gegenüber resultiert. Ihr sind sowohl das Buhlen um Sympathie und Anerkennung als auch Anpassungssucht und opportunistische Ja-Sagerei fremd. Selbstwertgefühl ist nicht zu verwechseln mit Eitelkeit und Narzissmus, sondern äußert sich im Gegenteil in der Eigenschaft, sich selbst zurücknehmen zu können.

Nur die in sich gegründete Führungskraft, die nicht allein ihren Selbstwert von der beruflichen Leistungskraft und dem Karrierestand ableitet, ist in der Lage, die weiteren Aspekte der geforderten Führungsqualitäten zu erfüllen. Wer sich selbst nicht angenommen fühlt, kann auch andere nicht annehmen, folglich auch nicht führen.

Auch wenn Ehrgeiz und Leistung notwendig und nicht unanständig sind, dürfen unsere ganz persönliche Identität und unser ganz persönliches Wertgefühl nicht ausschließlich auf dieser Leistung aufgebaut sein, sonst steht jeder von uns einen Schritt vor dem Abgrund.

Selbstwert und Identität

Die meisten Gesprächspartner nehmen wahr, dass ihre Identität von ihrer Leistung und ihrem Erfolg abhängt und damit auch von ihrer Arbeit, weil sie ja das Mittel zum Erfolg ist. Von klein auf werden wir gelobt und belohnt, wenn wir etwas geleistet haben. Viele wollen sich nun ein Leben lang durch Leistung Liebe und Zuneigung verdienen. Wenn jemand schließlich aus seiner Arbeitsstellung entlassen wird, erleben wir oft genug einen totalen Zusammenbruch der Identität. Es bedeutet für viele den höchsten Identitäts- und damit Sinnverlust. Wie gefährlich, denn vom beruflichen Erfolg zur Arbeitslosigkeit ist es heute oft nur ein kleiner Schritt.

Menschen mit eigenem Selbstwertgefühl sind unabhängig von dem Diktat, was andere über sie denken. Ihr Selbstwert hängt nicht daran, wie sehr andere sie toll finden, nicht einmal daran, wie andere sie behandeln.

Unsere Identität darf nicht nur das Resultat unserer Leistung sein, sondern umgekehrt sollte unsere Leistung Ausdruck unserer persönlichen Identität werden, wobei dies in der Realität natürlich ein dialektischer Prozess ist. Der Weg dahin beginnt auch mit der Erkenntnis der eigenen Fehlbarkeit und der persönlichen Akzeptanz der eigenen Unvollkommenheit.

Viele haben die Erfolgsideologie unserer Zeit verinnerlicht und wollen alles Erdenkliche leisten: Glück ohne Ende in der Liebe, tollen Sex, beruflichen Aufstieg, wohlgeratene Kinder, Schlankheit, Kreativität, Intelligenz etc. Das sind Erwartungen einer Gesellschaft, die Leistung, Fitness und Erfolg zu ihren Götzen gemacht hat. Das Nichtereignis von den Dingen, die man erhofft, ist ja im Grunde kein Drama, aber für viele eine sehr große Tragödie. Sie fühlen sich minderwertig und haben nicht die Kraft, wirklich nachzufragen, ob diese Ziele für sie erstrebenswert sind. Diese Menschen haben das Gefühl, Wesentliches versäumt zu haben. Sie wissen, dass ihr Ansehen in der Gesellschaft in hohem Maße von ihrem beruflichen Erfolg abhängt. Umso traumatischer wirken sich dann unerfüllte berufliche Erwartungen aus, wie fehlende Anerkennung und ausbleibende Beförderungen. Obwohl bei den heutigen Arbeitsmarktbedingungen diese Nichtereignisse programmiert sind, und obwohl die Traumkarriere immer eine Ausnahme bleibt, obwohl die Aufstiegschancen immer begrenzt sind, obwohl es schon ein Glücksfall ist, einen Job zu finden und eine gute Ausbildung längst keine Karrieregarantie mehr darstellt, obwohl auch bei guten Leistungen der Aufstieg nicht vorbestimmt ist, vergleichen sich solche Menschen ständig mit Idealvorstellungen, unterliegen diesen und ziehen eine Defizitbilanz.

Es ist jedoch wichtig, sich selbst als wertvoll anzuerkennen, und zwar unabhängig von Leistungskraft, momentaner Nützlichkeit, akademischem Grad, Gesundheitszustand, momentanem Aussehen oder unserem Marktwert. Das Vermögen, mit sich selbst und anderen konstruktiv umzugehen, entsteht nur unter der Voraussetzung eines intakten Selbstwertgefühls und damit verbunden auch einer psychischen Stabilität.

Lassen Sie mich an dieser Stelle das vielfältig interpretierbare Wort Liebe als Solidarität oder Gemeinschaftssinn verstehen. Solidarität und Gemeinschaftssinn fehlen in unserem Lande.

Im modernen Kapitalismus wird nicht mehr die Frage gestellt: Wer braucht mich? Unser System strahlt Gleichgültigkeit aus. Solidarität und Gemeinschaftssinn fehlen in unserer Kultur. Wenn jeder für sich selbst sorgt, ist dann wirklich für alle gesorgt?

Funktionierende ökonomische Beziehungen brauchen dennoch langfristig als Grundlage die Verpflichtung für das gemeinsame Wohl. Es stellt sich die Frage, ob Menschen, die ihr Leben lang der Spur des Egoismus gefolgt sind, Umdenken als wünschenswert betrachten. Für sie gilt nur: Der Stärkere ist der Bessere. Ich glaube nicht an diese „Wahrheit". Der Liebesfähigere ist der Bessere und er erwirtschaftet die langfristig besseren Resultate. Am Egoismus nämlich und nicht an der fehlenden Intelligenz scheitern langfristig die meisten Vorhaben. Ohne Liebe aber bleiben wir abhängig von unserem Egoismus.

Um die Fähigkeit der Solidarität und des Gemeinschaftssinns zu entwickeln oder neu zu entdecken, ist die Beschäftigung mit den Werten, die in diesem Buch beschrieben werden, von so grundlegender Bedeutung. Wie aber können wir sie erlernen?

Viele bejahen zum Beispiel den Wert der Mäßigung und verachten Maßlosigkeit. Viele sagen es, viele schreiben es, dass eine vordergründige Wachstumsideologie uns nicht aus der Sackgasse führt, aber die wichtigste Frage beantworten sie nicht: „Wer gibt uns die Kraft, uns zu ändern? Woher nehmen wir die Motivation, uns bescheiden zu wollen?" Gier und Machtgefühle kennen kein begrenzendes Prinzip. Oder doch? Nach meiner Überzeugung gibt es nur ein wirkungsvolles determinierendes Mittel: die Liebe. Aber wer bringt sie uns bei?

Ich habe in den vergangenen Jahren immer wieder realisiert, dass Menschen, deren „emotionaler Tank" gefüllt ist, die sich selbst als wertvoll betrachten können und die in ihrem Leben Solidarität und Gemeinschaftssinn schon in ihrer Kindheit erfahren haben, besonders geeignet sind, anderen obengenannte Wertschätzung zu vermitteln und in diesem Sinne Liebe weiterzugeben. Diese Menschen können andere führen, und sie sind widerstandsfähig. Nur wer sich selbst geliebt weiß, kann Liebe weitergeben, nur wer sich selbst geführt weiß, kann andere führen, nur wessen eigenes Maß gefüllt wurde, kann maßvoll leben. In diesem Sinne ist Liebe das einzig begrenzende Prinzip gegenüber Habgier und Maßlosigkeit.

Aber warum gibt es heute so wenige von diesen Menschen, obwohl sie in den Stellenanzeigen händeringend gesucht werden? Liegt es daran, dass wir uns im Übereifer der Wissensaneignung unsere Köpfe gefüllt haben, während wir die Herzen geleert haben, so dass wir zwar intelligenter geworden sind, dafür aber Weisheit verloren haben?

Liebe steht an dieser Stelle weniger also für Gefühl als vielmehr für eine Haltung, welche einen Menschen über gute Vorsätze hinaus motiviert, das Anliegen eines anderen Menschen ohne Gleichgültigkeit zu bemerken und mit innerer Anteilnahme anzugehen.

Für viele, die sich von ihren Umständen her definieren, ist Liebe ein Gefühl. Die Gefühle kontrollieren ihre Handlungen. Sie haben die eigene Verantwortung abgegeben und geben den Gefühlen die Macht, sie zu kontrollieren. Oft warten sie aber vergeblich auf das gute Gefühl. Wir müssen lernen, den Spieß umzudrehen: Gefühl ist keine Voraussetzung, sondern im Grunde eine Konsequenz aus Liebe, die sich als Handlung versteht. Unsere Sprache ist an dieser Stelle eindeutig: „Lieben" ist ein Verb, d.h. ein Tätigkeitswort.

Liebe hat etwas zu tun mit Annahme ohne Leistung. Liebe ist etwas, was sich jenseits des Kosten-Nutzen-Denkens abspielt. Liebe hat nichts mit Bedingungen zu tun. Liebe kann man nur umschreiben. Das Wort Liebe ist im Geschäftsleben tabu, aber wo man sie auch im Geschäftsleben findet, wo sie im Verborgenen wirkt, da hat sie immer einen positiven Einfluss. Wenn es gelingt, andere spüren zu lassen, dass wir sie auch trotz Unzulänglichkeiten, Misserfolgen und Fehlern gerne haben, sie schätzen, sie schützen, sie verteidigen, ihnen eine Freundlichkeit zuteil werden lassen, ohne dass sie dafür bezahlen müssen oder man es ihnen später aufrechnet, da öffnen wir Türen zu dem, was ich als Liebe bezeichnen würde. Wenn die Menschen um uns herum sich plötzlich wertgeschätzt, angenommen, geborgen und sicher fühlen, dann wachsen sie oft sehr schnell über sich hinaus und können ihr Potential ganz erstaunlich um vieles erweitern.

Man diskutiert und kämpft um Privilegien, bessere Begrünung der Büros, um Fitness- und Ruheräume, um Sportplätze, um Bürostühle etc., um die Lebensbedingungen besser zu machen, und man beachtet nicht das Einfachste und Naheliegendste. Mitarbeiter sind ausgehungert, weil ihnen Anerkennung, Lob und persönliche Teilnahme fehlen. Viele könnten auf viele Privilegien verzichten und wären vielmehr bereit, Opfer zu bringen, wenn der Chef ihnen einmal mitteilen würde, dass ihr Leben und Schicksal ihm nicht egal sind, dass er ein Interesse an ihrem persönlichen Wohlergehen hat, und wenn er einmal über seine Lippen bringt: „Schön, dass Sie bei uns sind!" Letztlich sind es die so zufriedenen Mitarbeiter, die dann zufriedene Kunden kreieren. Zufriedene Mitarbeiter sind die beste Werbung.

Wenn Liebe durch Leistung erarbeitet werden muss oder von Bedingungen abhängt, die man erfüllen muss, dann handelt es sich nicht um Liebe, sondern um Verdienst. Das reicht aber immer nur so lange und so weit, wie wir in der Lage sind, die Bedingungen zu erfüllen.

Ein Marktsystem, das Menschen keine Vision mehr vermittelt, wie wichtig es ist, sich umeinander zu kümmern und füreinander da zu sein, hat langfristig seine Legitimität verloren.

„Liebe deinen Nächsten wie dich selbst": Fragen zur Selbsteinschätzung

* Gibt es Menschen, die mich um meiner Selbst willen lieben?

* Worin sehe ich persönlich meinen eigenen Wert?

* Worin ist für mich der Wert anderer Menschen begründet?

* Nach welchen Modellen liebe ich?

* Wer ist mein Nächster?

* Weiß sich mein Nächster von mir geliebt?

* Werde ich geliebt?

Von der Misstrauenskultur zur Vertrauensorganisation

Im Jahre 22 vor Christus hat Theophrast, Schüler von Aristoteles, ein Büchlein mit dem Titel geschrieben „Caracteris dedicoi". Hierin charakterisiert er den Misstrauischen: „Das Misstrauen ist ein Verdacht der Unredlichkeit gegen alle. Der Misstrauische ist einer, der einen Sklaven Lebensmittel einkaufen schickt und einen anderen Sklaven hinterher sendet, der nachfragen soll, wie viel es gekostet hat. Der Misstrauische trägt selbst sein Geld, und alle paar hundert Meter setzt er sich hin und zählt, wie viel es ist. Seine Frau fragt er, während er schon im Bett liegt, ob sie die Geldtruhe verschlossen hat, ob der Geldschrank versiegelt und der Riegel vor das Hoftor gelegt sei, und wenn sie es bejaht, erhebt er sich dennoch von seinem Lager, barfuß mit der Laterne in der Hand läuft er überall herum und sieht nach und kommt auf diese Weise kaum zum Schlafen."

In den Unternehmen wird oft nach außen hin gemeinsame Flagge gezeigt, nach innen aber unter den eigenen Mitarbeitern bewusst eine Misstrauenskultur zugelassen und sogar gefördert. Man geht von der Meinung aus, dass sich der Umsatz des Unternehmens steigern würde, wenn jeder sein eigenes „Profitcenter" sei und wenn die Konkurrenz unter den Mitarbeitern gefördert würde. In der Realität schafft man dadurch Nährboden für Mobbing-Kulturen. Es gehen viele Energien durch das Nichtzustandekommen von Synergien verloren, weil jeder einseitig an sein eigenes Vorwärtskommen denkt. Misstrauen ist immer ein negativer Wert, wie intelligent wir ihn auch einsetzen mögen. Viele leiden über viele Jahre an der Misstrauenskultur ihres Unternehmens. Nach Untersuchungen von Unternehmensberatern wie Roland Berger und Boston Consulting Group verwenden die Führungskräfte einen großen Teil ihrer Energie und Arbeitszeit darauf, am Stuhl ihres Vorgesetzten zu sägen und den Aufstieg gleichrangiger Kollegen zu behindern.

Misstrauen tötet Kreativität und Innovation. Viele brauchen ein Unmaß an Zeit, Nerven und Kreativität für eine taktierende „Firmenpolitik", um eigenes Know-how zu monopolisieren und so die eigene Position zu stärken oder um sich nicht die falschen Feinde zu schaffen oder um sich andererseits Koalitionspartner warm zu halten, die einem im richtigen Moment „einen Gefallen" schuldig sind. Eine derartige Kultur produziert Eigenkomplexität, lenkt das Verhalten der Mitarbeiter von den primären Zielen ab und tendiert dazu, ein Unternehmen zu bürokratisieren und zu politisieren – was den eigentlichen betriebswirtschaftlichen Zielen klar zuwider läuft.

Das Misstrauenspotential in den Firmen beruht auf dem Verständnis des Unternehmens als Maschine. Bei einem solchen Verständnis herrscht ein reduktionistisches Menschenbild, das geprägt ist von Misstrauen gegenüber den Mitarbeitern. Man reduziert den Menschen auf einen Befehlsempfänger, auf eine ausführende Arbeitsmaschine. Man spricht auch von den drei K's: Kommandieren, Kontrollieren und Korrigieren. Eine Misstrauenskultur produziert enorme Kosten. Dagegen lauten die drei erfolgversprechenden V's: Verständnis, Vertrauen und Verantwortung.

Durch Misstrauen leisten wir uns Vergeudung an Potentialen. Die Ergebnisse einer Misstrauenskultur sind innere Kündigung, Innovationsschwäche, Verantwortungsabwehr, Beschwerden, hohe Fehlzeiten und die Fluktuation der besten Leute. In der Evaluation eines Strategieentwicklungsprozesses in einem deutschen Großunternehmen wurde den obersten Führungskräften unter anderem die Frage gestellt: „Mit welchen Schwächen will das Ressort nicht leben?" Viele nannten „Misstrauen" als zentralen Schwachpunkt.

Es gibt keine konkurrenzfähige Alternative zum Vertrauen. Vertrauensfähigkeit gehört zur sozialen und Persönlichkeitskompetenz. Vertrauen bietet eine geeignete und noch lange nicht ausgeschöpfte Möglichkeit, um Wettbewerbsvorteile zu erlangen. Vertrauen ist die emotionale Kraft, sich ohne Absicherung und Kontrolle in die Obhut eines anderen zu begeben. Vertrauen fällt einem nicht einfach zu. Man gewinnt es, indem man es gewährt. Es bedarf des Vorschusses. Vertrauen hat mit Verlässlichkeit und mit Glaubwürdigkeit zu tun, d.h. der andere muss sich darauf verlassen können, dass sein Gegenüber mit Sicherheit das tut, was es verspricht. Was ist Vertrauen?

Im allgemeinen Sprachgebrauch wird Vertrauen mit Zuverlässigkeit, Integrität und Ehrlichkeit einer Person gleichgesetzt. Nach Meyers enzyklopädischem Lexikon ist Vertrauen „der Glaube und das Überzeugtsein von der Verlässlichkeit und Zuverlässigkeit Jemandes".

Oder „das Gefühl des Sich-Verlassendürfen auf die Glaubwürdigkeit und Kompetenz des anderen".

Wie erreichen wir eine Vertrauenskultur? Eine Kultur des Vertrauens beginnt durch Vorleistung. Sie muss von der Unternehmensleitung ausgehen. Diese ist verantwortlich für das Entwickeln von Arbeitsmodellen, die das Vertrauen in die Mitarbeiter widerspiegeln. Vor einiger Zeit nahm ich bei einem Einstellungsgespräch eines führenden Softwareherstellers teil. Wie selbstverständlich wurde der Bewerber darauf aufmerksam gemacht, dass der Besuch der Mensa Tag und Nacht frei steht und ohne Kontrolle eine Kasse aufgestellt ist, in welche man den Betrag der eingenommenen Mahlzeit einlegt. Die Arbeitszeiten seien fließend. Niemand werde kontrolliert, wann er kommt und wann er geht. Stechkarten seien out. Auf meine erstaunte Frage, ob diese Haltung nicht missbraucht würde, bekam ich zur Antwort, dass der Missbrauch viel zu gering sei, als dass es sich dafür lohnen würde, extra Personal einzustellen. Und die positive Wirkung des entgegengebrachten Vertrauens auf die Haltung der Arbeitnehmer sei nicht zu unterschätzen, welche die Intention besitzt, aus Anerkennung das Vertrauen mit Verlässlichkeit gewissermaßen als ungeschriebenen Ehrenkodex zu beantworten.

Vertrauen ist Kontrolle! Sie fördert beim Gegenüber ein aktives Selbstverantwortungsgefühl und -bewusstsein. Und genau das brauchen wir ja:

Unsere Unternehmen überleben die Zukunft nur mit Mitarbeitern, die im hohen Maße sich ihrer Eigenverantwortung bewusst sind!

Vertrauen ist mit einem Entwicklungsprozess gekoppelt. Zur Vertrauensbildung braucht es eine gesunde Vorgeschichte. Viele Menschen haben keine gesunde Vorgeschichte und konnten kein Vertrauen aufbauen. Da viele Führungsprobleme ihren Ursprung in Vertrauenskrisen haben, sollten man sich Gedanken darüber machen, ob man seiner persönlichen Vorgeschichte stillschweigend die Kontrolle über Beziehungsunfähigkeit überlassen soll.

Es besteht auch ein nachvollziehbarer, direkter Zusammenhang zwischen Vertrauensniveau und Problemlösungsfähigkeit. Nur mit Vertrauen lässt sich die zunehmende Komplexität meistern, nur mit Vertrauen fließen weniger Energien in ökonomisch unproduktive Bahnen von kräfteverzehrenden Kampfstrategien im Unternehmen. Nur mit steigendem Vertrauen nimmt sowohl das Ausmaß als auch die Qualität ausgetauschter Informationen zu.[58]

Vertrauen als Führungsgrundsatz und Erfolgsfaktor

In der Unternehmensführung wird dem Vertrauen ein viel zu kleiner Raum beigemessen. Ich habe Unternehmen kennengelernt, die in modernen Managementpraktiken ziemlich gering kultiviert sind, die aber ein hohes Maß an Vertrauenspotential haben. Da wird viel weggesteckt. Diese Firmen sind robust. Vertrauen ist noch viel wichtiger als Führungstechniken und Motivationsseminare. Man sollte viel mehr Seminare über Vertrauensbildung anbieten. Führungskräfte, die Vertrauen genießen, haben eine starke und krisenresistente Mannschaft. Leute, die um sich herum Vertrauen geschaffen haben, haben eine robuste Führungskultur. Gerade Konzerne geben riesige Summen für Motivationsseminare und das Einüben verschiedener Managementtaktiken aus. Sie bewirken relativ wenig, weil die Leute das grundlegende und für ein langfristiges Engagement obligatorische Vertrauen verloren haben. Seminare zu Themen anzubieten wie „Wie gewinne ich das Vertrauen meiner Mitarbeiter" könnten in Zukunft zu entscheidenden Schlüsseln für Erfolg sein. Zukünftig braucht es eine Kultur, die Vertrauen zum Bestandteil der Führung macht. Wenn es jemandem gelingt, das Vertrauen von Mitarbeitern zu gewinnen, dann ist auch das Betriebsklima gut. Ohne Vertrauen nutzen alle Bemühungen nichts. Man kann folgenden Führungsgrundsatz aufstellen: In letzter Konsequenz ist es das Vertrauen, was zählt. Eine Führungskraft, die es geschafft hat, das Vertrauen der Umgebung zu gewinnen, verfügt über eine robuste Führungssituation, denn die Mitarbeiter wissen, dass sie sich im Ernstfall auf den Chef verlassen können.

Zu vertrauenserhaltenden Maßnahmen gehört es, Fehler nicht zu vertuschen, sondern Fehler zuzugeben. Folgende einfache Regel wartet auf ihre Beherzigung: Fehler des Chefs gehören dem Chef. Er muss die Größe haben, sie zuzugeben. Wer eigene Fehler den Leuten in die Schuhe schiebt, untergräbt ihr Vertrauen. Fehler der Mitarbeiter gehören auch dem Chef – jedenfalls nach außen und nach oben. Man kann seine Mitarbeiter nicht ohne Vertrauensverlust im Regen stehen lassen. Nach innen muss man die Fehler korrigieren und offen aussprechen. Erfolge der Mitarbeiter gehören den Mitarbeitern. Als Chef soll man sich nicht mit falschen Federn schmücken. Erfolge des Chefs gehören ihm. Die guten Manager und Leiter sagen aber immer: „Wir haben es erreicht."

Vertrauen gewinnt man weiter durch die Fähigkeit, aufmerksam den Anliegen der Mitarbeiter zuzuhören. Wenn man nicht zuhört, was die Mitarbeiter den Vorgesetzten sagen, verliert man ihr Vertrauen.

Auch durch Authentizität stärkt man das Vertrauen. Vorgesetzte, die gut sind, verzichten auf Rollenspiele. Sie achten daher auch bewusst nicht auf ihren Führungsstil. Sie sind echt und nehmen sich als Persönlichkeit an.

Unser Leben spielt sich auf einer mehr oder weniger soliden Vertrauensbasis ab: Beim Einsteigen ins Flugzeug, beim Einnehmen von Medikamenten, beim Befolgen eines Ratschlages. Unser heutiges Wort „Kredit" leitet sich ab vom lateinischen credere: vertrauen, glauben. Ein Kreditinstitut bildet demnach ein Vertrauensinstitut. Der größte Kredit einer Firma ist das Vertrauen ihrer Kunden. Die Kundenzufriedenheit beginnt erst nicht am Schalter, sondern viel früher im Inneren der Firma, nämlich bei der Führung. Worauf es in letzter Instanz als Erfolgsfaktor ankommt, ist gegenseitiges Vertrauen.

Menschen, die in Leitungsfunktionen berufen sind, sollten wissen, dass sie als herausgestellte Bürger eine Vorbildfunktion einnehmen. An ihnen sollte ablesbar sein, dass sie Werte vertreten, die von allen akzeptiert werden. Es gibt keine Leitungsfunktion, die nicht eine charakterliche Verbindlichkeit mit sich bringt. Jeder Skandal, den wir erleben, ist ein Akt der Untergrabung von Vertrauen.

Vertrauen ist wichtiger als Führungsstil. Ich habe immer wieder gemerkt, dass auf der Grundlage des Vertrauens verschiedene Führungsstile positiv wirken und sogar ein schlechter Führungsstil kompensiert wird. Vertrauen ist der lebendige Ausdruck einer Entscheidung, dem anderen positive Motive zu unterstellen.

Es ist besser, einmal zu viel als zu wenig zu vertrauen. Der Verlust von Vertrauen ist schlimmer als der Verlust von Geld. Nicht das Vertrauen, sondern das Geld ist zweitrangig. Vertrauen ist die Voraussetzung für Kooperation und langfristiges zwischenmenschliches Wachstum.

Wenn wir einander vertrauen, sind wir offen zueinander, haben wir den Mut, nicht nur unsere äußere Fassade zu spielen, sondern auch einander unsere Schwächen mitzuteilen, weil man weiß, dass Offenheit nicht missbraucht wird. Eine Beziehung, die sich durch Vorbehalte nicht einander verschließt, durchbricht Einsamkeit, und man nennt sie Freundschaft. Es kann keine Freundschaft ohne Vertrauen geben und kein Vertrauen ohne Integrität.

Mit der zunehmenden Verschärfung des Wettbewerbs lassen sich Wettbewerbvorteile nicht mehr wie früher nur durch Forschung, Entwicklung und Automatisierung allein erzielen. Heute sind neue, im Wesentlichen immaterielle Erfolgsfaktoren gefragt, die letztlich das Funktionieren einer geforderten Flexibilität in flachen Strukturen ermöglichen. Ohne Vertrauen ist kein schlankes Unternehmen möglich. Ohne Vertrauen gibt es keine Teamarbeit, werden Schnittstellen zementiert anstatt zu Nahtstellen zu werden. Ohne Vertrauen gibt es keinen Wissenstransfer. Ohne Vertrauen ist ein System nicht offen für Veränderungen und eine Organisation auf den Erhalt des Status quo konzentriert (stabilitätsorientiert).

Wie wir Vertrauen gewinnen und aufbauen?

Ein grundlegender Punkt wurde bereits erwähnt: Vertrauen gewinnt man nur durch Vorleistung. Man erhält es, indem man es gewährt. Vertrauen gewinnt man durch eine persönliche Verpflichtung zur Wahrhaftigkeit und Wahrheit. Vertrauen gewinnt man, indem man seine Mitarbeiter in seine Überlegungen und Entscheidungen einbezieht. Der Vertrauende gibt Freiraum und damit auch eine Fehlertoleranz. Er spricht die Sprache der Ermutigung und stärkt das Selbstvertrauen des anderen. Er schafft einen weiten Raum, in dem keine Angst herrscht. Der Vertrauende lastet Fehler nicht seinem Mitarbeiter an. Er schiebt seine eigenen Fehler nicht auf die Mitarbeiter, und die Fehler der Mitarbeiter verantwortet er nach außen und nach oben hin und zählt sie auch zu seinen eigenen Fehlern.

Die Unternehmen tragen Sorge dafür, dass gemachte Aussagen und Versprechen eingehalten werden. Vertrauen und Treue kann man nicht fordern. Eine Aufforderung zur Treue oder zum Vertrauen ist schon ein Zeichen dafür, dass es mit dem Vertrauen nicht so weit her ist.

Vielen Mitarbeitern/-innen fällt es schwer, Vertrauen zu investieren. Wegen der ständig wechselnden Strukturen verringert sich das Zusammengehörigkeitsgefühl, und die Loyalitäten innerhalb von Organisationen nehmen ab. Man kann ja nur vertrauen, wenn man etwas über den anderen weiß. Vertrauen wächst durch Verbindungen, die wachsen, aber in dieser neuen flexiblen Organisationsform gibt es gar keine Zeit mehr, die Verbindungen aufzubauen.

Die ständigen Umorganisationen heute zerstören also permanent das Vertrauen. Man müsste bei der Installierung von neuen Organisationsformen viel konkreter fragen: Wie muss ich handeln, damit das in der Zeit gewachsene Vertrauen nicht von einem Tag auf den anderen aufs Tiefste erschüttert wird? Man muss zum Beispiel in solchen Zeiten sehr stark die Kommunikationsprozesse fördern (ich meine damit nicht die E-Mail-Korrespondenz). Man muss in solchen Zeiten den offenen Meinungsaustausch bewusst fördern. Man muss die Transparenz von Handlungen und Denkweisen fördern. Controlling sollte von den Beiwerken des Misstrauens, der ausgeklügelten Kontrolle befreit werden und stattdessen durch Überprüfen der Zielerreichung ersetzt werden. Man sollte in solchen Zeiten über Ziele sprechen, an denen man sich orientieren kann. Wo Ziele sind und Leitbilder transparent und nachvollziehbar werden, hat Misstrauen wenig Platz. In Zeiten der Veränderung sollte man die Betroffenen zu Ratgebern machen, ihnen mitteilen, dass ihr Rat, ihr Mitdenken gefragt ist. Man muss in Zeiten der Veränderung über den Wert der Einzelnen nachdenken und ihren tatsächlichen Wert auch kommunizieren, damit sie sich nicht nur als Manövriermasse betrachten, sondern als bedeutungsvollen Part des ganzen Prozesses.

Vertrauen: Fragen zur Selbsteinschätzung

- Wem vertraue ich?

- Welche Menschen haben mein Vertrauen missbraucht?

- In welchen Situationen habe ich nicht vertrauen können?

- Welche Situationen oder Probleme in meinem Leben könnte ich dazu benutzen, um Vertrauen aufzubauen und mich darin zu üben?

- Wer ist mir ein Vorbild für Vertrauen (Vertrauensbildung)?

- Welche Ideen habe ich, die Charaktereigenschaft des Vertrauens in meinem Leben zu entwickeln?

- Was ist das Fundament meines Vertrauens?

- In welchen Situationen fehlt es mir an Vertrauen?

- Stärke ich andere Menschen in ihrem Vertrauen in sich selbst, oder schwäche ich ihr Selbstvertrauen?

- Wünsche ich mir, ein Mensch zu sein, der Vertrauen aufbaut?

- War mein Zuhause ein Ort, wo ich Vertrauen aufbauen konnte?

- Welche Ängste rauben mir mein Vertrauen? Wie sehen diese aus?

- Gibt es Menschen in meinem Leben, die mir vertraut haben, die zu mir standen, obwohl ich versagt habe, und die ihr Vertrauen in mich nicht aufgegeben haben?

- Machen mich Menschen, die Vertrauen und Zuversicht ausstrahlen, eifersüchtig?

Kritik- und Konfliktfähigkeit

Mut zur Offenheit

Menschen, die von sich behaupten, alles richtig zu machen, sind meistens schwierige Menschen. Kritik ertragen und bejahen zu können, ist eine zentrale, leider eher selten anzutreffende Führungseigenschaft.

Konstruktive Lösungen in Konflikten und eine Wiederherstellung von Frieden kann viel schneller geschehen mit einer inneren Haltung, die den eigenen Anteil von Fehlern nicht verdrängt, sondern eingesteht und anerkennt. Dazu müssen wir dem anderen gegenüber eine offene Haltung einnehmen: „Ich bin für Deine Korrektur offen. Wenn Du von meinem Anteil an Versagen sprichst, dann werde ich nicht auf Abwehr schalten, sondern Dir zuhören."

Jeden Tag machen wir Fehler, und trotzdem fällt es vielen sehr schwer, sich klar zu entschuldigen. Das kommt einer Operation gleich.

Es sind die Menschen mit einem hohen Selbstwertgefühl, Menschen mit sicherem Auftreten, mit Werten und mit Charakterstärke, die sich entschuldigen können, und es sind die unsicheren Menschen mit wenig Selbstwertgefühl und innerer Unsicherheit, die das sehr selten oder gar nicht tun können. Sie haben das tiefsitzende Gefühl, dass genau dann, wenn sie sich entschuldigen, andere über sie herfallen werden, und sie schämen sich darum, vor anderen zu ihrem Versagen zu stehen. Sie reden sich solange ein, dass sie im Recht sind, bis sie es zum Schluss selbst glauben. Entschuldigungen, die Wirkungen haben, sind nicht Entschuldigungen, die aus taktischen Erwägungen gemacht werden, sondern die zutiefst so gemeint sind, wie sie gesagt werden: „Es tut mir leid, dass ich Dich offensichtlich mit meinen Worten verletzt habe, ich habe Dich bloßgestellt, ich bitte Dich um Entschuldigung."

Wenige können mit Kritik richtig umgehen. Sei es, dass wir andere kritisieren oder dass wir uns der Kritik anderer stellen müssen. Kritik erinnert viele an kindheitliche Erlebnisse mit ihren Eltern oder ihren Lehrern, an die Ängste der Bestrafung und des Liebesentzugs. Darum drücken sich Vorgesetzte davor, schlechte Leistungen oder unangebrachtes Verhalten zu kritisieren. Mit Kritik wird nicht ehrlich umgegangen.

Wer führt, muss auch selbst die Fähigkeit haben, Kritik von Kollegen und Untergebenen zuzulassen. Nur so kann gemeinsam in einem dialektischen Prozess vorangeschritten werden, bei dem schließlich Thesen und Antithesen, das heißt Aussagen, Ereignisse und die entsprechende Kritik, gemeinsam zu einer konstruktiven Synthese geführt werden. Oft haben aber Mitarbeiter kaum eine faire Gelegenheit, Kritik anzubringen, da sie ihre Vorgesetzten und ihre Mitarbeiter fürchten: „Immer, wenn ich während Kadersitzungen Kritik anbrachte, machte er Notizen und stellte eine Art Sündenverzeichnis zusammen. Er wartete nur auf den Augenblick, wo er genug Punkte gegen mich gesammelt hatte, um mich dann zum Abschuss freizugeben."[59]

Aussagen zum eigenen Selbstverständnis lösen Betroffenheit aus. Aber persönliche Betroffenheit ist die Voraussetzung für Selbstreflexion und Selbsterkenntnis und für eine konstruktive Entwicklung. Eine stabile Persönlichkeit wird Kritik als Chance erleben, im Persönlichkeitsentwicklungsprozess weiter auf dem Weg zur Reife zu gelangen. Ich habe Achtung vor Menschen, die zu Fehlern stehen und diese nicht weiter delegieren. Wer andere führen will, muss sich auch selbst führen können, und ehrliche Selbstführung beginnt mit Selbstkritik.

Statt Personen direkt zu konfrontieren und gerade in diesem Punkt eine Kommunikationskultur einzuüben, ziehen es die meisten vor, ihren Unmut nur in Abwesenheit des Betroffenen vor dritten auszudrücken. Dadurch wächst das Misstrauen und vergiftet die Atmosphäre. *Mut und Offenheit gehören immer mehr zu den wesentlichen Eigenschaften einer Führungskraft in einer Zeit, in der die Arbeitswelt komplizierter wird.*

Mir sind persönlich einige Menschen bekannt, die unehrenhaft aus ihren Positionen entlassen worden sind, nur weil die Geschäftsleitung dem Schmuddelgerede mehr glaubte als der Qualität und den Leistungen der einzelnen Betroffenen. Die Urheber solchen Geredes sind meistens Menschen, die ihre Karriere aufbauen wollen, in dem sie die Leistungen und die Ehre anderer herabwürdigen. Sie treiben in den Unternehmen (und in der Politik) unentdeckt ihr böses Spiel. Sie bedienen sich der Intrige und der üblen Nachrede, sie haben die Dosierung meisterhaft gelernt.

Kreatives Konfliktmanagement

Ein Konflikt ist eine Interessenkollision zwischen zwei oder mehreren Personen. Ausschlaggebend dabei ist oft mehr das subjektive Erleben als ein objektiv vorhandener Streitpunkt. Ursachen für Konflikte sind unendlich. Häufig sind es Bewertungskonflikte oder ein unterschiedlicher Informationsstand, meistens handelt es sich um Beziehungskonflikte aufgrund schwieriger Persönlichkeitsstrukturen der Beteiligten oder unvereinbare Charaktere. Oft kann man die Ursachen nicht eindeutig zuordnen, deswegen sind ja die Konflikte da. Oft wird ein Konflikt negativ erlebt unter negativen Assoziationen und Folgen, Unzufriedenheit, Schuldzuweisungen, Streit, Drohungen, Stress, dicke Luft, diffusen Ängsten und Frust. Weniger kommen positive Assoziationen wie Klärung, Problemlösung, Beziehungsvertiefung, gemeinsame Diskussion etc. zutage. Auch wenn in Konflikten eine überwiegende Mehrheit eine gemeinsame Problemlösung anstrebt, sind es doch in der Praxis wenige, die zu einer gemeinsamen Problemlösung kommen und wenige, die zum Nachgeben neigen. Die meisten tendieren zur Machtstrategie.

Wir sind aufgerufen, neu über Konfliktlösungen nachzudenken und sie in unseren Unternehmen zu installieren. Dabei ist es wichtig, dass wir wissen, dass Konflikte grundsätzlich nicht nur negativ gesehen werden dürfen. Wir müssen Freiräume schaffen, widersprüchliche Meinungen äußern zu dürfen, ohne Nachteile zu befürchten. Gleichzeitig muss die Einsicht geschult werden, dass die Chancen, die in Konflikten stecken, bei der Situationsklärung für das Unternehmen sehr positiv sind. Ein konstruktiver Umgang mit Konflikten beginnt bereits bei der Konfliktvermeidung, d.h. bei der Prävention. Wir unterscheiden drei Stufen des konstruktiven Umgangs mit Konflikten:

Stufe 1: Konfliktvermeidung

Man hat sich daran gewöhnt, Konflikte als Normalfall zu akzeptieren und irgendwie auch zu verdrängen. Familienbeziehungen, Unternehmen, ganze Staaten und Völkergemeinschaften leben permanent mit unbewältigten Konflikten. Man sollte sich wieder zu einem Denken entscheiden, Konflikte nicht als Normalfall, sondern als Ausnahmezustand, ja als „Störfall" zu begreifen. Damit soll keine seichte Wohlfühlkultur propagiert werden, sondern Rahmenbedingungen die Türen geöffnet werden, die von bewussten und gemeinsam geteilten Werten getragen sind.

Sehr oft weiß zwar die Belegschaft, warum dieser oder jener Konflikt ausgebrochen ist, kann aber nicht sagen, nach welchen positiven Spielregeln ihr Zusammenleben und -arbeiten funktionieren soll. Wenn diese Regeln – ähnlich wie im Sport – einmal feststehen und als Normalfall gelten, dann können wir auch viel besser mit Regelbrüchen und Konflikten umgehen und den Ausgangszustand wieder herstellen. Wer mehr Zeit und Arbeit in die Formulierung positiver Umgangsformen und Kooperationsregeln investiert, braucht weniger Zeit und Arbeit für das Lösen von Konflikten.

Stufe 2: Umgang mit Konflikten

Streit muss sein, das weiß jedes Kind. Und ohne Streit gibt es keine Versöhnung. Aber gerade die Kinder haben uns zivilisierten Erwachsenen voraus, dass sie oftmals noch sehr unbefangen – bis hin zur Handgreiflichkeit – streiten können, um am nächsten Tag mit ihren vermeintlich „ärgsten Feinden" vom Vortag wieder völlig ausgelassen zu spielen. Es mag paradox klingen, aber vermutlich liegt das daran, dass sie den Streit nicht so persönlich nehmen. Meistens geht es doch um eine klare Sache: „Das ist aber mein Fahrrad – Du hast mich gefoult – Ich will auch so ein Handy haben – Meine neuen Schuhe sind aber viel schöner" usw. Erwachsene müssten ganz neu eine gesunde Streitkultur lernen, ein Konfliktmanagement, das die sachliche Ebene von der persönlichen und sozialen Ebene trennen kann. Wenn – wie oben gesagt – bewusst gemeinsame Werte und Spielregeln formuliert sind, dann fällt es auch leichter, zunächst ganz sachlich festzustellen, wo man diese Spielregeln als verletzt ansieht. Und wenn es um inhaltlich begründete Konflikte geht, dann sollte man sich ohnehin so lange sachlich streiten, bis man die inhaltlichen Differenzen ausgeräumt hat. Wer so zu streiten gelernt hat, wird früher oder später merken, dass wahrer Friede nicht durch ein ignorantes nebeneinander Stehenlassen verschiedener Perspektiven, sondern nur durch eine gemeinsame Suche nach Wahrheiten erreicht werden kann. Denn ausgeräumt werden Konflikte erst dann, wenn die Sache, um die gestritten wird, geklärt ist. Dass bei einer solchen sachlichen Auseinandersetzung immer wieder auch persönliche Betroffenheiten auftreten, ist selbstverständlich; deshalb spielt der bereits beschriebene Wert des Verzeihens auch hier eine große Rolle.

Stufe 3: Konfliktlösungsstrategie

Als Berater ist man oft von außen in Situationen involviert, die in einem offenen oder verdeckten Konflikt stehen. Diese Situationen beinhalten bereits eine große Chance zur Konfliktlösung, wenn die uneinigen Parteien die Intervention eines unabhängigen Moderators akzeptieren. Der Weg der Konfliktlösung kann dann über folgende Arbeitsschritte des bewährten Probemlösungszyklus gehen:

1. Situationsanalyse:
Wichtig ist es, dass zuerst die Situation analysiert wird, Ursachen geklärt und die Anliegen der Beteiligten hinterfragt werden.

2. Zieldefinition:
Welches sind unsere Ziele? Finden wir Gemeinsamkeiten? Handelt es sich um einen Zielkonflikt oder um einen Maßnahmenkonflikt? Wenn es in diesem zweiten Schritt gelingt, eine gemeinsame Zielsetzung zu finden, dann ist oftmals die Basis für eine Konfliktlösung erreicht.

3. Lösungsvarianten:
Welche Lösungen sind möglich und denkbar? Hier dürfen keine Denkverbote erteilt werden, sondern es muss darum gehen, dass im Brainstorming wirklich alle, auch extreme Lösungsvarianten auf den Tisch kommen.

4. Lösungsentscheidung:
Welche Lösung ist für alle die beste? Um diese Frage zu beantworten, müssen gemeinsam Bewertungskriterien für die verschiedenen Lösungsvarianten erarbeitet werden. Wie oben bereits erwähnt, ist es viel einfacher, zu einer gemeinsamen Lösung zu finden, wenn bereits gemeinsam getragene Werte und Normen vorliegen, die als Bewertungskriterien herangezogen werden können.

5. Umsetzung:
In einer kompetenten Beratung ist von vorneherein darauf zu achten, dass eine Umsetzungsbereitschaft bei den Betroffenen entwickelt wird. Die besten Lösungen nutzen nichts, wenn sie nicht umgesetzt werden. Inwieweit ein Unternehmen bei der Lösungsumsetzung von externer Seite begleitet wird, hängt vom konkreten Fall ab. Wichtig ist aber in Konfliktlösungsprozessen immer, dass Hilfe von außen als „Hilfe zur Selbsthilfe" eingesetzt wird.

Diese fünf Schritte des Problemlösungszyklus können auch ohne externe Begleitung umgesetzt werden. Dann ist aber in der Regel ein interner Moderator, der einen neutralen Standpunkt vertritt, erforderlich.

Kritik- und Konfliktfähigkeit: Fragen zur Selbsteinschätzung

- Wie reagiere ich auf Kritik von anderen?

- Wie reagieren andere auf meine Kritik?

- Was heißt für mich „konstruktive Kritik"?

- Gehe ich Konflikten aus dem Weg?

- Kann ich im Konfliktfall sachliche Lösungen finden?

- Haben wir in unserem Unternehmen Regeln der Zusammenarbeit formuliert?

- Wie gehen wir intern mit Konflikten um?

- Wären wir bereit, im Konfliktfall einen externen Moderator bzw. Mediator einzuschalten?

Aufrichtigkeit und Glaubwürdigkeit

Verzicht auf Manipulation

Die Lüge ist nicht die einzige Abweichung von der Wahrhaftigkeit. Thomas von Aquin ordnete die Wahrhaftigkeit den Gemeinschaftstugenden zu und stellte ihr neben der Lüge die Heuchelei und die Prahlerei gegenüber. Damit ist das Feld der Unwahrhaftigkeit aber bei weitem noch nicht abgedeckt. Andere Facetten sind falsche Versprechungen, Desinformation, Verstellung, List, Intrige, Wortbruch, Vertrauensbruch, Beschönigung, Schmeichelei, Ausrede, Ablenkung, Unterdrückung wichtiger Informationen, Geheimhaltung, Verschleierung, Täuschung, Manipulation, Werbung. Die Lüge ist nur die eindeutigste und auffälligste Form der Unwahrhaftigkeit.

Greifen wir als Beispiel die Manipulation heraus: Manipulation ist die kleine Schwester der Macht. Das Wesen der Manipulation bildet der Schein anstelle des Seins. Hauptsache, es sieht so aus, als täten wir etwas Gutes. Das ist das Hauptanliegen vieler Menschen, die sich dem Schmerz ihres Gewissens nicht stellen wollen. Auch das Böse findet nur Eingang in unserem Leben, wenn es wie etwas anderes aussieht. Niemand tut etwas, was nicht irgendwie „gut" wirkt. Man pflegt Systeme aufzubauen, in deren Rahmen das, was man tut, immer gut erscheint.

In meiner früheren Tätigkeit als Pfarrer begegnete ich immer wieder Menschen, die durch und durch unzufrieden waren. Sie meinten, nicht glücklich sein zu können, weil ihnen dieses und jenes fehlte. Ich versuchte dann immer ihren Blick auf das zu wenden, was sie bereits alles hatten, statt immer auf die zu schielen, die mehr haben. Ich sagte ihnen: „Realisieren Sie doch mal das, was Sie haben und für so selbstverständlich nehmen. Fangen Sie einmal an, dankbar zu werden für die Dinge, die Sie schon lange für selbstverständlich nehmen, während andere sie entbehren: Speise und Trank, gesunder Schlaf, gesunde Kinder, Freunde etc." Wie weit würde ich in unserem vertriebsorientierten Alltag mit diesen Ratschlägen kommen? Ist nicht der Ausdruck von Zufriedenheit geradezu gefährlich für den unternehmerischen Alltag? In einer Zeit, wo es um Gewinnmaximierung geht, um persönlichen Erfolg, um Konkurrenz, ist das Wort Frieden gerade zu einer Bezeichnung für nicht unternehmerisches Denken und Handeln, und somit eher zu einem Negativwort geworden. Wer Frieden für sein Unternehmen beansprucht, könnte für seine Konkurrenten damit ausdrücken, sich vom Wettbewerb ausgeklinkt zu haben. Gibt es Wettbewerbsfähigkeit und trotzdem Frieden?

Als ich in die Unternehmenswelt einstieg, sollte ich den umgekehrten Weg einschlagen, damit meine Ware gekauft wird. Ich lernte, dass man „Samen" für Unzufriedenheit säen muss, damit das Gegenüber kaufbereit wird, dass man Unruhe schaffen muss, wo Ruhe existiert, Unfrieden säen muss, wo Frieden herrscht. Nicht von ungefähr herrscht in vielen Firmen eine Atmosphäre von Unzufriedenheit. Ich kenne diverse Unternehmensberater, die systematisch Unruhe, Unfrieden, Unglück, Streit, Scherben und zerbrochene Beziehungen stiften.

Muss man, um erfolgreich zu verkaufen, so handeln? Wo Wahrhaftigkeit fehlt, kann man vorübergehenden Erfolg haben, aber man wird früher oder später über den eigenen Charakter stolpern. Offenheit und Ehrlichkeit im eigenen Wesen und im privaten wie im öffentlichen Bereich sind eine unumstößliche Grundlage für langfristigen Erfolg bzw. langfristiges Wohlergehen.

Wenn man nicht von Grund aus wahrhaftig ist, werden auch einzelne Werte, die man einsetzt, zum Werkzeug von Manipulation. Manipulation führt langfristig immer zu Vertrauensverlust. Wo Vertrauen schwindet, erntet man Misstrauen.

Wer sich selbst wie auch anderen gegenüber wahrhaftig und echt ist, wer nicht beansprucht oder vorgaukelt, was ihm nicht entspricht, der kommt von der Unruhe in den Frieden.

In der Schweiz beispielsweise hat sich das Zürcher Arbeitsgericht geweigert, die Qualifikation „vollste Zufriedenheit" in ein Zeugnis aufzunehmen. Der Ausdruck „vollste" sei ein Pleonasmus, auch wenn er in der Zeugnissprache üblich sei. Was voll sei, sei voll und könne weder voller, noch vollst sein. „Am allerstetesten, jederzeit voll empfänglich, zu unserer übervollsten Zufriedenheit" oder „seine ausgezeichneten Leistungen haben unseren höchsten Ansprüchen jederzeit entsprochen". Das Dilemma einer solchen Aussage ist, dass sie unglaubwürdig wirkt. Wer heute in einem Arbeitszeugnis aber die Wahrheit schreibt: „Er hat sich stets bemüht", muss damit rechnen, dass der nächste Personalchef daraus interpretiert, dass seine Fähigkeiten minimal waren. Oder wenn man schreibt: „Er hat alle Arbeiten ordnungsgemäß erledigt", kann der Leser interpretieren: „Er hat keinerlei Eigeninitiative gezeigt", oder: „Aufgrund seiner anpassungsfähigen und freundlichen Art war er sehr geschätzt" könnte man aus den Zeilen zu lesen meinen, dass die Person Alkoholprobleme hat. Auch der Satz: „Wir lernten ihn als umgänglichen Kollegen kennen" kann missinterpretiert werden: „Wir sahen ihn lieber gehen als kommen." Wenn man wahrheitsgemäß schreibt: „Er war sehr tüchtig und wusste sich gut zu verkaufen", heißt das: „Er war ein sehr unangenehmer und überheblicher Typ" etc. Wenn man die Wahrheit verfälschen muss, wenn man sie verändern oder maßlos übertreiben muss, damit beim Gegenüber die wirkliche Wahrheit ankommt, dann müssen wir uns doch fragen, wie weit die Manipulation schon zu einem Wesenszug geworden ist, dass die Wahrheit bereits schon als Moraldelikt gehandelt wird.

Das Geschäft mit der Täuschung

Der Büchermarkt ist voll von Themen wie: „Wie überzeuge ich erfolgreich?" Das Ziel besteht in der Praxis oft nicht darin, die Zufriedenheit des Gegenübers zu sichern, sondern den Verkauf der Ware. Um das zu erreichen, muss man die Kunden von ihrer Unzufriedenheit und ihrer verbesserungswürdigen Situation überzeugen. Nur so sind sie gewillt, eine Dienstleistung oder Ware zu kaufen.

Als kluger Verkäufer sage ich: „Mit dieser Kleidung kannst Du Dich nicht sehen lassen, in diesem Haus kannst Du keine Gäste empfangen, mit diesen Mitarbeitern kannst Du nur scheitern, mit diesem Computer kannst Du nicht konstruktiv arbeiten, mit diesem Auto kannst Du Dich wirklich nicht mehr unter zivilisierten Menschen bewegen etc.“

Die Hilfsmittel, mit denen die Ware schmackhaft gemacht wird, sind oft nahe an der Wahrheit, jedoch meistens nicht die ganze Wahrheit. Ein Blick hinter die Kulissen der Fernsehwerbung mag das noch verdeutlichen: Wenn ein Staubsauger Superleistung demonstriert, werden wir vom im Hintergrund angeschlossenen monströsen Industriesauger getäuscht. Bei der lecker fließenden Schokolade handelt es sich um eingefärbtes Motorenöl. Frischgezapftes Bier wird mit Zucker versetzt, um den Schaum zu treiben. Schnellgerichte aus der Tiefkühltruhe werden mit frischen Farben aufgepeppt, damit dem Zuschauer nicht der Appetit verdorben wird. Kartoffeln werden geschminkt, um das ideale Aussehen zu erhalten etc.

Das wichtigste Ziel bildet der Verkauf der Dienstleistung, erst in zweiter Priorität wird in der Praxis auf das tatsächliche Wohlbefinden des Menschen geachtet, der die Dienstleistung kaufen soll.

Im Geschäftsalltag sagen Menschen oft nicht, was sie meinen. Oft meinen sie etwas anderes, als sie sagen. In Zeiten der Rezession wird dann redimensioniert statt entlassen; fokussiert und nicht eine Abteilung geschlossen; dann hat man mittelfristig gute Perspektiven und nicht etwa tiefrote Zahlen; dann befindet man sich im Zielkorridor und nicht am Rande des Abgrunds; Man spricht von Zusammenschluss von Gleichberechtigten und meint Akquisition; „Sie werden befördert“, meint die Ankündigung einer krisenhaften Situation. „Wir werden uns um sie kümmern“ meint „Wir werden uns so ungenerös wie möglich verhalten.“ „Wir werden fair sein“ meint: „Dir steht ein Schlachtfest bevor“; „offen gesagt“ meint: Das Gegenüber ist gerade dabei, Dich anzulügen etc.

In den USA floriert das Geschäft der Spin Doctors. Sie sind spezialisiert auf die Kunst, Dinge in der Öffentlichkeit in einem positiven Licht darzustellen und dadurch Schaden zu „begrenzen“. Sie sind Meinungsmanipulatoren, die Situationen und Sachverhalte durch einen Dreh (Spin) zu beeinflussen versuchen. Diese Experten sind zu einer regelrechten großen Branche herangewachsen. Sie sind damit beschäftigt, die Wahrheit zu drehen und zu wenden. Für den Zuschauer oder Teilnehmer wird es immer schwieriger, Täuschung und Wahrheit zu unterscheiden. Die Notwendigkeit, Menschen und Sachverhalte besser darzustellen, als sie sind, ist das politische Klima, in welchem dieses Geschäftsfeld floriert.

Aber Glanz ist nur eine Eigenschaft von Oberflächen. Der äußere Glanz von Unternehmen gibt uns heute weniger als je zuvor einen Hinweis auf ihre innere Qualität.

Wahrheit im Geschäftsalltag

Viele Menschen fühlen sich bisweilen wie im Zangengriff von Nötigungen und Erwartungen. Je enger es auf dem Verdrängungsmarkt wird, desto mehr fühlen sie sich ausgeliefert.

Die Wahrheit aber bedarf nicht des Werkzeuges der Werbung, um noch wahrer zu werden. Aber die Wahrheit erweist sich nicht immer als angenehm. Da die Wahrheit zumindest oft keinen schnell wirkenden Verkaufsstimulator darstellt, muss sie leicht verändert werden, damit Menschen schneller oder überhaupt kaufwillig werden. Erlaubt es uns die Wahrheit, der wir uns alle eigentlich verpflichtet wissen, zu manipulieren?

Wahrheit ist das, was nicht maskiert ist. Wahrheit über uns selbst ist das, was wir tun, wenn es niemand merkt, was wir wirklich denken, wenn wir ganz allein sind. Wahrheit erweist sich als der bewusste Verzicht auf jede Art von Manipulation. Wahrheit kann schmerzlich sein. Wahrheit stellt die Spur dar, die wir in unserem Leben bereits hinterlassen haben, die wir nicht mehr verändern können. Wahrheit liegt im Ja zur Wahrheit, wo wir sie erkennen und Nein zur Manipulation, wo wir uns ihrer bewusst werden. Wahrheit und Demut hängen genauso zusammen wie Manipulation und Macht. Wir können Wahrheit auch nicht mit Richtigkeit gleichsetzen. Es gibt Rechnungen, die richtig sind, aber trotzdem keine Spur von Wahrheit für sich in Anspruch nehmen können. Richtigkeit erweist sich als eine Funktion des Verstandes, Aufrichtigkeit als eine Sache des Herzens.

Wir wissen, was ein Bleilot (Regula = die Aufrechte) ist. Ein guter Maurer richtet sich nach dem Bleilot. Er prüft sein eigenes Werk immer am Lot. Es gibt Bleilote in unserem Leben: Unser Gewissen, unser Partner etc. Wahrheit zeigt sich wie ein ausgependeltes Bleilot. Im Prozess eines Lebens, das sich der Wahrheit verpflichtet weiß, kommt das Bleilot immer mehr zur Ruhe.

Im klösterlichen Leben waren die Beichte, die Versöhnung, die Seelsorge, persönlicher Gehorsam, die Konfrontation und das Aussprechen der Wahrheit wichtige Elemente für das geistliche Leben, welches als ein Leben in Wahrheit definiert wurde.

Sollten wir nicht den Mut haben, darüber nachzudenken, dass Wahrheit und Wahrhaftigkeit langfristig eine ungeheuer kreative, innovative Kraft haben? Manipulation ist in Wirklichkeit langweilig, farblos und flach. Sie hat keine Lebensenergie in sich. Ein Mensch dagegen, der um *wahre* Freiheiten kämpft, erlebt, wie er immer mehr in einen Raum innerer Vitalität vorstößt.

Wahrheit erweist sich langfristig als das beste Werbemittel, weil nur so eine Ebene des Vertrauens erreicht werden kann. Was bedeutet diese Erkenntnis in ihrer Umsetzung in unserem täglichen Leben?

Sagen wir endlich das, was wir meinen: „Ich bin zu faul, zu Dir zu kommen" und sagen wir nicht „Ich habe keine Zeit". Schreiben wir, was wir meinen, zum Beispiel in Zeugnissen und Zwischenzeugnissen von Mitarbeitern (ich schreibe unter meine Beurteilungen: „Dieses Zeugnis enthält keine chiffrierten Aussagen"). Nehmen wir Abstand von Komplexitätslügen: In Werbeprospekten beispielsweise gaukelt man dem Kunden oft vor, wie schwierig und komplex das ganze Thema ist. Dabei geht es oft nur um banale Dienstleistungen. Man wirft mit Fremdworten um sich, bestückt das Werbematerial mit Sinuskurven, Kubi und Quadern, um den Kunden zu beeindrucken und ihm das Gefühl zu geben, er selbst komme nicht annähernd an das Verständnis der Dienstleistung heran, weshalb er dieses umso dringender benötigen würde.

**Aufrichtigkeit und Glaubwürdigkeit:
Fragen zur Selbsteinschätzung**

- Bin ich auch dann ehrlich, wenn mich wegen meiner Ehrlichkeit ein Nachteil erwartet?

- In welchen Situationen habe ich in Ehrlichkeit versagt?

- Welche Situation in meinem Leben könnte ich benutzen, um Ehrlichkeit aufzubauen?

- Wer ist mir Vorbild für Ehrlichkeit?

- Hält mich meine Umgebung für eine ehrliche Person?

- Kann ich ehrlich sein, wenn es mich eine Beliebtheit, eine Freund-schaft, ein Gefühl der Sicherheit oder eine gute Position kostet?

- Meine ich, was ich sage?

- Neige ich zum Übertreiben?

- Machen mir unehrliche Menschen das Leben schwer?

- Sind mir ehrliche Menschen lästig?

- Ist Ehrlichkeit eine Tugend, an die ich glaube?

Authentizität

Authentizität ist etwas Selbsttätiges, das seinen Ursprung im eigenen Sein und nicht im Aneignen hat. Sie ist eine ursprüngliche und schöpferische Qualität. Authentizität ist Identität. Identität bedeutet eine Übereinstim-mung und eine Gleichheit mit sich selber.

Authentisches Leben ist das Bemühen, identisch zu handeln, also das eige-ne Denken, Fühlen und Tun im Einklang mit seinen Wertvorstellungen zu leben.

Authentisch ist ein Mensch, wenn er sich genau so darstellt, wie er selbst ist, und dass er nur das versucht zu sagen, von dessen Gültigkeit er über-zeugt ist.[60]

Authentische Menschen versuchen in jeder Kommunikation und Führung ihre Selbstachtung zu realisieren. Sie lernen, ihren persönlichen Narziss-mus zwischen Macht, Anerkennung und Selbstverwirklichung abzulegen, gar ganz zu verhindern. Sie reden selbstkritisch in ihr Leben hinein. Sie tun etwas, um ihre Autorität nicht mit den ihnen zur Verfügung stehenden Machtmitteln, sondern über ihre Persönlichkeit einzusetzen. Sie bauen angewöhnte kommunikative Fehler zuallererst bei sich selbst ab. Dann werden sie zu Vorbildern, die sich in entscheidenden Momenten emotional wie sozial richtig verhalten. Authentizität bezeichnet Echtheit. Echtheit ist eine deutliche und bejahende Wahrnehmung der eigenen Innenwelt und eine Unbesorgtheit um die Selbstdarstellung.[61] Sie ist nicht einfach nur durch konkrete Anleitung erlernbar, sondern erfordert die Auseinandersetzung mit den gesellschaftlichen Verhältnissen um sich herum und mit den Verhältnissen in sich als Individuum. Zu erfahren "Wer bin ich?" bedeutet, sich selbst und anderen nichts vorzumachen. Wer nicht weiß, was mit ihm los ist, wie ihm innerlich zumute ist, kann sich nach außen hin auch nicht so geben.

Inszenierung statt Leben

Jemand sagte einmal: „Meine Ohren sind so voll von dem, was Du bist, dass ich nicht einmal hören kann, was Du sagst." Das, was wir sind, spricht immer viel mehr als das, was wir sprechen. Nicht-authentische Menschen bereiten ihren Mitmenschen das Unbehagen, dass darin besteht, dass diese merken, dass ihr Gegenüber nicht das ist, was es spricht. Wenn Taten stets anders sind als Worte, werden es die anderen merken, und es werden keine Fundamente entstehen, auf denen Beständiges gebaut werden kann. Nur authentische Identität hat authentische Beziehungen zur Folge.

Das Unbehagen, was mich bisweilen in der Begegnung mit Menschen beschleicht, ist das Gefühl, dass ich mit Rollenträgern kommuniziere. Diese Menschen vermitteln nichts Lebendiges. Denn nur Echtheit bewirkt Leben. Sie machen einsam, denn sie ersticken den Wunsch nach Anteilnahme, etwas, was wir zum Leben so dringend brauchen. Sind wir uns bewusst, wie hoch der Preis ist, wenn wir das Kostbarste, was wir haben, unsere unverwechselbare Persönlichkeit, verlieren?

Einer der größten Fehler, die ein Mensch machen kann, besteht darin, seine Einzigartigkeit zu unterdrücken. Man kann in den Perioden, in denen man seine Persönlichkeit unterdrückt hält, mit der Zeit völlig den Blick verlieren, was man eigentlich ist und irgendwann nicht mehr zwischen Tatsache und Inszenierung unterscheiden. Die inszenierte Authentizität kommt aus dem Bedürfnis, sich zu vermarkten, bei anderen gut ankommen zu wollen. Eine Zeit lang kann man ganz erfolgreich die eigene Persönlichkeit und angestrebte (aber leider nicht verwurzelte) Authentizität inszenieren. Die Wahrnehmung des eigenen Selbst orientiert sich dann nicht mehr am eigenen Sein, an der Authentizität, an den eigenen Gefühlen und Fähigkeiten. Vielmehr gilt es, die eigene Persönlichkeit und den eigenen

Charakter zu inszenieren und sich selbst eine Ich-Identität von außen anzu-eignen. Man zieht sich ein bestimmtes Persönlichkeitsprofil über, die Rolle des Erfolgreichen, Selbstbewussten, Selbstsicheren, Einfühlsamen, Ratio-nalen, Charismatischen.

Da es aber nur eine Rolle ist, verfehlt sie ihre Wirkung in der Nachhaltig-keit. Er hat keinen Zugang mehr zu der Erkenntnis, dass er im Grunde ein Opfer von suggestiven Kräften geworden ist. Wirklichkeit ist dann nur noch, was marketingmäßig geschickt inszeniert ist. Denn alle sind über-zeugt, authentisch zu leben, wenn sie ihre Rolle perfekt spielen. Dass die Inszenierungen nicht immer so glatt laufen, verdanken wir vor allem unse-rer Psyche, die Gott sei Dank nicht alles mit sich machen lässt. Viele Men-schen wissen gar nicht mehr, was sie selber denken und was sie von ande-ren übernommen haben, und sie denken auch nicht mehr kritisch darüber nach, dass ihre eigene Passivität viele Missstände verursacht hat. Warum neigen wir zur Inszenierung? Die meisten wollen das unterschwellige Ohn-machtgefühl verbannen, indem sie sich immer wieder neu beleben lassen durch die Erlebnisangebote inszenierter Wirklichkeit. Die Ohnmachtsge-fühle brechen immer dann bedrohlich durch, wenn Inszenierung nachlässt. Die Angst davor beherrscht viele Menschen. Symptome der Ohnmacht in unserer Zeit sind Überaktivität, Streben nach Kontrolle, Streben nach Macht etc.

Authentische Menschen haben den Druck der Fremdbestimmung so stark empfunden, dass sie in ihrem Handeln lieber das Risiko eines Scheiterns in Kauf nehmen, als sich einem Regime einer äußerlich aufgedrückten Ver-haltensform zu unterwerfen.

Nur derjenige, der Authentizität, Charakter und Unverwechselbarkeit als unverzichtbare Werte ansieht, wird dafür kämpfen, diese Werte höher zu erachten als die vordergründig positiven Folgen ihrer Verleugnung. Das Spüren des eigenen Kernes, der eigenen Authentizität wird dann die Grundlage ihres Lebensstils.

Fragen zur Selbstüberprüfung

- Wo befinde ich mich in Gehorsamshaltungen, obwohl ich in der Lage wäre, selbständig zu handeln?

- Setze ich mich für andere ein, auch wenn es im Moment nicht „opportun" ist?

- Hält mich meine Umgebung für authentisch?

- Welchen Gelegenheiten bin ich aus Mangel an Mut aus dem Wege gegangen?

- Was könnte denn schlimmstenfalls passieren, wenn ich widerspreche?

- Vor welchen Autoritäten habe ich Angst?

- Bin ich bereit, trotz Angst einen Konflikt zu riskieren?

- Welche Ängste hindern mich authentisch zu sein (aufzählen)?

- Wo werden eigene Lebensentscheidungen von den Eltern abhängig gemacht?

- Gibt es Momente bewusster Hörigkeit, gibt es Momente unbewusster Hörigkeit in meinem Leben, welche sind es?

- Welche Dinge machen mich mutlos?

- Wo und aus welchen Motiven ordne ich mich unter?

- Welche Äußerungen und Forderungen meiner Umgebung lassen mich unfrei werden und geben mir das Gefühl, dass ich nicht eigenständig und frei denken kann?

- Mit welchen Umständen, die ich eigentlich nicht mag, habe ich mich abgefunden?

- Was befürchte ich?

- Welche Menschen fördern in meinem Leben Authentizität?

- Wie groß ist meine Bereitschaft, gesellschaftliche oder berufliche Verpflichtungen abzusagen mit Hinweis auf meine Familie?

- Wie wertvoll ist mir meine persönliche innere Freiheit gegenüber meiner sozialen Sicherheit?

- Welche Meinungen sind mir wichtig?

- Wo herrschen in meinem Leben Regression und Gleichgültigkeit?

- Wo habe ich meine ethischen, ganz persönlichen Grundsätze verleugnet und mein Mitgefühl verloren? Kann ich die Gründe dafür benennen?

- Wo habe ich das Gewissen durch Sachzwänge ersetzt?

- Kann ich es aushalten, für eine Überzeugung allein da zu stehen?

- Welche mir wichtigen Werte kann ich zurzeit nicht ausleben?

- Wo handle ich gegen meine tiefste Überzeugung?

- Welche Anpassungszwänge kann ich benennen?

- Wie kann ich mein Wertebewusstsein stärken?

- Was hindert mich, so zu handeln, wie ich es möchte?

- Werden Abhängigkeiten aufrechterhalten, die in der Realität nicht mehr existieren?

- Wie habe ich in meiner Kindheit das „Wollen" gelernt?

- Wurde ich als Kind ernst genommen?

- Durfte ich in den Autoritätsbeziehungen bei meinen Eltern eigene Meinungen haben, wurden diese akzeptiert, durfte ich Widerspruch wagen?

- Ist es für mich so wichtig, die Zustimmung der Autoritätsperson zu erlangen?

- Fängt mein Selbstbild an zu wanken, wenn mein Vorgesetzter mich kritisiert?

- Suchen andere bei mir Schutz und Rat, wenn ihnen Gefahr droht?

Dienen und Führen

Eine Enttabuisierung

Der Begriff des „Dienens" ist in unserer Zeit geradezu tabuisiert worden. Einerseits ist das angesichts der deutschen Geschichte im 20. Jahrhundert mit ihrem falsch verstandenen Verständnis von „Staatsdienst" nur zu verständlich; andererseits führen Tabus vielfach dazu, dass man echte nicht mehr von unechten Sachverhalten und Werten unterscheiden kann. Das Wort Dienen deckt heutzutage die ganze Palette von „sozialem Dienst" über „Dienstleistungsgesellschaft" bis hin zum „Gottesdienst" oder „Militärdienst" ab, und wir fragen uns zu Recht, was ist aus dem Dienen bloß geworden?

Diese Kapitel will den durchaus spannungsgeladenen Zusammenhang zwischen „Dienen und Führen" aufzeigen und auf diese Weise Dienen als Wert erneut ins Zentrum auch unseres Geschäftslebens stellen. Führt nicht gerade der Zwang nach steilen Karrieren und materialistischen Erfolgsnachweisen oft in eine perfide Abhängigkeit und Unfreiheit, in der wir zwar vieles finden mögen, aber sicherlich keine Souveränität und keine innere Freiheit? Wenn wir uns stattdessen für den Weg des Dienens entscheiden, dann ist die oberste Sprosse der Karriereleiter fortan nicht mehr unser berufliches Endziel, sondern die Übernahme von Verantwortung innerhalb unserer (Mikro- oder Makro-)Gesellschaft. Wir werden befreit vom Zwang, immer der Erste sein zu müssen, weil unser Wert nicht mehr davon abhängt, auf welcher Erfolgsstufe wir stehen. Wir lernen, „Dienen" als das Gegenteil von „Herrschen" zu begreifen; aber wir erkennen auch Dienen als Bedingung und Grundlage des Führens.

Dienen oder Herrschen?

Am 13. August 1809 sagte Goethe in Frankfurt: „Das jetzige Unglück der Welt rühre doch meist davon her, dass sich alles zu Herren gebildet habe. Der Adel sei von jeher dienstpflichtig und der erste Staatsdiener."[62] Am Ende der Weimarer Republik hatte man sich endgültig vom Prinzip des Dienens verabschiedet. Die zwanziger Jahre haben uns das Resultat beschert. Die Beseitigung dieses Staates, die vielleicht weniger seiner faktischen Existenz als vielmehr seiner ideellen Kraft galt, führte uns in eine dunkle Zeit. Das „Prinzip Herrschaft", das das Ende der Weimarer Republik mit eingeleitet hatte, strebt heute noch – wenn auch in gewandelter Form – in der Wirtschaft nach Vorherrschaft.

Im Geschäftsleben konkurrieren heute mehr denn je zwei sich widerstrebende Gesinnungen: „Herrschen durch Belastbarkeit" gegen „Führen durch Dienen". Welche Gesinnung wird gewinnen? Führungskräfte, die nicht in die eigene Tasche wirtschaften, genießen im allgemeinen Autorität und werden gerne um Rat gefragt. Je stärker sie das Dienen auch als Führungskraft verinnerlicht haben, desto eindrücklicher ist ihre Autorität gewachsen.

Dienen durch Leistung

Die „Dienstleistungsgesellschaft" ist heutzutage in aller Munde. Dienstleistung heißt im Grunde: Dienen durch Leistung. Diese Formulierung zeigt, dass es sich bei dem Modewort um eine sehr anspruchsvolle Aufgabe handelt, die im Innenverhältnis des Unternehmens durch einen dienenden Führungsstil und im Außenverhältnis durch eine dienende Kundenorientierung erfüllt werden muss.

Bereits 1979 hielt Hans L. Merkle[63], der frühere Bosch-Vorstand, in Frankfurt einen viel beachteten Vortrag zum Thema „Dienen und Führen" und stellte dabei fest, dass Dienen und Führen keine Gegensätze sind, sondern dass Führungseignung aus der Bereitschaft zum Dienen hervorgeht. Führen ist also eine besondere Kategorie des Dienens. Ob man Dienen als Last oder Tugend betrachtet, hängt von der Einstellung des Betrachters ab. Die Unternehmen von morgen brauchen Führungskräfte, die sich in die Lage des anderen versetzen können und die Werte des Dienens und Helfens verinnerlicht haben. Die wahre Fähigkeit, Mitarbeiter zu führen, besteht darin, dienen zu lernen. Wir brauchen heute mehr denn je ein ausgewogenes Verhältnis von Rechten und Pflichten. In den westlichen Ländern wird zu viel von Rechten und zu wenig von Pflichten gesprochen. Der Wille zum Dienen darf nicht immer nur als Last, sondern sollte wieder als innere Haltung und als Bereitschaft zur Verantwortungsübernahme empfunden werden, zu der man sich entschließt.

Demzufolge sind Lehrkräfte und Vorgesetzte im Arbeitsprozess für das Caring (d.h. das Sorgen für das Wohlbefinden der Lernenden und der Mitarbeiter) verantwortlich. Nur ein in diesem Sinne entspanntes und gutes Klima kann die so wichtige emotionale Stabilität aufbauen und bewahren. Führen, das aus dem Dienen kommt, stellt etwas Notwendiges und Unersetzbares dar. Heute hat man es nicht mehr mit Anspruch *auf* die Führung, sondern mit Anspruch an die Führung zu tun.

In der heutigen Zeit gelten die Werte des Machens. Führungskräfte streichen gerne ihren Pragmatismus als Inbegriff des Machens heraus. Das Motto des Machers ist der Standpunkt: „Ich habe Recht, ich bin in Ordnung, ich muss die Welt in Ordnung bringen." Leider ist der wirtschaftliche Erfolg des pragmatischen Ansatzes oft nur von sehr kurzer Dauer. Das Ziel des Paradigmas des Machens ist immer eine Position der Dominanz. Nicht die Beherrschung der anderen, sondern die Herrschaft über sich selbst und der Dienst an der Gemeinschaft bedeuten jedoch Zukunftsbewältigung. Das Paradigma des Dienens ist gekennzeichnet durch Vertrauen in die anderen, durch die Bereitschaft, sich in die Lage des anderen hineinzuversetzen, unabhängig von Erfolg oder Misserfolg zu arbeiten, anderen zu helfen, ohne Dankbarkeit zu erwarten, ein gutes Werk zu tun, ohne sich darum zu kümmern, ob es dem Ruf nützlich ist.

Wer einen dienenden Führungsstil umsetzen will, sollte sich jedoch auch eines damit verbundenen *Risikos* bewusst sein. Nicht nur in den Unternehmen der sogenannten „New Economy" mit ihren flachen Hierarchien, sondern seit längerem auch schon in der „Old Economy" geht der Trend weg von linearen hin zu vernetzten Strukturen, weg von Überwachungsmechanismen hin zu selbststeuernden Systemen. Die Umsetzung eines dienenden Führungsstils heißt nun gerade nicht, diesen Trend unkritisch zu übernehmen und beispielsweise im eigenen Unternehmen einem falsch verstandenen „Sozialismus" – wir sind alle gleich, jeder ist sein eigener Chef etc. – Vorschub zu leisten. Wir müssen vielmehr unterscheiden zwischen effektiver Führung und effizienter Umsetzung.

Effektive Führung gibt Antworten auf die Frage: „Tun wir die richtigen Dinge?", effiziente Umsetzung gibt Antworten auf die Frage: „Tun wird die Dinge richtig?". Effektive Führung beginnt mit einer klaren Vision, aus der sich der Unternehmenszweck und die langfristigen Unternehmensziele ableiten lassen. Diesem Führungsaspekt entspricht eher die traditionelle, pyramidale Hierarchie. Auch und gerade von der dienenden Führungspersönlichkeit erwarten die Mitarbeitenden Visionen, Ziele und Richtungsweisung. Bei der Umsetzung so gewonnener Geschäftsziele ist eine traditionelle Hierarchie jedoch häufig hinderlich, weil sie die Mitarbeiter/-innen gegenüber den Kunden in eine untergeordnete Position bringt. Im Außenverhältnis müssen die Mitarbeitenden, insbesondere in einem Dienstleistungsunternehmen, als selbstverantwortliche „Mikro-Unternehmer" auftreten können, weil sie so am besten die Bedürfnisse der Kunden erkennen und befriedigen können.

Die Chance eines dienenden Führungsstils besteht unter anderem darin, dass auch Ihre Kunden merken, welchen Charakter Sie und Ihre Mitarbeiter/-innen haben und welche Werte Sie leben. Die Kunden erleben, dass Sie von Ihnen nicht hereingelegt werden, dass Ihr Reden und Tun übereinstimmen und Sie und Ihre Angestellten sich nicht zu schade sind, ihnen „zu dienen", um so ein glaubwürdiger „Service-Leader" zu sein. Gerade für die Unternehmen der „Dienst"-Leistungsbranche ist es existentiell wichtig, dass sowohl obere Führungskräfte wie auch ihre Mitarbeiter/-innen eine gute und glaubwürdige Haltung zum „Dienen" haben. Dienen ist die Einstellung, dass das Wohl des anderen und der Allgemeinheit – sowohl im Unternehmen als auch nach außen – ebenso wichtig ist wie das eigene; es ist die Erkenntnis, dass sich diese Einstellung auch in Taten zeigen muss.

Vielleicht wird mancher Leser bei diesen Ausführungen innerlich in Opposition gehen und das Gesagte als gar realitätsfremde Ethikduselei abtun. Ich bin überzeugt, dass er oder sie letztlich dann doch den langfristig kostspieligeren Weg gewählt hat. „Dienen durch Leistung" ist ein wesentliches Element des Qualitätsmanagements eines Unternehmens; und Qualität heißt, dass der Kunde zurückkommt und nicht das Produkt.

Dienen und Führen: Fragen zur Selbsteinschätzung

- Welche Assoziationen verbinde ich mit dem Wort „dienen"?

- Wer ist für mich Vorbild als dienende Führungspersönlichkeit?

- Wie kann ich einen dienenden Führungsstil umsetzen?

- Welche Chancen und welche Risiken sehe ich in einem dienenden Führungsstil?

- Wie kann ich die Chancen ausnutzen und die Risiken vermeiden?

- Was heißt für mich „Dienen durch Leistung"?

- Wie kann ich Menschen in meinem Geschäftsleben dienen?

Mitleidensfähigkeit/Misericordia

Der Egoismus enthebt den Einzelnen aus überkommenen Solidaritäten, aus den Zumutungen der Solidarität. Die Kehrseite sind die vielen Arbeitslosen, die vielen Einsamen, die in der modernen Wahlgesellschaft keinen Platz finden, die sich im freien Spiel der Kräfte nicht zu bewähren vermögen, wo immer sie sich anbieten. Die weltweit propagierte Autonomie geht immer mehr einher mit dem Risiko, verlassen und allein gelassen zu werden.

Friedrich der Große, der „Philosophenkönig", meinte seinerzeit noch: „Angenommen, vor ihren Augen fiele ein Unbekannter in einen Fluss. Würden sie ihn nicht vor dem Ertrinken retten? Und wenn sie einem Wanderer begegneten, den ein Mörder erschlagen will, würden sie ihm nicht zu Hilfe eilen und ihn zu retten versuchen? Das Gefühl des Mitleides ward von der Natur in uns gelegt. Es treibt uns unwillkürlich an, einander beizustehen und die Pflichten gegenüber unseren Nächsten zu erfüllen. Sind wir also selbst Unbekannten Beistand schuldig, so schließe ich daraus, dass wir ihn erst recht unseren Mitbürgern schulden, mit denen wir durch den Gesellschaftsvertrag verbunden sind."

Wir benötigen eine Rückbesinnung auf die Kultur der Barmherzigkeit. Barmherzigkeit ist die Übersetzung des lateinischen Wortes „misericordia". Wörtlich übersetzt heißt das: „Wer ein Herz hat, das sich den Bedürftigen und Elenden zuwendet." Das Gegenteil von Barmherzigkeit ist Hartherzigkeit und Teilnahmslosigkeit, soziale Kälte. Mitgefühl und Erbarmen sind Herzensangelegenheiten, aber Barmherzigkeit ist nicht nur eine Angelegenheit des Gefühls, sondern der realen Tat. Barmherzigkeit beseitigt nicht Ungleichheit zwischen Helfer und Hilfsbedürftigen, aber sie verbindet beide in einer Notgemeinschaft. So selbstverständlich Barmherzigkeit zu sein scheint, so selten geschieht sie spontan, denn sonst müssten wir nicht immer wieder an sie erinnert werden. Barmherzigkeit hat zudem nicht über Wahlmöglichkeiten rational zu entscheiden. Barmherzigkeit kalkuliert nicht, sie wägt nicht ab, sondern sie handelt. Sie gehört nicht zu den nach Nützlichkeitsprinzip messenden Maßstäben normativer Ethik.

Barmherzigkeit besaß lange Zeit den Ruf des bloßen Almosengebens; darum war sie im Sozialismus verpönt. Das Wort Gerechtigkeit hat dafür ihren Platz eingenommen, und nicht wenige glauben, dass Barmherzigkeit heute fehl am Platz sei. Benachteiligte brauchen keine Barmherzigkeit, kein Mitleid, sondern Gerechtigkeit. Dafür sei ja auch unsere soziale Marktwirtschaft zuständig, dafür zahlen wir ja auch Steuern.

Weit gefehlt: Fehlt es an Mitleidensfähigkeit, so breiten sich Gleichgültigkeit und Herzlosigkeit aus. Not wird anonym. Soziale Hilfe wird zur Aufgabe professioneller Helfer, die auf der Grundlage rechtlicher Vorgaben handeln. Funktionale Sozialarbeit und Gesetzgebung ohne Barmherzigkeit führt zu einer Verarmung des Menschen. Ohne Barmherzigkeit wird Gerechtigkeit zur Routine, seelenlos und kalt.

Die Leitfrage: „Wer ist zuständig für das Soziale?" führt am Ende weg von den Fragen der Zuständigkeit und hin zur Grundfrage der die Menschlichkeit tragenden und stützenden geistlichen inneren Kräfte. Gerade unsere westliche Staatsform muss in der sozialen Frage viel konturierter als bisher von der Notwendigkeit des Mitleidens geprägt werden, und gerade die Besitzenden müssen zu größerer privater Opferbereitschaft sensibilisiert werden.

Der Staat alleine kann das Soziale nicht tragen. Wie „sozial" der „Sozialstaat" im Einzelnen ist oder sein soll, überlasse ich der Politik zu entscheiden. Alfred Müller-Armack, der den Begriff der sozialen Marktwirtschaft geprägt hat, schrieb noch: „Was wir verlangen, ist eine neu zu gestaltende Wirtschaftsordnung, die nicht aus Zweckdenken hervorgehen darf, sondern aus der tieferen Begründung durch sittliche Ideale."[64] Heutzutage wird weniger über die sittlichen Ideale von damals als darüber gesprochen, was deren Realisierung gekostet hat bzw. noch kosten darf. Die Rechnung scheint vergleichsweise einfach zu sein: „Wer den Staat ruinieren will, der braucht sich nur etwas mehr Gerechtigkeit auszudenken, als Geld vorhanden ist, sie zu realisieren.“[65] Wir werden den Sozialstaat vermutlich nur durch private Vorinvestitionen retten können.

Ohne sozialen Ausgleich zerstört eine Gesellschaft ihre eigenen Grundlagen. Von den Reichen werden deshalb in vielen Religionen und Weltanschauungen nicht ohne Grund Almosen erwartet. Das Wort Almosen stammt von dem griechischen Wort „eleemosyne“ d.h. Mitleid. Erwartet wird Anteilnahme, nicht ein plump aus dem Geldbeutel gefallener Batzen.

Wenn Führungskräfte nach ihren Stärken gefragt werden, erhält man oft spontan die Antwort: „Ich bin besonders belastungsfähig“. „Belastbarkeit“ kann ein Vorteil sein, es ist aber auch jene Eigenschaft, derer sich eben auch die Abgestumpften rühmen. In vielen Situationen scheinen sie auch am besten zu überleben. Sie haben die stärkeren Nerven und die dickere Haut.

Mitleidensfähige Menschen sind auch belastbar, aber ihre Belastbarkeit äußert sich darin, dass sie betroffen sind und das Leiden der anderen ertragen und mittragen und mitleiden, statt vom Tisch zu wischen. Belastbarkeit ohne Mitleidensfähigkeit leitet den Druck nur auf die „Unteren“ weiter, statt sie zu entlasten.

Mitleidensfähigkeit: Fragen zur Selbsteinschätzung

* Halte ich Menschen für schwach, wenn sie Mitleid zeigen?

* Ruft das Leid anderer Mitleid in mir wach?

* Bin ich bereit, Unannehmlichkeiten auf mich zu nehmen, um jemandem, der in Not ist, Mitgefühl zu zeigen?

* Bin ich fähig, Menschen Mitleid zu zeigen, deren Probleme mich ärgern?

* Auf welche Art kann ich Mitgefühl zeigen?

* Hält mich Stolz davon ab, Mitgefühl zu zeigen?

Mäßigkeit und Großzügigkeit

Die Wachstumswirtschaft braucht als ständigen Motor einen ständig zunehmenden Konsum. Das Konsumdenken wird uns indoktriniert. Demgegenüber kann nur ein Bewusstsein für maßvollen Umgang mit unseren Ressourcen unsere Entscheidungsfreiheit in einer technischen Welt bewahren und möglicherweise vergrößern. Die Ökonomie muss, wie jeder Haushalt, im Dienste eines Gesamtzusammenhangs stehen.

Schon in der Antike galt „Temperament" als sittliche Norm der Lebensgestaltung; Temperament bedeutet Mäßigung und Selbstbeherrschung. Homer benutzte hierfür das Wort „Sophrosyne" (Besonnenheit). Für Platon zählte Maßhalten, Weisheit und Gerechtigkeit zu den vier Kardinaltugenden. Aristoteles setzte tugendhaftes Handeln mit der vernünftigen Mitte zwischen zwei Extremen menschlichen Verhaltens gleich *(mesotes)*: „Der tugendhafte Mensch wählt die Mitte und entfernt sich von beiden Extremen, dem Zuviel und dem Zuwenig." Jesus redet in seinen Gleichnissen von Maßstäben des Lebens. Seine Maßstäbe richten sich nach der Großzügigkeit Gottes. Diese Großzügigkeit ist der Maßstab, den auch wir im Alltag anlegen sollten, aber wir sind nur Verwalter dieser Großzügigkeit.

Was können wir aus der Antike lernen? Zum Beispiel dies: Man sollte sich nichts aus Statusgründen kaufen, sondern nur aus Notwendigkeit. Oder: Wir sollten alles ablehnen, was uns zur Sucht werden kann. Wir müssen unterscheiden lernen zwischen den echten Bedürfnissen und einer Abhängigkeit. Sucht kann Dinge bedeuten, die wir konsumieren. Sucht kann auch Geld bedeuten. Wenn Sie merken, dass das Geld Ihr Herz besitzt, verschenken Sie einen Teil davon, Sie werden sich leichter fühlen. Geld ist ein guter Knecht aber ein schlechter Herr.

Die Grenzen des Wachstums sind seit vielen Jahren, seit dem Erscheinen der Denkschrift „Ein Planet wird geplündert" des „Club of Rome" von Herbert Gruhls, ein bekanntes Faktum. Auch die Natur kennt kein unbegrenztes Wachstum, warum sollte ausgerechnet die Wirtschaft unbegrenztes Wachstum haben können?

Die Mäßigung eines seine Entscheidungen bewusst treffenden Menschen, die Bescheidenheit aus Verantwortung, ist aktueller denn je zuvor. Wer auf ein Produkt oder einen Anspruch verzichtet, weil daraus Schaden für die Gesamtheit entstehen könnte, zeigt damit Verantwortung für sich selbst und für andere.

Weder die Habgierigen noch die Geizigen kennen die Freiheit der Einfachheit. Diese Freiheit existiert unabhängig davon, ob man gerade im Mangel oder im Überfluss lebt. Es ist eine innere Haltung des Vertrauens. Wir können uns nicht frühzeitig genug von einer zu glatten Denkweise verabschieden, die jedem ein sorgenloses Leben und unbeschränkte Freiheit und Genuss verspricht. Da unsere Welt nicht über unbeschränkte Ressourcen verfügt, sollte die Devise heißen: Bescheidenheit, weniger konsumieren, weniger produzieren, also Abschied von der Ideologie des ewigen Wachstums, die unsere Wirtschaft beherrscht.

Immanuel Kant hat diesen Gedanken in seinem kategorischen Imperativ auf den Punkt gebracht. Ist Unabhängigkeit durch den Reichtum oder vom Reichtum das letzte Ziel? Kant schreibt: „Reich ist man nicht durch das, was man besitzt, sondern mehr durch das, was man mit Würde zu entbehren weiß. Es könnte sein, dass die Menschheit reicher wird, indem sie ärmer wird und gewinnt, indem sie verliert."

Einfachheit ist Freiheit, nicht Sklaverei. Gewöhnen wir uns daran, Dinge zu verschenken, wenn wir entdecken, dass wir an irgendetwas hängen. Zu viele Dinge, die nicht gebraucht werden, machen das Leben kompliziert. Sie müssen versorgt, verstaut, umgeräumt und untergebracht werden. Die meisten können sich von mehr als der Hälfte ihres Besitzes trennen, ohne dass es für sie ein ernsthaftes Opfer bedeuten würde.

Lernen wir, uns an Dingen zu erfreuen, auch wenn wir sie nicht selbst besitzen. An vielen Dingen im Leben kann man Freude haben, ohne dass sie einem gehören. Der Wert der Dinge liegt nicht in ihrem Besitz, sondern in ihrem Nutzen. Die schönsten Dinge im Leben – erlauben Sie mir abschließend diesen einfachen und gleichzeitig bewusst vieldeutigen Satz – sind ohnehin umsonst.

Sowie der Geiz zur Gier gehört, so ist andererseits die Großzügigkeit anderen gegenüber ein Wesensmerkmal der Mäßigkeit.

Man sagt, die Vaterliebe ist die bedingte Liebe, die Mutterliebe die unbedingte Liebe. Menschen in unserem geschäftlichen Umfeld werden heiter, wenn wir die Mutterliebe in die Wirtschaft zurückbringen. Bei der bedingten Zuwendung dominiert immer der Gedanke: Ich will was verdienen, ich will Nutzen haben, wie kann ich dir nutzen, damit ich Nutzen habe. Die unbedingte Liebe demgegenüber wagt es, den Gedanken hinten anzustellen: Was bringt es mir, wenn ich dir helfe. Sie sieht den Kunden in seinem speziellen Dilemma und investiert sich leidenschaftlich, um dieses Problem des anderen zu lösen. Der Kunde hat ein sehr sensibles Gespür und weiß diese Form von „Mutterliebe" zu honorieren.

Mäßigkeit: Fragen zur Selbsteinschätzung

- Was würde ich mir heute nicht mehr kaufen, wenn ich es nicht schon hätte?

- Was kann ich demzufolge getrost abgeben?

- Was bedeutet für mich konkret „Maß halten"?

- Bin ich süchtig? Wenn ja, wonach? (Wie lange kann ich zum Beispiel auf das Glas Wein am Abend verzichten?)

- Wie erreiche ich ein gesundes Maß in meinem Leben?

Großzügigkeit: Fragen zur Selbsteinschätzung

- Kann ich mich von Dingen trennen, die mir wertvoll sind? Fällt es mir schwer oder fällt es mir leicht?

- Macht es mir Freude, Menschen zu beschenken?

- Bewegen mich die materiellen Nöte anderer, eine offene Hand zu haben oder lassen sie mich gleichgültig nach dem Motto: „Die sind selbst schuld"?

- Kenne ich Menschen, die großzügig sind? Sind diese Menschen zufriedene Menschen?

- Wie bezeichnet mich mein Umfeld, diejenigen, die mich gut kennen: Als geizig oder als großzügig?

- Bin ich auch mit der Zeit so großzügig wie mit dem Geld?

- Was sind meine Motive, großzügig zu sein?

- Bin ich kleinlich?

- Bin ich auch großzügig Menschen gegenüber, die mich nicht bitten?

- Möchte ich mit meiner Zeit, meinem Geld, meinem Besitz großzügiger werden oder möchte ich ihn akkumulieren?

Vom rechten Umgang mit Macht

Ist Macht gut oder böse?

Nach Alfred Adler gehört das Machtstreben zum Grundantrieb des Menschen. Für ihn erweist es sich als wertneutral. Nach Martin Buber ist es aus der Erfahrung der Geschichte her eher ein Tor zum Bösen, Kant beschreibt es kritisch, Nietzsche idealisierend, Max Weber verzichtet auf jede Wertung.

Wir können hier nicht abklären, inwieweit Macht gut oder böse ist, wir können aber feststellen, dass sie gefährlich und zugleich gefährdet ist, dass sie in der Geschichte der Menschheit zwar bisweilen zum Guten eingesetzt wurde, noch mehr aber zum Bösen. Wenn wir die Geschichte zurückverfolgen und an die Mächtigen der Vergangenheit denken, so können wir diejenigen, die mit Macht richtig umgehen konnten, leider an den Fingern abzählen.

Macht birgt die Möglichkeit in sich, zur Droge zu werden. Macht kann süchtig machen nach mehr Macht. Schon der Basler Historiker Jacob Burckhardt sagt über die Macht: „Sie ist kein Beharren, sondern Gier." Die Mächtigen dieser Erde haben sich stets bemüht, noch mehr Macht zu erlangen. Der Ausspruch: „Süchtig nach Macht" weiß um seinen Ursprung in der Realität. Die Destruktion der Macht entspringt aus dem Verlangen, mehr sein zu wollen. Lebenslange Freundschaften können im selben Moment zu tödlichen Feindschaften werden, wenn ein Direktionsposten einer Firma neu zu besetzen ist. Viele erfahren täglich am eigenen Leibe, dass interne Konkurrenz ihren anspornenden Charakter verliert und zu bitterem Ernst wird. Klettern, stoßen, schieben – das ist die Sprache der Macht, die zerstört.

Macht birgt die Möglichkeit in sich, missbraucht zu werden, indem sie als geliehene Macht vom Machtinhaber gestohlen wird, um für die eigenen Interessen eingesetzt zu werden. Dieses Handeln bezeichnen wir als Korruption. Korruption liegt vor, wenn derjenige, der die Macht ausübt, sie für eigene Zwecke einsetzt – entgegen den ursprünglich vorgesehenen Zielen und im Gegensatz zu dem, was man öffentlich verkündet. Macht birgt in sich also die Möglichkeit, dass sie missbraucht werden kann, und deshalb wird sie auch gewöhnlich missbraucht.

Unserem demokratischen Ansatz zufolge muss Macht grundsätzlich kontrolliert werden. Die obligatorische Kontrolle von außen, etwa durch die in ihrer Macht getrennten politischen Organe der Legislative, Exekutive und Judikative (klassisches Dogma der Gewaltenteilung im Staat) und die fakultative Kontrolle von innen, etwa durch persönliche Wertvorstellungen und durch moralische Handlungsmaximen jedes einzelnen Menschen, sollten zum Tragen kommen und sich die Hand reichen.

Eigentlich könnte man erwarten, dass diejenigen, die an den Schalthebeln der Macht sitzen, im Prinzip nicht korrumpierbar sind – und dass sie sich ihrer Machtposition würdig erweisen. Aber so eine Erwartung ist frommes Wunschdenken.

Macht birgt in sich auch die Eigenschaft, dass sie sich versteckt. Man spricht von „Verantwortung", von „Einfluss". Man hat sich daran gewöhnt, Motive zu verschleiern und dunkle Anteile zu verneinen. Machthungrige Menschen tun alles, um ihr wahres Motiv zu verbergen. Sie entwickeln eine regelrechte Kunst darin. Auf diese Art verunsichern sie das Gegenüber. Argumente und Fakten umgeben die anderen, die anscheinend in eine ganz andere Richtung weisen, und man spürt ein Unbehagen, das man nicht definieren kann. Eine Eigenschaft der Macht liegt also in ihrer Kunst der Verschleierung, da sie nur selten ihr wahres Gesicht zeigen will.

Macht birgt in sich nicht zuletzt die Möglichkeit, zu einem Unterdrückungsinstrument gegenüber machtlosen Menschen zu werden und somit zu einem Feind der Freiheit.

Neben Geld und Erfolg übt Macht die größte Faszination innerhalb des Berufslebens aus. Eine alte Lebensweisheit sagt: „Nichts entlarvt einen Menschen so schnell wie der Gebrauch der Macht." In den obersten Führungsetagen finden wir leider oft eine Ansammlung von Menschen, die ein krankhaftes Machtbedürfnis aufweisen. Eine ganze Zeit lang können solche kranken Menschen hervorragende Resultate für ihr Unternehmen erwirtschaften, und sie erblühen unter der Bewunderung anderer für ihre konsequente, gnadenlose Härte, langfristig aber zerstören sie ihre Mitarbeiter, den Unternehmensgeist und sich selbst.[66]

Wenn andere Machtträger von der Macht nicht korrumpiert werden, wenn sogar positive Korrelationen von Machtträgerschaft und Tugend empirisch feststellbar sind, so hat das (leider) oft weniger nur mit der Integrität des einzelnen Machthabers zu tun als vielmehr mit den inzwischen entwickelten subtilen Methoden der Machtbeschränkung und Machtbindung. Dass ein Amt den Machtträger adelt, ist möglicherweise gerade nicht auf die Power-Komponente zurückzuführen, sondern auf die Power legitimierenden Gegenmechanismen. Das, was ein Amt adelt, sind die Schranken und nicht die Macht.[67]

Konstruktive Machtausübung

Wir alle sind Verantwortungsträger und somit im Kleinen oder Großen Träger von Macht. Machtträger werden kritisch beobachtet, denn viele Menschen, die auf der Suche nach Vorbildern sind, beäugen vermeintlich Mächtige, weil sie überall berechtigterweise Missbrauch befürchten. Machtträger stehen ständig unter Verdacht. Ihr Verhalten wird schnell missdeutet. Deshalb sollten Sie in sensiblen Bereichen ganz besonders durch ihr Verhalten klarmachen, dass sie die Grenzen ihrer Befugnisse einhalten. Im Umgang mit Macht spielt der Charakter eine entscheidende Rolle. Er erweist sich als das Instrument, welches die Macht steuert, und zwar die Macht, die zerstört, wie auch die Macht, die aufbaut.

Halten wir aber fest, dass trotz der eher düsteren Beschreibung der Macht, diese auf jeden Fall von verantwortungsbewussten Machtträgern zur Verwirklichung des Guten eingesetzt werden kann und werden muss. Was ist Macht zum Guten? Wir wissen alle, dass es nicht genügt, bloß zu erkennen, was für ein Kind, für die Gemeinschaft, für das Allgemeinwohl etc. gut wäre. Die berechtigten und förderlichen Anliegen müssen auch umgesetzt und verwirklicht werden und zum Durchbruch gegen eingerostete Gewohnheiten oder egoistische Einzelinteressen kommen. Es genügt auch nicht, einzusehen, was für die Familie und das Kind schädlich ist, was das Vertrauen untergräbt und die Zukunft verbaut, was die Atmosphäre vergiftet. Man muss sich gegen das Zerstörerische wehren, das Schlechte am Aufkommen hindern oder doch wenigstens so weit wie möglich eindämmen. Werte, die keine Macht haben, können sich nicht durchsetzen, und Macht, die nicht auf dem Grund von Werten funktioniert, ist zerstörerisch. Wir haben die Verpflichtung, im eigenen Land dafür zu sorgen, dass unsere Werte weiter Gültigkeit behalten, und wir müssen nach Maßgabe unserer Kraft alle Mächte in dieser Welt unterstützen, die im Dienst dieser Werte stehen.

Macht im guten Sinne kann sogar Verzicht auf Machtausübung sein. Jeder Akt von Begnadigung, Amnestie und Vergebung spiegelt diesen Verzicht auf eigentlich gerechtfertigte Strafe beziehungsweise Rache wider. Erst hier zeigt sich, ob wir Souveränität über unsere Macht besitzen, wenn wir auch die innere Freiheit besitzen, darauf zu verzichten.

Macht kann auch in die Freiheit führen, wo Stärke die Schwäche nicht übersieht, wo Ordnung nicht Selbstzweck ist, sondern einen sicheren Lebensraum bietet, wo Verantwortungsbewusstsein der Willkür die Stirn bietet, wo der Zweck nicht alle Mittel heiligt, wo Ohnmacht einen Platz hat, wo „oben" und „unten" gemeinsamen Entscheidungen weicht, wo die Würde des Menschen nicht mit Füßen getreten wird.

In Interviews, Gesprächen und Briefen beklagen oft Führungskräfte in der Rückschau auf ihr Leben, dass sie sich in ihrem Berufsleben nicht konsequenter für das Konstruktive eingesetzt zu haben, oder sie heben diese Momente positiv hervor, wo sie die Kraft hatten, die Stimme ihres Gewissens über die Stimme der Volksmeinung um sie herum gesetzt zu haben. So etwa ein ehemaliger Personalvorstand von Daimler-Chrysler: „Wenn ich noch einmal von vorne anfangen könnte, würde ich alle wichtigen geschäftlichen Entscheidungen, die ich selbständig und in Übereinstimmung mit meinem Gewissen und meiner persönlichen Verantwortung fällen konnte, heute noch einmal so fällen. Von anderen geschäftlichen Entscheidungen jedoch, die ich als Kompromisse fällen musste, wo sich oft mein anfängliches Unbehagen später bestätigt hat, würde ich mich aus heutiger Sicht ohne Rücksicht auf Verluste klar distanzieren."[68]

Autorität statt Macht

Wenn Machtausübung eine Frage des Charakters ist, dann lässt sich daraus für unser Geschäftsleben ableiten, dass Autorität eine wichtige Schlüsselkompetenz ist. Wer die ihm zur Verfügung stehenden Machtinstrumente –

Abmahnungen, Verweise, Sanktionen bis hin zu Gewalt etc. – *nicht* einsetzt, verfügt in der Regel bei seinem Umfeld über umso mehr Ansehen und damit Autorität. Wer Autorität besitzt, hat bessere Voraussetzungen für den rechten Umgang mit Macht als derjenige, der keine Autorität besitzt.

Das Wort Autorität stammt vom lateinischen *auctoritas,* was soviel wie „Urheber" bedeutet und zum Beispiel auch dem deutschen Wort „Autor" als Sprachwurzel dient. Für die alten Römer war *auctorita*s mehr als ein Ratschlag, aber weniger als ein Befehl. Aus dieser Genese leitet sich auch der Unterschied zwischen einem „autoritären" und einem „autoritativen" Charakter ab. Der autoritäre Charakter nutzt lediglich die Spielregeln der Macht zu seinem eigenen Vorteil; der autoritative Charakter ist und lebt werteorientiert und kann dadurch zum Urheber von Orientierung auch für andere werden. Gerade in einer so dynamischen und komplexen Zeit wie der heutigen brauchen wir im Privat- wie im Berufsleben wieder die Pflege und Anerkennung von Autorität in ihrem positiven Wortsinn. Freilich müssen heute mehr denn je die Begründungszusammenhänge von Autorität offengelegt und transparent gemacht werden, sei es gegenüber Mitarbeitenden, Wählern oder den eigenen Kindern; aber die Begründung und Erklärung von Autorität heißt eben gerade nicht, sie dadurch außer Kraft zu setzen.[69]

Machthaber, insbesondere wenn sie herrisch und grausam regiert haben, verlieren nach ihrem Tode oder schon bei Verlust ihres Amtes sofort ihren Ruhm, und an Nachruhm ist nur unter negativen Vorzeichen zu denken. Ganz anders verhält es sich aber mit Autorität. Sie stellt einen Wert unabhängig von der jeweiligen Person dar und wächst oftmals sogar noch nach ihrem Tode. Wir haben also die Möglichkeit, durch das Ein- und Ausüben von Autorität den nachwachsenden Generationen ein Erbe weiterzugeben, einen Nachlass immaterieller Werte, der insbesondere auch für die Corporate Identity – oder wie man früher gesagt hätte: den Geist – eines Unternehmens überaus wichtig ist. Wie viele Firmengründer, die längst gestorben sind, prägen noch bis heute „ihre" Firma. Wenn wir unsere materielle Nachfolge regeln, sollten wir uns auch klar darüber werden, welche immateriellen Werte wir unseren Kindern, Mitarbeitenden und Nachfolgern hinterlassen wollen; denn unseren Nachruf werden wir nicht selbst schreiben.

Mut und Demut

Was ist Mut und Zivilcourage?

*Am Ende werden wir uns nicht an die Worte
unserer Feinde erinnern,
sondern an das Schweigen unserer Freunde.*

Martin Luther King

Zivilcourage (Zivilcourage ist die altruistische Seite von Mut) ist der lebendige Ausdruck von Authentizität. Zivilcourage bedeutet, Authentizität
auch unter Druck zu bewahren. Sie ist der Mut, für die persönliche Überzeugung notfalls auch gegen den Zeitgeist und gegen die durch den Zeitgeist geprägte öffentliche Meinung einzustehen, auch auf die Gefahr hin,
dass einem dadurch erhebliche persönliche Nachteile entstehen. Zivilcourage ist eine öffentliche und offene Meinungsäußerung. So kommt auch
Rainer Werner Fassbinder zu dem Schluss: „Ich werde lieber gehasst für
das, was ich bin, als geliebt für das, was ich nicht bin." Zivilcourage ist ein
bewusstes Wahrnehmen von Verantwortung im überschaubaren, unmittelbaren und persönlichen Wirkungs- und Gestaltungskreis. Ein Mensch mit

Zivilcourage zeigt, dass er um sein individuelles Gewissen und seine Verantwortungspflicht weiß, die ihm keiner abnehmen kann. Zivilcourage bedeutet die Fähigkeit, dem, was Recht ist, die höhere Autorität zu zollen als dem beherrschenden Zeitgeist oder dem Gruppenzwang. Das Wesen der Zivilcourage besteht nicht darin, nach Erfolg zu fragen, sondern bedeutet in erster Linie, vom Wert bestimmt zu sein und sich an den Werten auszurichten. Das übergeordnete Prinzip sind die Werte und nicht die Ziele. Deswegen wird derjenige, der echte Zivilcourage leistet, diese unabhängig vom Erfolg seiner Tätigkeit ausüben. Zivilcourage zeichnet sich gerade dadurch aus, dass sie aktiv wird, ohne vom Ziel her gewiss zu sein. Einer, der Zivilcourage leistet, lässt sich nicht von der Erfahrung der Angst lähmen. Das Wesen der Zivilcourage besteht nicht darin, andere Menschen um jeden Preis überzeugen zu müssen. Sondern ihr Wesen besteht in der Fähigkeit, anderen gegenüber das frei ausdrücken zu können, was man denkt und fühlt. Mut und Zivilcourage sind für jeden verfügbar. Die Fähigkeit des Menschen zum Mut macht Zivilcourage möglich, die Neigung des Menschen zur Feigheit macht Zivilcourage nötig. Der wirklich Mutige ist niemals angstlos, sondern stellt sich der ängstigenden Situation in dem Bewusstsein, verwundbar zu sein.

Schließlich ist festzustellen, dass Zivilcourage nicht verordnet werden kann. Zivilcourage entsteht immer aus persönlichem Antrieb und eigener Initiative.

Unsere Zeit hat das Wort „Non-helping-bystander" geprägt. Es bezeichnet das immer häufiger beobachtete Verhalten, dass Menschen wie gebannt schreckliche Ereignisse hautnah fasziniert beobachten, ohne ein dringendes Bedürfnis zur Tat zu empfinden. Dieser neue Begriff fordert uns heraus, darüber nachzudenken, ob wir uns zwischenzeitlich zu Unterhaltern einer „Non-helping-bystander-Mentalität" entwickelt haben.

Von einem Unternehmensberater habe ich folgende Erfahrung gehört: Wenn beispielsweise ein Vorstand in seinem Unternehmen in Ungnade fällt, kann er sich kaum auf seine Freunde verlassen. Wenn es für die anderen Nachteile bringt, sich hinter die Person zu stellen, bekunden am Anfang noch 80 Prozent seiner bisherigen Freunde die Solidarität, aber nur dann, wenn dies unter vier Augen geschieht. Sind die gleichen Leute aber in einer Gruppe mit anderen, bekennen sich nur noch 30 Prozent zu ihrem Freund. Geht es aber darum, unter Druck, ohne dass es eigene Vorteile bringt, zu dem Freund zu stehen, bleiben nur noch 3 Prozent übrig. Wenn es sogar Nachteile bringt für die eigene Karriere, sich hinter den Freund zu stellen, ist es nur noch 1 Prozent.

So gibt es viele, die gefangen sind und allein gelassen zwischen Macht und Ohnmacht. Macht erzeugt bei den von der Macht Betroffenen Ohnmacht. Die natürliche Reaktion auf das Gefühl ihrer Ohnmacht ist Wut. Wut richtet sich gegen die, die Macht ausüben etc. Die Dynamik dieses Kreislaufes ist die Angst und Mutlosigkeit in ihren vielen Gesichtern. Es gibt Menschen, die es geschafft haben, diesem Kreislauf zu entkommen. Diese Menschen haben ihre Angst zugegeben und beim Namen genannt. Wenn ein Ohnmächtiger zugibt, dass er sich ohnmächtig fühlt oder Angst hat, beweist er Mut. Wenn ein Wütender zugibt, dass er verletzt ist, beweist er Mut. Ihr Mut zur Offenheit war ihr erster Schritt, aus den Verhaltensmustern des Angstkreislaufes herauszukommen. Ihr neues Verhaltensmuster war durch Offenheit und Vertrauen geprägt. So wurden sie mutiger und stärker.

Diese Menschen haben mich beeindruckt, weil sie durch ihr Verhalten eine entängstigende Wirkung erzielten, durch die nachhaltige Beziehungen entstanden. Wer das Risiko kennt, die Angst spürt und trotzdem das Notwendige tut, verwandelt einen Kreislauf, der durch Angst angetrieben wird in einen Kreislaufe der Stärke. Diese Haltung dem Leben gegenüber ist niemandem in die Wiege gelegt worden. Je reifer (mutiger) ein Mensch wird, desto deutlicher wird er seine Ängste spüren, aber auch zugeben können. Reife entfaltet sich dort am stärksten, wo jemand trotz seiner Ängste mutig das Lebensnotwendige wagt, wo er sich nicht hinter seinen Schwächen versteckt, sondern trotzdem seine Möglichkeiten nutzt und seine Begabungen entfaltet. Mut ist ja die Kraft, das Richtige zu tun, auch wenn es der schwierigere Weg ist.

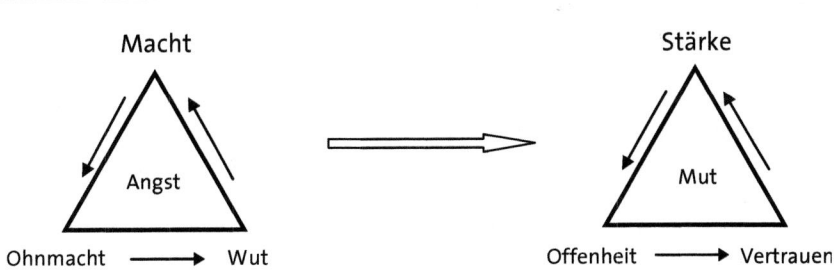

Abbildung 5: Vom Angstsystem zum Mutsystem

Demut

Demut gehört zu den menschlichen Tugenden, die nicht erst mit den Schriften der alten Griechen erfunden worden sind und nicht erst durch die Verbreitung des christlichen Gedankenguts als wichtige Säule im Zusammenleben der Menschen entstanden.

Demut hat auch etwas mit Mut zu tun. Mut wird oft einseitig verwendet im Sinne von Unternehmergeist. Der lateinische Ursprung dieses Wortes heißt aber *animus,* das bedeutet vielmehr „Gesinnung" oder „Seele". Dieses Wort hängt an Vorsilben wie Groß-, Frei-, Un-, Gleich-, Froh-, Lang-, Hoch- oder De-mut. Man könnte hier auch Armut erwähnen. Der größte Mut ist der Mut zur Demut.

Demut begegnet uns etymologisch erstmals in Form der „diemout" oder Dien-Mut im Sinne einer dienenden Gesinnung oder Grundhaltung. Dass diese im direkten Gegensatz zur Hybris des Hochmuts steht, der bekanntermaßen vor dem Fall kommt, bedarf kaum der Erläuterung. Bescheidenheit als gelebte Demut hat insbesondere den Mut, mit sich selbst redlich und aufrichtig umzugehen, zu den eigenen Schwächen und Fehlern zu stehen und sie damit auch dem Anderen, dem Nächsten, dem Mitarbeiter zuzugestehen. Demut ist eine Tugend, welche an Beliebtheit viel verloren hat.

Demut: Fragen zur Selbsteinschätzung

• Gibt es für mich Menschen, die ein Beispiel für Demut sind?

• Bezeichnen mich Menschen in meiner Nähe als stolz?

• Kann ich körperliche Unvollkommenheiten annehmen?

• Denke ich viel über mein Ansehen und über meine Stellung innerhalb einer Gruppe oder eines kleinen Kreises nach?

• Kann ich mich freuen, wenn andere mehr Beifall bekommen als ich?

Glück

Als ökonomisches Hauptmotiv gilt immer noch die Optimierung des persönlichen Glücks. Und trotzdem gibt es auf dem Arbeitsmarkt heute besonders viele unglückliche Menschen. Dass Glück durch Egoismus zu erreichen sei, ist längst durch Alltagserfahrung und durch empirische Forschung widerlegt worden.

Andrew J. Oswald[70] beklagt, wie wenig sich die Ökonomen dafür interessieren, wie viel Happiness sich eine Volkswirtschaft mit der Verbesserung ihrer ökonomischen Effizienz einkauft.

Das Maß an Glück, das ein höheres Bruttosozialprodukt bringt, ist so klein, dass man es kaum messen kann, vor allem in Ländern, die schon ziemlich reich sind. Viele gehen irrtümlich von der Annahme aus, dass mehr Geld mehr Glück bedeutet. Die Praxis hat oft das Gegenteil bewiesen. Der Mensch will nicht nur immer mehr materielle Güter, er dürstet auch nach Wertschätzung, Anerkennung, Beachtung, Vertrauen und Liebe, alles Dinge, die durch Geld nicht erworben werden können.

Die Schweiz müsste das glücklichste Land der Welt sein. Sie steht weltweit vorbildlich da als die Nummer 1 auf der Liste der Länder mit den besten

Lebensbedingungen. Vorzügliches Gesundheitswesen, intakte Natur, lückenlose staatliche Fürsorge, hohe Einkommen. Aber der polierte Schweizer Spitzenapfel hat ein Wurmloch: eine extrem hohe Selbstmordrate! Die Schweiz ist zwar ideal, aber nicht glücklich. Warum? Weil Soziologen längst erkannt haben, dass Wohlstand und Lebensglück nicht viel miteinander zu tun haben. Der Frankfurter Soziologe Wolfgang Glatzer sagt das nüchtern so: „Der Zusammenhang zwischen objektiven Lebensverhältnissen und subjektiver Zufriedenheit ist nicht sehr stark."[71]

Wie definieren wir Erfolg? Erfolg ist Erfüllung. Ein erfolgreiches Leben ohne Erfüllung ist in Wirklichkeit Misserfolg. Erfüllung ist die Messlatte! Nur an dieser Messlatte kann man ablesen, ob man wirklich Erfolg hat.

Macht es in Ländern, die schon reich sind, wirklich Sinn, immer nur eine Politik zu verfolgen, die das Wachstum auf Kosten der Arbeit fördert? Arbeitslose bleiben auch dann sehr unglücklich, wenn sie finanziell voll entschädigt werden. Menschen wissen, dass das persönliche Glück auf der Grundlage einer rein auf dem Bruttosozialprodukt fixierten Wirtschaft fraglicher ist denn je.

Die Kardinalfrage sollte deswegen vielmehr lauten: Was erhöht unser Glück, was erhöht das Gefühl für den Sinn unseres Daseins? Wir müssen uns grundsätzlich die Frage stellen: Wozu dient die Wirtschaft? Die normale Ökonomie geht stillschweigend davon aus, dass „mehr Geld gleich mehr Glück" ist. Die neue Frage muss heißen: Gibt es ökonomische Strukturen, die zur Entfaltung glücklicher Menschen mehr beitragen können als unser gewohntes Schema? In diesem Falle wäre unsere Zufriedenheit und unser Glück das Leitmotiv und nicht in erster Linie das Bruttosozialprodukt.

Aber vor kurzer Zeit schien das Glück nun doch greifbar nahe. Forscher haben es gefunden, isoliert und identifiziert, chemisch seziert und synthetisch wieder zusammengesetzt. Die Formel lautet C10H12N20, der Name dafür ist 5-Hydroxytrypamin (5HT) oder Serotonin. Es ist genau das Gewebehormon, das alle Menschen biologisch-chemisch ins Glücklichsein versetzt. Leider verursachte die Einnahme des Glücksmedikaments so viele Nebenwirkungen, die die Versuchspersonen wiederum unglücklich machten, dass diese mit ihrem normalen Unglücklichsein nach dem Absetzen des Medikamentes zum Schluss doch wieder glücklicher waren.

Glück: Fragen zur Selbsteinschätzung

- Welche Messkriterien habe ich für meine persönliche Zufriedenheit?

- Wie oft lache ich?

- Wie glücklich stuft mich meine Umgebung ein?

- Findet Zufriedenheit Ausdruck in meinen Worten?

- Gibt es für mich Vorbilder?

- Kenne ich in meinem Geschäftsleben Menschen, die Zufriedenheit und Dankbarkeit trotz Erfolg ausstrahlen? Welche Gründe sehe ich in ihrer Zufriedenheit?

- Welche Eigenschaften zeichnen Leute in meiner Umgebung aus, die Zufriedenheit ausstrahlen?

- Warum bin ich ein zufriedener oder unzufriedener Mensch?

- Müsste sich mein Lebensstil ändern, um ein zufriedener Mensch zu sein? In welcher Form? Würde ich bereit sein, meinen Lebensstil zu ändern, um mehr Zufriedenheit zu erfahren?

- Beneide ich Menschen, die mehr besitzen als ich?

- Brauche ich mehr, um zufrieden zu sein, oder kann ich auch mit wenig zufrieden sein?

- Ist meine Freude sehr stark von Situationen und Umständen abhängig oder erlebe ich auch das Gefühl der Freude und des Friedens, wenn ich durch schwere Zeiten gehe?

- Leben Menschen auf, wenn sie mit mir zusammen sind, oder werden sie mehr bedrückt?

- Spüre ich einen Antrieb in mir, andere Menschen fröhlich zu machen?

- Vermittle ich Freude in meinen Alltagsbegegnungen? Wie kommt sie zum Ausdruck?

- Regen mich fröhliche Menschen auf?

Der persönliche Coach – Eine Generation von Mentoren

Das persönliche Wohlbefinden kann nicht von einer nachhaltigen positiven Entwicklung der Persönlichkeit getrennt werden. Die Förderung und Entwicklung der Persönlichkeit hat ihren Ausgangspunkt in der Selbsterkenntnis. Selbsterkenntnis reicht meistens allein noch nicht aus, weil es am Umsetzungsprozess oft scheitert. Durch Coaching mit gezielter Verhaltensanalyse kann der Prozess der Umsetzung hervorragend unterstützt werden. Da geht es um Fremd- und Selbsteinschätzung, da geht es um eine Wertung der subjektiv so dringend empfundenen Angelegenheiten nach Prioritäten, da geht es um das Gestalten und Umsetzen der

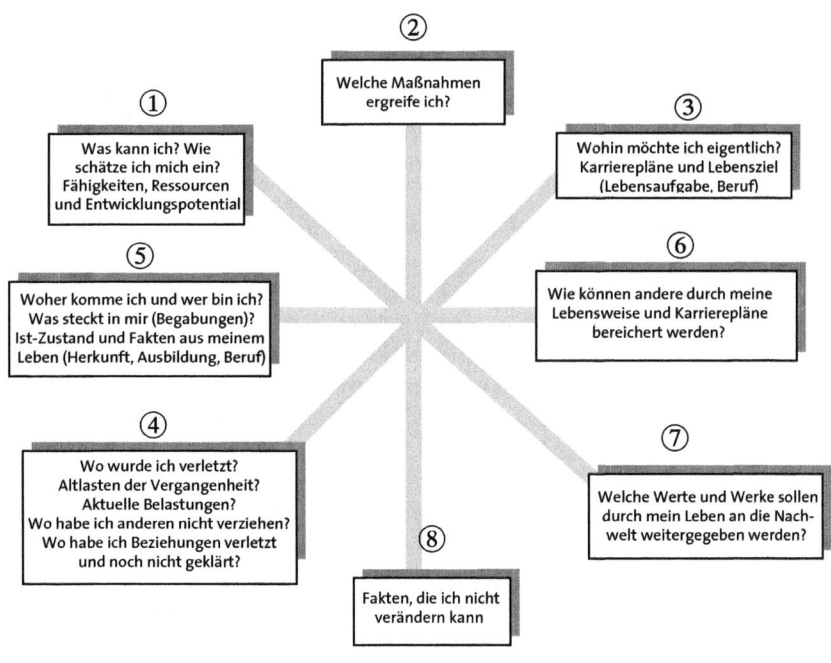

Abbildung 6: Lebensplananalyse

Zukunftspläne, da geht es um Aufarbeiten von Erlebnissen aus der Vergangenheit etc.

Es ist eine oft gemachte Erfahrung: Das lösende Wort kann man sich oftmals nicht selbst sagen, es bedarf dazu einer anderen Person. Ein persönlicher Mentor ist derjenige, der einem den Weg bahnen hilft auf dem oft sehr schmalen und gebirgigen Pfad eigener Gefühle zwischen Mut und Leichtsinn, zwischen Traum und Wirklichkeit, zwischen Zivilcourage und Selbstüberschätzung, zwischen Sparsamkeit und Geiz, zwischen Vorsicht und Angst etc. Ein Coach ist derjenige, der einem hilft, das „innere Haus" zu bauen, aus dessen Fundamenten wir die Kraft beziehen beim Bau unserer „äußeren Häuser". Mit folgender in unserem Institut entwickelten Vorlage können Sie Ihre eigene Standortbestimmung erarbeiten. Sie wird Ihnen helfen, nach der nun hinter uns liegenden Reflexionen über Werte, besser Ihren persönlichen Rucksack mit den Inhalten zu packen, mit denen Sie in Zuversicht proaktiv in die Zukunft gehen können.

Was kann ich?

Schreiben Sie alles auf, was Sie gerne machen, woran Sie gerne denken, was Sie gut können, was bei Ihnen einen „positiven Kick" auslöst, was Ihnen wertvoll und wichtig ist, wo Ihre Begabungen und Ressourcen liegen. Ob es Geld bringt oder keines, ob es Traum oder Wirklichkeit ist, ob es nützlich oder unnützlich ist, soll bei diesen Überlegungen nur eine untergeordnete Rolle spielen. Danach bewerten Sie die einzelnen Werte mit einem, zwei oder drei Sternchen. Geben Sie den Punkten drei Sternchen, die Sie in Ihrer Zukunft auf keinen Fall vermissen wollen.

Wohin möchte ich eigentlich?

Schreiben Sie alle Punkte heraus, die Sie eben mit drei Sternchen gekennzeichnet haben, und fügen Sie diese auf dem Ast „Wohin möchte ich?" (Nummer 3) ein.

Auf diesen Ast schreiben Sie ebenso alle Punkte auf, die Ihnen für Ihre persönliche Zukunft erstrebenswert und unersetzlich sind. Auf diesem Ast ist somit Ihre persönliche Vision aufgelistet. Auf diese Vision müssen Sie alle Aktivitäten Ihres Lebens hin ausrichten. Malen Sie sich ein Bild, wie Sie sich in den nächsten Jahren selbst sehen möchten.

Wo wurde ich verletzt?

Auf diesen Ast (Nummer 4) schreiben Sie alles, was sie bedrückt und was sie als momentane Last oder Sorge bezeichnen würden (aktuelle Belastungen, Verletzungen, Schuld, unaufgearbeitete Beziehungen, Minderwertigkeiten, ungeklärte Sachverhalte, Rachegedanken, Defizite aller Art etc.). Welches der aufgelisteten Probleme sollte am dringendsten gelöst werden? Welche Probleme können mittelfristig, langfristig evtl. unter Zuhilfenahme eines Coachs gelöst werden? Gewichten Sie so auch diese Liste mit einem bis drei Sternchen.

Welche Maßnahmen ergreife ich?

Der Ast (Nummer 2) stellt den Maßnahmenkatalog dar. Sofern einem daran gelegen ist, dass sich alle Punkte des Astes Nummer 1, die mit drei Sternchen bewertet wurden, vom Wunsch zur Wirklichkeit wandeln, müssen sie durch die Schleuse des Maßnahmenkatalogs. Für die Erstellung eines Maßnahmenkatalogs empfiehlt sich bisweilen ein Mentor, der sowohl in der Gewichtung der einzelnen Maßnahmen wie auch in Auswahl der Maßnahmenkriterien beraten kann.

Ferner sollten auf diesen Maßnahmenkatalog auch alle Punkte stehen, die mit drei Sternchen auf dem Ast: „Wo wurde ich verletzt?" (Nummer 4) aufgelistet wurden. Viele von diesen retardierenden Punkten können mit entsprechenden Maßnahmen gelöst werden. Alle auf dem Maßnahmenast aufgelisteten Punkte bedürfen wiederum einer Gewichtung nach Priorität. Welche vorwärtsschreitenden und welche wiederherstellenden Maßnahmen gehe ich zuerst an? Welche haben noch Zeit? Diesen Maßnahmenkatalog sollte man oft vor Augen haben und regelmäßig überprüfen und anpassen.

Woher komme ich und wer bin ich?

Der Ast „Woher komme ich?" (Nummer 5) wird gefüllt mit Überlegungen: Was steckt in mir an ererbten Begabungen, an Talenten, an Fähigkeiten, die auch an anderen Mitgliedern und Vorfahren meiner Familie zu entdecken sind. Hier geht es darum, sich die eigenen Gaben bewusst zu machen, und es geht um die Überlegungen, wie man diese Talente gezielter wahrnehmen und einsetzen kann. Wer seine Vergangenheit nicht versteht und bewältigt hat, kann sein Heute nicht genießen und hat Mühe, seine Zukunft zu planen.

Wie können andere durch meine Lebensweise und Karrierepläne bereichert werden?

Dieser Ast (Nummer 6) lenkt den Blick von einem selbst auf die anderen und geht von der Überlegung aus, dass die eigene Selbstverwirklichung nur dann vollständig ist, wenn die eigenen Talente und Gaben auch anderen Menschen zugute kommen. Hier gilt es, die Aspekte aufzulisten, durch die ich kraft meiner Gaben und Talente anderen dienen kann.

Welche Werte und Werke sollen durch mein Leben an die Nachwelt weitergeben werden?

Ast Nummer 7: Können die Menschen, die nach uns kommen, durch etwas von uns profitieren, was bedeutender ist als der Pflichtanteil unseres materiellen Erbes und als materielle Geschenke?

Welche Fakten kann ich nicht verändern?

Auf diesen Ast (Nummer 8) schreiben Sie die Punkte, die Sie nicht verändern können. Dazu gehört das Lebensalter, unheilbare Behinderungen oder Krankheiten, Körpergröße, Aussehen, Nationalität, Geschlecht, ererbte Begabungen, Talente, Schwiegermutter etc.

Hier geht es darum anzunehmen, was man nicht verändern kann. Das Kontingent an Ausgeglichenheit und Lebensfreude kann erheblich gesteigert werden durch das Annehmen der Dinge, die man nicht beeinflussen kann.

Vor über 100 Jahren herrschte in Amerika eine große Löwenzahnplage. Es wurde schließlich ein wirksames Gegenmittel entwickelt. Aus dieser Zeit erzählt man sich Folgendes:

Ein Farmer schrieb an die zuständige Regierung einen erbosten Brief: Er habe das Mittel nach Gebrauchsanweisung korrekt angewendet, aber der Löwenzahn wachse fröhlich weiter. Was solle er machen? Er erhielt folgende Antwort: „Wenn Sie wirklich alles getan haben, um den Löwenzahn zu vernichten und er wächst trotzdem fröhlich weiter, dann bleibt Ihnen nur eine Wahl: Beginnen Sie den Löwenzahn zu lieben."

Ein geeigneter Coach oder Mentor kann im Bemühen in der Persönlichkeit reifer zu werden, stark unterstützen, vorausgesetzt aber ist, dass man es will und dass man eine Bestandsaufnahme und den Weg der Umsetzung nicht scheut. Nur wer sich Zeit dafür nimmt, innerlich „aufzuräumen", Klärung zu schaffen, Steine wegzuräumen etc., ist in der Lage, neue Wege mit Zuversicht zu betreten.

Fassen wir noch einmal zusammen: Coaching setzt an existierenden Fähigkeiten an, hilft persönliche Potentiale zu entfalten und bereitet auf Anforderungen vor, die eine sich im Wandel befindliche Welt fordert. Da geht es um alle Bereiche, die im oben stehenden Schaubild gekennzeichnet sind. Von zielgerichteter Karriereplanung bis zum Umgang mit Schuldgefühlen, vom Loslassen lernen bis zur Fähigkeit, sich selbst wertzuschätzen. Es geht um Lernprozesse, die angeleitet und begleitet werden. Es geht um Ordnen und Bewerten, es geht um Beruhigung und Beunruhigung, es geht um Vorgehensweisen und Strategien.

Das Wollen und das Suchen eines Coaches kann uns niemand abnehmen. Jeder muss selbst auf die Suche gehen. Es sollte jemand sein, dessen Lebensstil und Handeln das zu beinhalten scheint, wovon Sie träumen, der Sie bestätigt und der ein Gespür dafür hat, wo Ihre Gaben schlummern und der die Courage hat, kritisch in Ihr Leben hineinzusprechen.

Ausblicke

10. Kapitel: Vor uns die Zukunft

Ein Blick in die Zukunft soll uns nun vor Augen führen, warum gerade die in den hinter uns liegenden Kapiteln erörterten Werte und Einstellungen so relevant für eine erfolgreiche Bewältigung der kommenden Herausforderungen sind.

Die offenen Systeme der Zukunft werden die weitgehend noch geschlossenen Systeme heutiger Unternehmen schnell ablösen. Das persönliche Wohlergehen wird radikal dem „Do-it-Yourself-Bereich" des Einzelnen überlassen. Nicht mehr das Unternehmen wird für für die Identität des einzelnen Mitarbeiters sorgen, sondern, wenn überhaupt, wird die persönliche Einstellung und Ausstrahlung einzelner Individuen, die an ihre Werte glauben, der Identität von Unternehmen ein Gesicht geben können. Die neue Entwicklung erfordert ein radikales Umdenken und eine klare eigenverantwortliche Besinnung auf die Themen dieses Buches. Andernfalls besteht die Gefahr, dass immer mehr Menschen in der Überfülle von Informationen orientierungslos werden und sich fremdbestimmt dem starken Strom der Umstände ausliefern.

Im Unternehmen der Zukunft denkt man in Prozessen. Die Mitarbeiter lässt man als autonome Teams arbeiten und erwartet von ihnen laufend Beiträge zur Verbesserung von Produkten und Prozessen. Im Innern der Unternehmen entwickeln sich marktähnliche Verhältnisse. An alle Mitarbeiter wird der Anspruch gestellt werden, unternehmerisch zu handeln. Die internen Strukturen werden sich zunehmend an durchgängigen Wertschöpfungsprozessen ausrichten. So werden Arbeitnehmer auch bei Zugehörigkeit zu einem spezifischen Unternehmen zu lebenslänglichen Stellenbewerbern.

Nur die Cleveren und Flexiblen werden das schaffen. Diejenigen, welche die meisten, ganz unterschiedlichen Aufgaben in verschiedensten Arbeitseinheiten in kürzester Zeit am besten nebeneinander bewältigen können, werden weiterkommen und die Chance haben, in ein neues Projekt einzusteigen. Dazwischen werden Monate ohne Arbeit zu verkraften sein. Eine

Arbeitswoche könnte in Zukunft so aussehen: Während zweier Tage in der Woche arbeitet er/sie für eine Firma zu Hause oder bei Kundenorganisationen. Wenn er/sie an den restlichen Tagen der Arbeitswoche – geschützte Sonn- und Feiertage wird es nicht mehr geben – in die Firma kommt, sucht er/sie sich einen freien Platz. Daneben arbeitet er/sie noch selbständig für andere Firmen. Solche nicht genau definierten Arbeitsbeziehungen erlauben es dem Unternehmen, die Sozialleistungen ganz auf die neuen Selbständigen abzuwälzen.

Das Unternehmen der Zukunft wird nicht mehr wie bisher Heimatgefühl vermitteln können. Standort, Besitzer, Kollegen werden dem ständigen Wechsel ausgesetzt sein und kein „Wir-Gefühl" mehr erzeugen.

Unter dem Diktat der Maxime „Schneller, besser, billiger, flexibler" werden sich Entwicklungen abzeichnen, die unser herkömmliches Verständnis von Organisationen als lokalisierte, klar identifizierbare Einheiten immer mehr in Frage stellen. Die Mitarbeiter werden nicht mehr in funktionalen Abteilungen, sondern in Leistungsgruppen eingeteilt, die kurzfristig entstehen und dann wieder verschwinden, wie die Blasenbildung bei einer kochenden Suppe. Die Zulieferer werden in die Leistungsprozesse derart eng eingebunden, dass den betroffenen Mitarbeitern, die sich untereinander immer weniger kennen, schlussendlich kaum klar sein wird, für welche Firma sie jetzt eigentlich arbeiten. Die virtuellen Strukturen vermitteln den Mitarbeitern kein Gefühl von Gemeinsamkeit. Die Menschen sind ständig damit beschäftigt, die gegenseitigen Verpflichtungen auszuhandeln und ihre Positionen zu klären. Bis sich Gemeinsamkeit entwickeln kann, ist das Netz schon wieder aufgelöst. Unternehmen lösen sich immer öfter in autonome Einheiten auf, die kurzfristig und selbständig in ihren Märkten auftreten, um sich dann wieder aufzulösen. Mit einem sehr knapp bemessenen Budget werden kurzfristige Projekte im Wettbewerbsverfahren angeboten. Die Identifikation des einzelnen Mitarbeiters mit seinem Unternehmen wird auch deswegen viel schwieriger, weil zunehmend die Kapitalgesellschaften als anonyme interimistische Besitzer kaum in Erscheinung treten und diese ihre CEOs ohnehin nur interimistisch einsetzen bis zum nächsten gewinnbringenden Verkauf. Übergeordnete Werte, die dem einzelnen Mitarbeiter Orientierung bieten, muss er in Zukunft eingenverantwortlich suchen. Als Kompensation für das wegfallende „Wir-Gefühl", werden Regularien stärker an Bedeutung gewinnen, aber auch deren Nichtbeachtung mit Null-Toleranz verfolgt werden. Die Arbeitszeiten werden sich viel flexibler gestalten. Während die letzten Jahrzehnte vom Bild des Standardarbeitnehmers und des Acht-Stunden-Tages geprägt waren, wird der über Generationen vorherrschende Typ des Vollzeitbeschäftigten durch ganz andere Beschäftigungsformen abgelöst. Halbtagskräfte, Selbständige, Franchise-Unternehmer, Leiharbeiter usw. Das Motto für die Zukunft wird heißen: Arbeite, wenn du Arbeit hast, wann und wo und mit wem du kannst.

Von den Arbeitnehmern wird also ein grundlegendes Umdenken gefordert sein. Sie müssen sich ihrer Eigenverantwortung viel stärker bewusst werden und dürfen diese, anders als bisher, weder auf die Arbeitgeber noch auf die Gewerkschaften abschieben. Sie müssen sich rechtzeitig darauf einstellen, dass ihr Arbeitsplatz nicht sicher ist, sondern stets neuer Absprachen und Einstimmungen bedarf. In einem Prozess der Überwindung linearer Strukturen werden sie viel mehr an Verantwortung zu spüren bekommen und viel stärker selbst dem Kampf ausgesetzt sein, dem ihr Unternehmen zuvor ausgesetzt war. Die Anspruchshaltung und die Besitzstandsmentalität und Risikoverteilung, welche die Verantwortung dem Arbeitgeber und der Allgemeinheit (Versicherungen und Staat) aufbürdet, wird sich mehr und mehr als ein Relikt der Vergangenheit erweisen.

Der Prozess von den geschlossenen zu den offenen Systemen bewirkt bei vielen Orientierungslosigkeit. Die Werte und Ziele, die man zuvor mit dem Arbeitgeber verbunden hat, verschwinden im Nebel.

Mir gelingt es schon heute in meinen Teambildungsseminaren lange nicht mehr so gut, Mitarbeiter als Team im Sinne des Mannschaftsgeistes zu ermutigen, wenn sie weder genau wissen, wem das Unternehmen gehört (anonymen Finanzgesellschaften), welche Ziele das Unternehmen hat (außer dem gewinnbringenden Verkauf in absehbarer Zeit an unbekannte Investoren), und wieso sie Begeisterung und effiziente Motivation investieren sollen, wenn sie nicht wissen, wohin die Reise geht, und sie nur zu Ohren bekommen, dass sie bei schnellem Spurt umso schneller dort sind.

Jede Lebensgestaltung braucht Orientierung und damit Werte. Um uns in der Multioptionsgesellschaft für die uns passenden Möglichkeiten entscheiden zu können, müssen wir uns viel mehr als früher darüber im Klaren sein, was uns viel Wert ist und was wir wollen.

	Geschlossenes System	Offenes System
Strategie	+ Sinn	+ Öffnung, Toleranz
	+ Eindeutigkeit	+ Entwicklung, Innovation
	− Dogmatik, Ideologie	− Orientierungslosigkeit,
	− Abschottung	Informationsüberflutung
		− Vorläufigkeit
Struktur	+ Stabilität	+ Flexibilität
	+ Ordnung	+ Netzwerk
	− Rigidität, Erstarrung	− Chaos
	− Hierarchie	− Nivellierung
Kultur	+ Sicherheit	+ Dynamik
	+ Harmonie	+ Pluralität, Freiheit
	+ Vertrauen	+ Individualität, Autonomie
	− Zwang	− Konflikte, Streit, Misstrauen
	− Stillstand	− Beliebigkeit

Tabelle: Unterschiede zwischen geschlossenen und offenen Systemen

Abschied vom Wohlfahrtsstaat

Den Sozialstaat im bisherigen Sinne wird es in Zukunft nicht mehr geben. Er wird nicht mehr der Versorger für alle sein können, nur noch Mindestabsicherungen garantieren und zugunsten einer Verantwortungsgesellschaft umgebaut werden. Derjenige, der sich also am Markt festklammert – quasi als Elternersatz –, ist genauso einer mythischen Vorstellung verfallen wie derjenige, der sich vom Markt in Angst und Schrecken versetzen lässt. Der Markt hat keine Seele. Er ist nicht göttlich. Das muss auch denen gesagt werden, die immerzu frustriert sind, weil der Markt sich nach ihrer Überzeugung nicht richtig um sie kümmert.

Abschied vom Gewohnten im Bildungssystem

In Zukunft wird die Verfügbarkeit über Wissen und dessen rasche Verbreitung zum entscheidenden Produktionsfaktor werden. Die Ausbildung zu einem Beruf für das ganze Leben wird der Vergangenheit angehören. Menschen werden durch kurze Erstausbildung und lebenslange Weiterbildung befähigt werden, mit dem Tempo mitzuhalten. Lebenslanges Lernen wird die Erwerbsquellen zunehmend prägen. Es wird immer um kurzfristig brandaktuelles Know-how gehen, das bald schon wieder veraltet sein wird. Die rapide gesunkenen Halbwertzeiten wissenschaftlicher Erkenntnisse werden sich massiv auf die Zeitspannen auswirken, in denen erlerntes Berufswissen sichere Verwertungschancen bietet.

Das Unternehmen wird keinen Besitzanspruch wie bisher auf den Mitarbeiter haben, sondern ihn als Vertragspartner auf Zeit behandeln. Das wird auch umgekehrt gelten. Der Mitarbeiter hat keinen Anspruch auf das Unternehmen.

Personalpolitik als Vorbild

Die Herausforderung von den zahlenmäßig viel geringeren Personalverantwortlichen wird sein, den Mitarbeiter zu mehr Eigenverantwortung und weg vom „Recht auf Besitzstand" zu fördern. Er wird mehr herausgefordert sein, diese Werte auch selbst zu leben. Jeder, der in einer Leitungsposition stehen wird, muss seine Funktion als Vorbild neu überdenken. Er hat es in der Hand, die zunehmende Kälte mit menschlicher Nähe, Zuversicht und Wärme auszufüllen. Viel wichtiger als die Fähigkeit, technokratische Umsetzungsmodelle zu beherrschen, wird die Glaubwürdigkeit und Ausstrahlung seiner Persönlichkeit sein.

Personalverantwortliche werden dieses Ziel nur erreichen, wenn sie sich trotz oder gerade wegen des Wegfalls alter Geborgenheiten nicht nur als Manager, sondern als Leader, Coach, Mediator und Versöhnungsstifter verstehen, die persönliche Wertschätzung, Anerkennung und Verständnis vermitteln können.

Wer die geschilderten Entwicklungen mit ihren auch negativen Begleiterscheinungen nur „schicksals"- bzw. marktergeben hinnimmt, wird sich zahlreiche Chancen, die die Arbeitswelt von morgen bietet, vergeben. Chancen sehe ich in erhöhter Selbstbestimmung im Arbeitsalltag, verstärkter Flexibilisierung von Lebens- und Zeitplanung, im besseren Ausbalancieren können von Privat- und Berufsleben – ja vielleicht sogar in zunehmender Privatisierung der Arbeit. Eine Rücknahme der seit der industriellen Revolution beklagten ›Entfremdung‹ ist möglich. Wer diese aus sozialen Gesichtspunkten durchaus risikobehafteten Chancen ergreifen will, muss in seine Wertebasis, seinen Charakter und seine Beziehungsfähigkeiten investieren. Natürlich gelingt diese Persönlichkeitsentwicklung leichter in einer sozialen, zum Beispiel familiären festen Bindung.

Der Arbeit ihren Bedeutungsinhalt zurückgeben!

Für jeden effektvoll in die Zukunft weisenden Prozess bildet eine nüchterne „desillusionierte" Betrachtungsweise den Ausgangspunkt. Es kommt darauf an, die veränderte Realität wahrzunehmen. Erst wenn man sich der

Situation stellt, dass in der Zukunft zwar bezahlte Vollbeschäftigung wohl in wenigen Fällen möglich ist – dabei aber die Chancen, die die eigene Wertebasis bietet, um so mehr vor Augen behält, befindet man sich auf einer Plattform, die zu interessanten neuen Ideen führen kann. Auf der Suche nach umfassenden Lösungen sind jenseits aller Ökonomie und Politik die Grundlagen des Selbstwertgefühles, des Lebenssinnes und der Menschenwürde wieder zu entdecken.

Auch wenn wir bereits heute ein Wirtschaftswachstum, das weitgehend ohne Schaffung von Arbeitsplätzen erfolgt, erleben, wird es auch morgen trotzdem sehr viel Arbeit geben, die aber nicht adäquat belohnt werden kann. Es wird an uns liegen, der Arbeit neue Bedeutungsinhalte zu geben, die der Würde und dem Auftrag des Menschen, in der Arbeit Erfüllung zu finden, gerecht werden.

Diese Herausforderung werden nur die Menschen meistern, die über ein festes eigenes Wertesystem verfügen.

Wir brauchen heute für Europa und für die ganze Welt eine Vision, die von diesem Menschenbild geprägt ist, welches in diesem Buch beschrieben wurde:

So müssen wir gewissermaßen aus unseren persönlichen Werten heraus Arbeiten wie die Erziehung der Kinder, Tätigkeiten im Gesundheitswesen, Beschäftigung mit Bildungselementen als ein Reservoir sinnbildender Tätigkeiten neu entdecken. Lösungen dieser Art können nicht verordnet werden, sondern müssen aus dem Wunsch der Einzelnen heraus entstehen.

Arbeit als sinnstiftendes Fundament wieder zu entdecken zur Wiedererlangung persönlicher Freiheit und Würde, die vielen Arbeitnehmern verloren gegangen ist, ist die Herausforderung, der man sich jetzt stellen muss. Dass dazu ein Umdenken und Abschiednehmen von eingefleischten Denkmustern nötig ist, versteht sich angesichts der gegenwärtigen Arbeitsmarktsituation von selbst. Dass dieser Prozess mit Mühen verbunden ist, ist nicht zu vermeiden. Je eher man diesen Weg beschreitet, desto leichter wird es schlussendlich sein, ihn zu begehen. Je länger man wartet, desto schwieriger wird es. Wir haben nicht mehr alle Zeit der Welt, die immer größer werdende Spaltung zwischen den verzweifelt Überarbeiteten und den wegen Arbeitslosigkeit Verzweifelten zu überwinden.

In der Zukunft darf das Grundmuster nicht nur das eigene Überleben durch Wachstum beinhalten, sondern es muss um Qualitätssteigerung gehen, und zwar nicht nur im Sichtbaren, sondern in der allem zugrunde liegenden inneren Haltung zur Arbeit. Wenn die bezahlte Arbeit ausgeht, müssen Formen unbezahlter Arbeit als neue Sinnfindung entdeckt und entwickelt werden.

Der Auftrag an die Menschheit zu arbeiten, bleibt ein feststehender Wert. Dieser Auftrag besteht unabhängig davon, ob diese Arbeit eine bezahlte oder unbezahlte, eine hoch bezahlte oder niedrig bezahlte Tätigkeit darstellt, ob sie ehrenamtlich oder vollamtlich ausgeführt wird. Die Arbeit als solche gehört zu den menschlichen Rechten. Menschen, die nicht arbeiten, fühlen sich in ihrem menschlichen Wert zutiefst erniedrigt. Arbeit ist in ihrer Grundbedeutung nicht nur Mittel zum Zweck, sondern auch Zweck an sich; nicht nur Weg zum Ziel, sondern Ziel an sich.

Die Würde der Arbeit wurzelt nicht ausschließlich in ihren objektiven, sondern vor allem auch in ihren subjektiven Dimensionen. Die Arbeit ist ein von Lohn und Anerkennung unabhängiges Gut, weil der Mensch sich durch sie auch selbst verwirklicht und mehr Mensch wird.

Arbeit kann auf zwei Arten verstanden werden: Als Mittel zum Gelderwerb oder als Lebensaufgabe. Wer seine Lebensaufgabe gefunden hat, die unter Umständen ganz identisch mit der Arbeit des Geldverdienens sein kann, kann viel souveräner mit den immer stärker auf uns zukommenden Zufälligkeiten und Unberechenbarkeiten des Marktes umgehen. Die Lebensaufgabe stellt mehr als ein Herstellungsverfahren dar. Die produktive, herstellende und verkaufsorientierte Arbeit sollte allenfalls als Ausdrucksmöglichkeit der Lebensaufgabe gesehen werden. Die Lebensaufgabe erweist sich als Ziel, die entlohnte Arbeit kann ein Weg sein.

Die Voraussetzungen für eine lebensdienliche, langfristig ausgelegte Arbeitswelt liegen nicht primär in der ökonomischen Fragestellung, sondern in der Beantwortung der Grundsatzfrage: Wie wollen wir leben? Eingeschlossen in diese Frage ist die Frage nach dem Sinn des Arbeitens, die Frage nach Recht und Gerechtigkeit.

Förderung freiwilliger Initiativen

Die Zeit für neue freiwillige, karitative Initiativen ist gekommen, die gegenüber der allgemeinen Lethargie mutige Zeichen setzen. Initiativen für Alte, Behinderte, Obdachlose, Drogenabhängige, die sich aus dem Diktat

„Alles muss wirtschaftlich sein" befreien, sollten mutig vorangetrieben werden.

Da kann man sich an viele Themen heranwagen: Wie könnte die Familie gezielt mit mehr familienfreundlichen Angeboten gefördert werden, da sie marktpolitisch von unbestrittenem Wert ist? Wie könnte man Steuererleichterungen für diejenigen einführen, die sich öffentlich und freiwillig engagieren? Welche Möglichkeiten gibt es in Zukunft, Eigenarbeit, Nachbarschaftshilfe, Bürgerarbeit, Formen der Tauschgesellschaft als Einkommensquellen aufzuwerten? Wie müsste das System der Sozialversicherungen umgestaltet werden, wenn die Voraussetzungen eines normalen Erwerbslebens nicht mehr haltbar sind? Wie könnte die Schaffung einer Wahlmöglichkeit für Arbeitslose zwischen Arbeitslosigkeit und der Mitgestaltung an der zivilen Gesellschaft gestaltet werden? (Danach könnten Arbeitslose in Zukunft eine neue Wahlmöglichkeit haben: Sie können entscheiden, ob sie arbeitslos bleiben oder in freiwilligen Organisationen selbst tätig werden wollen. Dieses Modell könnte, wenn es konsequent zu Ende gedacht wird, auf die Abschaffung der Arbeitslosigkeit hinauslaufen und zwar nicht dadurch, dass neue Arbeit geschaffen wird, sondern dass die Selbstorganisationen die Gesellschaft beleben. Diejenigen, die sich hier engagieren, würden nicht mehr dem Arbeitsmarkt zur Verfügung stehen, und sind in diesem Sinne keine Arbeitslosen mehr, sondern aktive Bürger, die sich für das Allgemeinwohl engagieren und dafür eine gewisse Grundabsicherung erhalten.)

Das Zufriedenheitsbarometer vieler Menschen wird wieder ansteigen, wenn sie sich mehr Gedanken machen über unser Gemeinwesen, über ihre Einstellung gegenüber Einsamen, Alten, Jungen, die ihren Weg nicht finden, gegenüber den Bedürftigen, gegenüber den Armen, gegenüber den Hilflosen.

Die meisten bedeutenden sozialen Einrichtungen in den vergangenen Jahrhunderten sind aus privaten Initiativen entstanden. Dabei waren es immer einzelne Personen, die leidenschaftlich einer Vision gefolgt sind und Unglaubliches bewegt haben: Bildungsstätten, Waisenhäuser, Behindertenanstalten oder Sanatorien. Viele der Krankenhäuser, Spitäler, Behindertenwerkstätten sind als Frucht der Nächstenliebe und ohne staatliche Subvention entstanden. Es waren die vielen kirchlichen Gruppen, die sich freiwillige Selbstbeschränkung auferlegt haben, um anderen Menschen zu helfen. Es waren viele Unternehmer dabei, die ihre Unternehmen aus sozialer Motivation heraus aufgebaut hatten.

Wir stehen nun vor einer neuen Epoche, wo wieder die private, freiwillige Initiative – eine Art von Pioniergeist – gefragt sein wird, welche unter schwierigsten Rahmenbedingungen altruistische Initiativen ins Leben rufen kann.

Gewinnmaximierung oder Seinsmaximierung? Mehr haben oder mehr sein?

Es gibt zwei Unternehmensziele:

1. Die Mehrung von Haben: Im Mittelpunkt steht Gewinn- und Umsatzmaximierung sowie Produktivitätssteigerung. Der Mensch ist Produktionsfaktor. Der treibende Faktor ist der Egoismus.

2. Die Mehrung von Sein: Im Mittelpunkt des unternehmerischen Handelns steht die Person und der Sinn ihrer beruflichen Tätigkeit. Diese Einstellung führt im Gegensatz zur irrtümlichen Meinung vieler nicht zur Verarmung, sondern signalisiert lediglich, dass das Materielle nicht das allein Glückseligmachende im Leben ist, und dass Gewinne und Umsätze nicht Selbstzweck sein können.

Wir brauchen eine neue Kultur, die nicht nur nach einem Mehr an Gewinn, sondern wieder nach einem Mehr an Lebensqualität trachtet. Der Markt selbst hat in sich keine Kraft zur Umkehr. Darum ist jeder einzelne Entscheidungsträger aufgerufen, Schritte in eine neue Richtung zu gehen. In der Zukunft wird das Prinzip der Marktwirtschaft ohnehin nur dann Bestand haben, wenn es auf der Bereitschaft des Einzelnen, ethische und moralische Verantwortung zu übernehmen, aufgebaut ist. Von Menschen hingegen, die sich ohne nachzudenken den alles beherrschenden Marktgesetzen unterwerfen, können wir aber nichts erwarten. Sie werden selbst Opfer ihres Denkens, dass immer der Stärkere siegt.

Unsere wirtschaftlichen Entscheidungen müssen in gesellschaftlicher Verantwortung und unter Einbezug des Gewissens gefällt werden. Das fängt bereits im persönlichen Umgang mit Geld und Vermögen an. Die soziale Marktwirtschaft ist eine kulturelle Leistung, die darin besteht, dass eine Gesellschaft höhere Werte hat als das Geld. Wenn es nicht gelingt, das Wertebewusstsein mit anderen als materiellen Werten zu füllen, ist unsere Wirtschaftsordnung langfristig gefährdet.

Über der Würde des Gewinns steht die Würde des Menschen. Wenn diese Würde durch unser wirtschaftliches Umfeld beeinträchtigt wird, muss jeder Einzelne den Weg für sich selbst finden, um diese Würde wiederzuerlangen und neu zu definieren.

Die Lebensqualität der Arbeitenden muss den höheren Wert und die höhere Priorität haben als die Qualität des Produktes ihrer Arbeit. Wenn der Mensch nicht mehr zählt als sein Produkt, wird in gleichem Maße der Käufer, der das Produkt kaufen soll, degradiert, und auch sein Wert wird abnehmen. So wird man sich langfristig die eigene Basis entziehen. Da unmerklich ein Paradigmenwechsel stattgefunden hat – das Wohl des Menschen und sein Wohlgefühl, auch in der Arbeit, zählt weniger als Business und Spekulationen –, gibt es nur dann einen Weg zurück, wenn wir unser Menschenbild und unsere Ziele ändern und hinterfragen, ob unser Ziel die Geldvermehrung oder letztlich das Wohlbefinden der Menschen ist.

Nach christlich abendländischer Tradition gilt, dass der Mensch von seiner personalen Würde her Krönung der Schöpfung ist und dass er für den wirtschaftlichen und gesellschaftlichen Bereich das Maß der Dinge darstellt. Wo dies nicht mehr gilt, findet eine Entpersonalisierung statt.

Für den wirtschaftlichen Kontext wird es also nicht gleichgültig sein, ob der Mensch unter dem Prinzip der Personenwürde steht oder nicht. Das Vorzeichen der Personenwürde wird sowohl über das wirtschaftliche als auch das politische Wohl einer Gesellschaft entscheiden. Demokratie kann sich nur dort verwirklichen, wo sich die Menschen als Personen in der Verpflichtung gegenüber der Sache verbunden wissen und nicht umgekehrt. Das Ziel und der Inhalt einer neuen wirtschaftlichen Ordnung muss daher durch das Gemeinwohl (bonum communi) bestimmt sein, das heißt, dass das, was wirtschaftlich umgesetzt werden soll, auch dem Einzel- und Gemeinwohl dient. Alles, was diesem Ziel nicht dient, ist abzulehnen.

Unsere Kapitalerträge sollten dazu dienen, die sozialen Verpflichtungen einer verantwortungsbewussten Gesellschaft zu erfüllen. Investoren sollten viel bewusster in Unternehmen investieren, deren nachhaltige Tätigkeit förderungswürdig ist. Reiche Bürger sollten faire Renditen vorziehen und sie wenigstens zum Teil als sozialtätige Investitionen weitergeben. Sie sollten ihre wirtschaftlichen Entscheidungen nicht lediglich gewinnorientiert, sondern in gesellschaftlicher Verantwortung und unter Einbezug des Gewissens fällen.

Das, was jetzt noch ganz fern liegt, weil es immer die anderen betrifft, könnte schnell sehr nahe sein und uns selbst betreffen. Denn nicht wenige unserer eigenen Kinder und Enkelkinder werden fleißig lernen und diszipliniert einer beruflichen Ausbildung nachgehen und trotzdem ohne Arbeit bleiben. Sie könnten angesichts dieser ausweglosen Situation verzweifelt sein, denn es raubt dem Menschen den letzten Mut und lässt ihn in trostlose Ohnmacht fallen, wenn er sein Bestes gibt, ohne damit irgendetwas zu bewegen.

Das Gewinnmaximierungsprinzip ist kein unantastbares Prinzip. Es ist auch keinesfalls ein wirtschaftsethisch normativ begründbarer Maßstab für unternehmerisches Handeln. Es ist auch kein Sachzwang, sondern eine Zeiterscheinung, welche der unternehmensethischen Legitimationspflicht dringend unterworfen werden muss. Verantwortliches Handeln, das nicht nur finanziellen Gewinn anstrebt, sondern andere Erfolgsmomente mit einbezieht, gefährdet den wirtschaftlichen Erfolg nicht, sondern sichert ihn langfristig. Wir können das einseitig vorherrschende Prinzip der Gewinnmaximierung relativieren, indem wir wieder außerökonomischen, ethisch begründeten Gesichtspunkten ihren Stellenwert einräumen. Die Unersättlichkeit des Menschen hat beispielsweise ein relativ einfaches Bankkonstrukt, den Hypothekarkredit gänzlich verändert. Die Hypothek wurde aufgepeppt und ein spekulationsfähiges Papier daraus gemacht. Und nun platzen überall die Blasen. Wir müssen heute alle Papiere kritisch bewerten, die sich von der realen Wirtschaft abgekoppelt haben und von spekulativen Wertsteigerungen abhängig sind. Die Tatsache, dass immer mehr Geschäftsbereiche in allen Branchen radikal gewinnmaximiert betrieben werden, ist äußerst bedenklich. Wer versteht noch die Vorgänge? Wer kann noch Prognosen machen? Bewährte, stabile Lösungen werden von der ständig steigenden Gewinnsucht zerstört.

Der Glaube an das ständige Wachstum entfernt uns von der menschlichen Wirklichkeit, weil er den Absterbeprozess in allem menschlichen Geschehen negiert.

Der Glaube an die endlose Vermehrung des Geldes wird sich noch in unserer Generation als Irrglaube herausstellen. Das Fundament, auf dem wir unsere Hybris aufgebaut haben, ist brüchig geworden. Das wichtigste Geld und die Reservewährung der Erde wird vom amerikanischen Federal Reserve System als Kredit aus dem Nichts geschöpft. Die Staatsschulden sind in einer Höhe, dass an Rückzahlung nicht zu denken ist. (Um die Dollar in einen realen Wert umzuwandeln, müssten die Amerikaner 25 Jahre lang arbeiten). Der Spekulationsstrudel hat die ganze Welt und das hinterletzte Altersguthaben erfasst. Die Kontrollen sind zwar besser geworden, aber kontrolliert wird nicht die Nachhaltigkeit des Systems, sondern nur die Uniform der Matrosen auf einem Riesendampfer, der in die falsche Richtung fährt. Warum können ein paar zahlungsunfähige Einfamilienhäuschenbesitzer in den USA einen weltweit großen Crash verursachen? Weil die Kisten mit den Treasury Bills in den Kellern der Zentralbanken des amerikanischen Staates im Wert von mehreren Billionen Dollar vom amerikanischen Steuerzahler nie mehr in reale Werte umgewandelt werden können, die Papiere immer weniger handelbar werden und vielleicht irgendwann die Zinsen nicht mehr gezahlt werden können und weil der Glaube bei den großen Gläubigern erodiert. Schulden, Kunstgeld, Euphorie, Zusammenbruch, das ist die Folge des Egoismus. Ursache ist die Maßlosigkeit und der Irrglaube der ständigen Gewinnmaximierung. Was zu tun?

Geni Heckmann[73] empfiehlt lakonisch: „Was dauernden Lebenswert hat, ist auf jeden Fall besser als irgendwas Papierenes oder Elektronisches … Ich empfehle gute soziale Beziehungen, nicht zuletzt auch zu den Bauern. Dann sind Sie gerüstet, wenn der Anfang aufhört."

Eine andere Unternehmergeneration ist gefragt

Menschen warten darauf, dass die großen Unternehmer dieser Welt auch soziale, über die eigene Bilanz hinausreichende Visionen haben und diese gemeinsam entwickeln. Sie warten darauf, dass sich die Führungskräfte nicht nur dann zusammenfinden, wenn es gilt, Fusionen oder Kartelle zu schmieden, sondern dass sie sich auch dann als Vorreiter erweisen, wenn es darum geht, die soziale Komponente der Marktwirtschaft mit Inhalt zu füllen.

Was angesichts dieser Entwicklungen notwendig erscheint, ist eine neue Unternehmergeneration, die sich an Optionalität orientiert, entstandene Freiräume entdeckt und diese mit Leben füllt. Wir brauchen neue Unternehmer, die Menschen darin unterstützen, sich nicht nur als zu disziplinierende und dem Arbeitsdiktat unterzuordnende Objekte zu sehen, sondern sich als innovative, spontane, kreative, handlungssouveräne Partner zu entdecken. Wir brauchen von ihnen neue Leitbilder und langfristige Lösungsversuche.

Wenn man die Zeit 100 Jahre zurückdreht und die Biographien einzelner Unternehmer reflektiert, dann zeigt sich häufig, dass die herausstechenden und sehr erfolgreichen Persönlichkeiten unter ihnen eben gerade die Visionäre waren, die sich nicht nur ihrer sozialen Verpflichtung stellten (Sie hatten gar keine Möglichkeit, die soziale Verantwortung auf den Staat zu schieben), sondern die ihr Unternehmen nicht selten aus sozialen Erwägungen heraus gründeten. Als einer von ihnen sei der Sozialreformer Julius Maggie genannt. 1883 entwickelte er die haltbare Kochsuppe, mit der er das verbreitete Elend lindern wollte. Denn viele Arbeiter konnten sich lediglich von Kartoffelsuppe, Kaffee und Schnaps ernähren. So probierte er mit selbstentwickelten Röst- und Malapparaten eiweißreiche Suppenmehle aus Erbsen, Bohnen und Linsen herzustellen. Wegen seiner Ideen wurde er mitleidig belächelt.[74] Er war aber alles andere als ein untätiger Mystiker, sondern ein neugieriger Mann voller Tatendrang.

Durch die Raster aller Geschäftszahlen hindurch sahen viele Unternehmer des frühen Kapitalismus die Probleme ihrer Umwelt und handelten im Namen von in diesem Buch beschriebenen Werten und Visionen. Krankenhäuser, Arbeiterwohnheime, Krankenversicherungen, Fürsorgeeinrichtungen, Pensionskassen etc. entstanden, weil diese Unternehmer die sozialen Probleme als eigene Unternehmensangelegenheiten ansahen und diese nicht auf den Staat oder auf das Individuum abwälzten. Durch den Bau von Arbeitersiedlungen, Einführung von Arbeitszeitreduzierungen ohne Lohnkürzungen, Bau von Kindergärten, Spitälern, Altensiedlungen für ehemalige Mitarbeiter, Kantinen etc. haben einige Unternehmer Zeichen gesetzt, die eine deutliche Sprache dafür darstellten, dass sie die Stimme ihres persönlichen Gewissens ernst genommen haben.

Hätte es mehr Stossbergs, Maggies, Schindlers etc. gegeben, hätte es mehr Menschen gegeben, die auf die Stimme des Gewissens gehört hätten, dann wären Europa sehr große politische Spannungen erspart geblieben. Diese entstanden, weil Menschen sich verbittert auf der Verliererseite sahen. Diese Verbitterung über den erlebten Mangel bewirkten Entwicklungen und Ereignisse, die das 20. Jahrhundert erschütterten.

Die Zukunft braucht Führungskräfte mit Verantwortungsgefühl für das Ganze. Heute ernten solche bisweilen noch betretenes Schweigen, als würden Verantwortung, Ethik und Ideale in die Sonntagsschule gehören und nicht an den Arbeitsplatz. So etwas wie Werte und Ideale hätten keinen Platz in der Realität des harten Arbeitsalltages – höchstens bei einer Grabrede anlässlich des Todes des Firmengründers. Noch ist so die Realität. Sehr bald aber können sich die Zeiten wieder ändern.

Immer wiederkehrenden Zündstoff für die ökonomische Debatte bietet der Streit um Grundpositionen: Die Gewichtung zwischen den Prinzipien der individuellen Freiheit und der Solidarität. Da die individuelle Freiheit naturgemäß eher in Richtung Egoismus tendiert als in Richtung Solidarität, ist es wichtig, dass wir dieses Spannungsfeld nicht aus dem Auge verlieren.

Das Schema unserer Gesellschaft heißt „Egoismus", und das Ergebnis haben wir vor Augen. Darum ist Umdenken gefordert: Weg vom „Mein-Wohl" hin zum Gemeinwohl. Wer gibt uns die Motivation, uns ändern zu wollen? Müssen wirklich wir uns ändern? Liegt nicht die ganze Schuld am System? Nicht das System muss geändert werden, sondern der Mensch in seinem Inneren. Nur so kann eine Veränderung des Systems erfolgen. Der Glaube an die einseitige Verehrung des Ichs hat zur Prämisse, dass sich Selbstverwirklichung und ein Leben für andere ausschließen. Das ist aber nicht wahr. Für sehr viele Jugendliche nehmen Solidarität, Hilfsbereitschaft, soziales und politisches Engagement den gleichen Rang ein wie Motive der Selbstverwirklichung und des beruflichen Erfolges. Dies ist ein Hoffnungsschimmer.

Die Gesellschaft hat nicht dem Wohl des Marktes zu dienen, sondern der Markt dem Wohl der Gesellschaft.

Wir müssen die Wirtschaft zum Wohl der Gesellschaft mit neuem Sinn erfüllen und nicht umgekehrt die Gesellschaft mit dem Sinn erfüllen, dass sie sich dem Wohl der Wirtschaft unterordnet. Denken und Handeln müssen gesellschaftliche Folgen prinzipiell unter einem ethischen Aspekt mit berücksichtigen, ohne dabei die wirtschaftlichen Gesichtspunkte zu vernachlässigen.

Es braucht nicht nur die Unternehmer, sondern je länger je mehr Menschen, die auf verschiedenen Ebenen und Lebensgebieten anfangen, andere Modelle des Zusammenarbeitens und des Wirtschaftens zu entwickeln, die ihr Verhalten im Umgang mit dem Geld ändern, die sich nicht von Resignation runterdrücken lassen und persönlich in ihrem eigenen Umfeld etwas zur Veränderung beitragen.

Der Geschäftsführer einer Privatbank in Basel sagt dazu: „Die Anonymität und Selbstherrlichkeit der Wirtschaft können uns lehren, wirtschaftliche

Vorgänge wieder konkret zu denken und zu erleben. Wir müssen fast von vorne anfangen: Wer hat das Hemd gemacht, das ich trage? Wer hat den Käse produziert, den ich esse? Wem gebe ich Geld, wenn ich eine Rechnung bezahle? Ich denke als Banker zum Beispiel an den Bauern, der von uns einen Kredit hat und uns die Äpfel liefert für die Schalterhalle. Ich mache eine Übung daraus und überlege mir, was er alles getan hat: Die Bodenpflege, das nasse Gras unter dem Baum, das Schneiden des Baumes, die Blüten im Frühling, das Nachsehen, ob es gut wächst, das Hegen und Pflegen und das Ernten. Ich stelle mir die rauen Hände vor, in denen der Apfel war, wie er eingepackt wurde und zu uns auf die Bank kam. In diesem Gedankengang finde ich einen konkreten Boden als Gegengewicht zum Geldprozess, der dahinter steht. Ich merke, wie anstrengend es ist, diese konkreten Gegengewichte als reales Bild zu entwickeln ..."[75]

Die Zukunft im Rückspiegel

Vor mir liegt die Prager Zeitung vom 31. Dezember 1899: „Mit klingenden Gläsern werden wir um Mitternacht an der Bahre des alten Jahrhunderts stehen. An der großen Uhr ist der Sekundenzeiger um ein Teilstrich weiter gerückt, und im Silvesterjubel erschauern wir vor dem kalten Hauche. ... Ein herausragender Meilenstein ist dieser erste Tag des Jahres 1900 auf dem tausendjährigen Wege. Und so stehen wir einen Augenblick still auf der Höhe, schauen zagend in die Nebel der kommenden Zeit und schauen zurück. Wie wollen wir das vergangene Jahrhundert nennen? Ein Jahrhundert der Technik, des Dampfes, der Naturwissenschaften, des Blutes? Was uns das damals erwachende Jahrhundert versprochen hatte, das hatte es nicht gehalten. Nach dem kurzen Traum von Freiheit und Gleichheit, nach den großen politischen Revolutionen des von Schlachten erfüllten Jahrhunderts haben wir also an seinem Ende die bei weitem tiefergehende wirtschaftliche Revolution, die ihr Ziel so sicher erreichen wird, wie jene, die Politik machten, es verfehlten. Die Technik war es, die eine der gewaltigsten Umwälzungen herbeiführte. Die Dampfmaschinen, die Werkzeugmaschinen, die Elektrizität. Elektrizität heißt das Zauberwort der Technik, mit dem wir in das neue Jahrhundert treten. Wird das neue Jahrhundert eine Umkehr bringen?"

Auch an der letzten Jahrhundertschwelle standen wir wieder einen Augenblick innehaltend auf der Höhe, blickten in die Nebel der kommenden Zeit. Hätten wir nicht viel zuversichtlicher sein müssen als die Menschen vor 100 Jahren? Wissenschaft und Technik haben doch allein in den vergangenen 30 Jahren ebenso viele Erfindungen gemacht wie in der gesamten Zeitspanne der Menschheitsgeschichte zuvor. Die Wissensverdopplung innerhalb eines Zeitraumes von fünf Jahren entspricht einer Explosion des kulturellen Gedächtnisses. Warum ist es anders als vor 100 Jahren, als damals die Glühbirne noch den Weg in den Nebel der neuen Zeit hinein über das Dunkel der Rückständigkeit hinaus klar zu erleuchten schien und viele Menschen mit mehr Zuversicht als Sorge erfüllte? Warum werfen Mikrochips, globale Kommunikation und Gendesign bei vielen mehr Fragen auf, als sie beantworten, und warum bewegt viele die bange Frage, ob diese Erfindungen die Probleme der Welt schneller lösen könnten, als sie neue hervorbringen?

Über 100 Jahre später denken wir also wieder nach: Hat das letzte Jahrhundert gehalten, was es versprach? Hat das letzte Jahrhundert nun eine Umkehr gebracht? Durch was sollte diese Umkehr bewirkt worden sein? Durch die Erfindungen und Entdeckungen? Und wie wollen wir das wiederum vergangene Jahrhundert benennen?

Es war das Jahrhundert von über 100 Millionen Toten durch kriegerische Auseinandersetzungen, es war ein Jahrhundert der Totalitarismen. Es war das Jahrhundert der Ideologien und der ideologischen Bürgerkriege, es war das Jahrhundert des Ost-West Konfliktes, es war das Jahrhundert der Bevölkerungsexplosion, es war das Jahrhundert des Spannungsverhältnis zwischen Demokratie und Marktwirtschaft (dessen Pendel zur Zeit zu Gunsten der Marktwirtschaft ausschlägt). Und was das „Zauberwort" Elektrizität anbelangt, lassen sich unsere Datenautobahnen gegenwärtig noch – so der Informatikprofessor Klaus Henning – mit den holprigen Straßen um 1900 vergleichen, wenn sie der Verkehrsdichte unserer Tage hätten standhalten müssen.[76]

Die gravierendsten und zum Teil schmerzhaftesten Veränderungen des letzten Jahrhunderts sind nicht, wie damals und heute von vielen postuliert, durch große Erfindungen bewirkt worden, sondern durch den Charakter und die Gesinnung von Menschen, die den Erfindungen ihre Richtung gegeben haben. Es war der Charakter von einzelnen Menschen, der unermessliches Leid verursacht hat, und es war der Charakter von einzelnen Menschen, der Leid und Grausamkeiten verhindert hat.

So wird auch am Ende des jetzt gerade erst angebrochenen Jahrhunderts nicht der tiefgreifende technologische und wirtschaftliche Wandel darüber entschieden haben, wie es uns ergangen sein wird, wenn dann unsere Nachkommen zurückschauen werden, sondern es wird auch diesmal der Char-

akter und die Gesinnung der Menschen gewesen sein, die das jetzt anbre-
chende Jahrhundert dann geprägt haben werden. Der technische Fort-
schritt kann jeweils nur eines: Er transportiert die Gesinnung der Menschen und bewirkt die Auswirkungen der jeweiligen Gesinnungen. Wenn
wir uns nun vor Augen halten, wie hoch die Übertragungsgeschwindigkeit
der „neuen Transportmittel" geworden ist, sollten wir mit großer Aufmerksamkeit nur auf eines konzentriert sein: Auf das, was diese Transportmittel transportieren – und das sind unsere Gesinnungen, unsere Visionen, unsere Werte.

Dialog der Generationen

Wir sind aufgefordert, den kommenden Generationen eine Gesellschaft zu
hinterlassen, die es ihnen erlaubt, in Würde zu leben. Wir machen uns
wenig Gedanken darüber, dass wir gerade dabei sind, eine Welt zu schaffen
ohne geborgene Plätze, ohne Ruheorte, ohne Inseln der Rekonvaleszenz.
Die nächste Generation wird nicht in Würde leben können, wenn sie ständig rennen muss. Sie könnte eines Tages ohne Achtung auf ihre Eltern blicken, die ihr eine Welt hinterlassen haben, in der sie nicht mehr die Glücks-
quellen der Geborgenheit finden kann, wie es einige ihrer Eltern noch ver-
mochten.

Ich kenne einige Väter und Mütter, die sogar sehr unglücklich sind, dass sie
es nicht geschafft haben, ihre Kinder in dieser schnelllebigen Zeit auf
Erfolg zu trimmen. Ich möchte diesen Eltern den Satz eines Vaters entgegenhalten: „Der einzige, eindeutige Erfolg, den wir bei der Erziehung
unserer Kinder in dieser unersättlichen Konsumgesellschaft verbuchen
konnten, bestand darin, dass wir es nicht geschafft hatten, sie zum Erfolg
zu erziehen."

Es gibt junge Menschen, die dem Frust der Einseitigkeit, der in der ersten
Hälfte dieses Buch beschrieben wird, als Kinder der Betroffenen schon
ausgesetzt waren. Ihre Lebensauffassung, ihre Hoffnung und ihr Glaube in
Werte beeindrucken mich oft, denn sie weisen in die richtige Richtung und
sie lassen sich nicht mehr mit Argumenten der älteren Generation genügen
wie: „Wir hatten damals keine andere Wahl, der Markt hat uns gezwungen,
wir mussten Arbeitsplätze abbauen, damit später wieder für euch Jungen
neue geschaffen werden können." Sie haben keine Lust mehr, sich nach
dem Muster ihrer Eltern durch Arbeit allein Anerkennung zu schaffen und
setzen ganz bewusst das Thema Lebensqualität auf ihre Prioritätenliste. Sie

wollen, dass ihre eigenen Kinder sie nicht genauso vermissen werden, wie sie selbst ihre Eltern vermisst haben.

Eine junge Frau sagte: „Arbeit ist mir wichtig, und ich möchte wirklich mein Bestes geben. Aber Arbeit ist nicht das, wofür ich arbeite. Ich arbeite, um mir die anderen Werte im Leben leisten zu können." Wer immer diese junge Frau einstellt, wird ihre Werte mit einstellen. Sie muss so denken, denn sie kann nicht mehr davon ausgehen, dass Fleiß automatisch eine sichere Lebensstellung nach sich zieht. Während in der Vergangenheit Fragen der Wirtschaft das gesellschaftliche Klima bestimmten, so hoffe ich, dass durch die nachfolgende Generation eine Phase eingeleitet wird, die mehr von der Sinnfrage beherrscht und von der Faszination bestimmt sein wird, die aus diesem Fragekomplex entsteht. Jene Menschen und jene Eltern, die hierauf glaubwürdige, zukunftsweisende Antworten zu geben vermögen, werden davon profitieren.

Manch ein Leser mag erstaunt sein, dass am Schluss dieses zeitkritischen Buches dieses Bild der „heutigen Jugend" gezeichnet wird. Man könnte diesem Optimismus entgegenhalten, dass postmoderne Jugendliche im Gegensatz zu früheren Generationen etwa der 68er oder 80er Jahre des 20. Jahrhunderts keine Ziele und Visionen mehr haben. Wer heranwachsende Kinder hat, weiß, dass dieser Befund nicht völlig aus der Luft gegriffen ist. Aber – wer trägt die Verantwortung an einer solchen Entwicklung? Wo sind die Eltern und Lehrer, die sich kritisch und zugleich konstruktiv mit den Lebensumständen und Herausforderungen der jungen Generationen auseinandersetzen? Wer hinter die Fassaden von Videokultur, Spaßgeneration und virtuellen Realitäten blickt, der entdeckt nach wie vor so viele junge Menschen, die Ausdrucksmöglichkeiten für Sinnstiftung und Identitätsfindung suchen.

Die Umsetzung der Vision einer an Sinn und Identität orientierten, jungen Generation erfordert das Engagement gestandener Eltern, Lehrer, Unternehmer, Politiker, Akademiker etc. Zudem benötigen wir immer mehr auch informelle Formen der Wertevermittlung wie zum Beispiel persönliche Patenschaften, die Bildung von Mentorenclubs oder das Engagement sogenannter „Business Angels" (erfahrener Unternehmer, die Jungunternehmern mit Rat und Tat zur Seite stehen). Bisher stehen jedoch nicht nur im Geschäftsleben, sondern auch in den Ausbildungsprogrammen unserer Schulen und Hochschulen immer noch Fachkompetenzen und methodische Kompetenzen im Vordergrund. Die großen Industrie- und Wirtschaftsverbände gerade in Deutschland mahnen in regelmäßigen Abständen die

Defizite an Schlüsselqualifikationen und Sozialkompetenzen bei Berufs-
einsteigern zu Recht an. Wenn wir unsere Wirtschaft, unseren Arbeitsmarkt und unsere Geschäftswelt nachhaltig verändern wollen, müssen wir
uns mehr persönlich um die jungen Menschen kümmern.

Anmerkungen

1   Hengstschläger, J. (Hrsg.): Kirchschläger, Rudolf: Von der Macht und anderen Attributen des öffentlichen Lebens, Festschrift, Linz 1995, S. 31

2   Artikel im Zürcher Tages-Anzeiger, 31. August 1999, S. 61

3   »In der Hand der Sieger« (o.A.), in: Der Spiegel Nr. 20, vom 7. Mai 1999, S. 100

4   Röpke, Wilhelm (1899–1966): Jenseits von Angebot und Nachfrage, Erlenbach/Zürich/Stuttgart 1966

5   Dr. Wolfgang Baumann, Vortrag für die Gesellschaft zur Beratung von Führungskräften in Basel, Dezember 1999

6   Unter Individualismus ist die Auffassung zu verstehen, dass die menschliche Einzelpersönlichkeit Beurteilungsmaßstab ist und dass ihre Bedürfnisse und Rechte Vorrang vor ihrer sozialen Umwelt haben. Nicht die Gemeinschaft, sondern der einzelne erweist sich als Ausgangspunkt und Endpunkt von ethischen und gesellschaftlich-religiösen Werten. Schon Mitte des 20. Jahrhunderts mündeten große Denkrichtungen Europas in den Individualismus ein. Diese Entwicklung war ein verständlicher Befreiungsschlag gegen die vielen politischen und religiösen Vereinnahmungsversuche.

7   Burneleit, Heinz: Friedrich der Große, Besinnung auf den Staat, Kapitel: Über die Erziehung, Düsseldorf 1981

8   Smith, Adam: Der Wohlstand der Nationen, München 1978

9   Friedrich der Große, Alle Zitate Friedrich des Großen nach »Die Werke Friedrich des Großen«, Hrsg. von Gustav Berthold Volz, Deutsch von Friedrich von Oppeln-Bronikowsky, Willy Rath und Karl Werner von Jordans, Verlag von Reimer Hobbing, Berlin 1913

10 Portmann, Adolf: An den Grenzen des Wissens, Wien 1974

11 Lars Thomsen in einem Vortrag in Stuttgart am 8. April 2008 , future matter, büro für Innovation und Zukunftsforschung

12 Hanspeter Thür, eidgenössischer Datenschützer, Basler Zeitung, S. 4, 3. Juli 2007

13 Magazin eco – Managementwissen für Führungskräfte, Ausgaben 5/99 und 6/99

14 Vgl. Czwalina/Walker: Karriere ohne Sinn?, München, Frankfurt 1997

15 Burn-out-Syndrom: Ausgebranntsein. Ein Zustand der Erschöpfung im physischen, psychischen und emotionalen Bereich, der sich nach andauernder, übergroßer Anstrengung, nichtbewältigen überhöhten Anforderungen oder nach erfolglosem Ankämpfen gegen Mißstände (gelernte Hilflosigkeit) einstellt. Der Begriff wurde erstmals vom amerikanischen Psychoanalytiker Herbert J. Freudenberger in den 70er Jahren verwendet.

16 Feyler, G., 140 Checklisten, München 1981, 2. Auflage, 64f.

17 »Kleine Helfer in den Chefetagen«, in: Sonntagszeitung, 2. Mai 1999, Schweiz, S. 77

18 Hubacher, Helmut: Zwei ungleiche Todesarten in: Schweizer Illustrierte vom 17. August 1998

19 »Letzlich am Nichts gestorben« (o.A.), in: Tages-Anzeiger vom 17. Mai 1995

20 85 Prozent der nordamerikanischen Studenten, die einen Selbstmordversuch überlebt haben, gaben als Grund für den Versuch Sinnlosigkeit an. 93 Prozent sind physisch und psychisch gesund, leben in guten familiären Verhältnissen, sind sozial integriert, befinden sich in guten sozio-ökonomischen Situationen und haben auch akademische Erfolge zu verzeichnen.

21 C.G. Jung: Haben und Sein, Zürich 1969

22 Warnke, Andreas: Direktor der Klinik für Kinder- und Jugendpsychiatrie und Psychotherapie an der Universität Würzburg; Warnke A./Hemminger, U.: Der Umgang mit suizidalen Kindern und Jugendlichen, in: Psychotherapie 4, Heft 2, 1999, S. 164–171

23 Piller, Otto, Direktor des Bundesamtes für Sozialversicherung, in: Basler Zeitung vom 6. Mai 2000, S. 48

24 Moser, Heinrich, Consulting HMC, Basel

25 Sigmund Freud/Marie Bonapart, Frankfurt 1977

26 Herrhausen, Alfred: Denken, Ordnen, Gestalten, Berlin 1990

27 Thomas von Aquin: Über das Sein, Darmstadt 1991

28 Lukas 15, 11–32

29 Lukas 15, 32

30 Vgl. Czwalina/Walker, ebd.

31 Kirchner, Baldur: Benedikt für Manager, Wiesbaden 1994

32 Kirchner, Baldur, ebd., S. 24

33 Staehelin, Balthasar: Die psychosomatische Basistherapie, Schlattingen 1985, S. 75/76

34 Kirchner, Baldur, ebd., S. 24 ff.

35 Die Zeit, 12. Mai 1999

36 Der Zürcher Tagesanzeiger am 9. Januar 1996

37 Schischkoft, Georgi: Philosophisches Wörterbuch, Stuttgart 1981

38 Kaiser, Dr. Lothar Emanel: NZZ vom 10. November 1998, Nr. 261

39 Covey, Stephen R.: Die sieben Wege zur Effektivität, München 1999, S. 88

40 Rohr, Richard: Von der Freiheit loszulassen. Letting Go, München 1997

41 Eine Vertiefung dieser Übung und weitere Übungen finden Sie in Seiwert 1999, S. 94–128.

42 Ausführlicher dazu: Czwalina/Walker: Karriere ohne Sinn, Frankfurt/München 1997

43 Osswald, Dr. Richard, Personalvorstand a.D. der Daimler-Benz AG im persönlichen Gespräch mit dem Autor 1997

44 Burneleit, Heinz: Friedrich der Große, Besinnung auf den Staat, Düsseldorf 1981

45 Vortrag bei IVCG, Basel 1997

46 Föllmi, Anton, ebd.

47 Föllmi, Anton, ebd.

48 Covey, Stephen R.: Die sieben Wege zur Effektivität, München 1999

49 Schmidt, S.J.: Die Selbstorganisation von Literatur im 18. Jahrhundert, Frankfurt a.M. 1990

50 Vgl. Covey, ebd., S. 14f.

51 Vgl. Covey, ebd., S. 42

52 Der große Brockhaus, Bd. 12, Wiesbaden 1981

53 Covey, ebd.

54 Die Aktualisierung der sieben Grundtugenden auf das unternehmerische Umfeld erfolgte durch Dr. Bernhard Frank in einem Gespräch mit dem Autor 1997 in Basel.

55 Fürst Albrecht Castell aus einem Brief im Dezember 1998 – Privatbanquier Fürstlich Castellsche Bank Würzburg, Castell/Unterfranken

56 Spiegel Nr. 19/2006 vom 8. Mai 2006.

57 „Das Erbe der Apartheid –Trauma, Erinnerung, Versöhnung", Verlag Barbara Budrich 5.2006

58 Vgl. Luhmann, Niklas: Vertrauen. Ein Mechanismus der Reduktion sozialer Komplexität, Stuttgart 1973

59 Bieri, Sandra: Wenn der Arbeitsplatz zur Psychohölle wird, in: Cash 21/1996, S. 9

60 Johannes Czwalina, wer mutig ist, der kennt die Angst, S. 116 ff

61 Schulz von Thun, S. 123, 1981.

62 Burneleit, Heinz, ebd.

63 Vgl. Merkle, Hans L.: Dienen und Führen, Frankfurt 1979

64 vgl. Müller-Armack, Alfred: Wirtschaftslenkung und Marktwirtschaft, Kapitel: Das Jahrhundert ohne Gott, München 1990

65 Honecker, Martin, Prof. für systematische Theologie in Bonn, seit 1969 Mitglied und Vizepräsident der nordrhein-westfälischen Akademie der Wissenschaften, Vortrag zuständig für das Soziale, Arbeitskreis evang. Unternehmer in Deutschland, Karlsruhe 1997 (AEU, Referat auf der Jahrestagung des Arbeitskreises evang. Unternehmer in Nürnberg 16./17. November 1996)

66 Czwalina/Walker: Karriere ohne Sinn?, München/Frankfurt 1997

67 Wie böse ist die Macht? Robert Nef in Schweizer Monatshefte 81. Jahr Heft 3, 3.2001, S.25

68 Osswald, Richard, Personalvorstand Daimler-Benz AG a.D., in einem Gespräch mit dem Autor.

69 Kray, Ralph/Pfeiffer, K. Ludwig/Studer, Thoma (Hrsg.): Autorität. Formen harter Kommunikation, Wiesbaden 1992

70 Andrew J. Oswald, Professor für Ökonomie an der Universität Warwick, England, gilt als einer der führenden Köpfe einer Generation von Ökonomen, denen der Umgang mit den Fakten wichtiger ist als die rein mathematische Weiterentwicklung von Theorien. Oswalds breit abgestützte Untersuchungen auf dem Arbeitsmarkt gelten unter Wirtschaftswissenschaftlern als wegweisend. Er gilt als Pionier auf dem Weg der Ökonomie des Glücks. Eine Zusammenfassung seiner wichtigsten Erkenntnisse kann in »Happiness and oeconomic performance« nachgelesen werden. Oswald umschreibt das Leitmotiv seiner Forschungsrichtung so: »Die Bedeutung ökonomischer Leistungen liegt darin, daß sie Mittel zum Zweck sein können. Dieser Zweck ist weder der Verzehr von Beefburgern, noch das Anhäufen von Fernsehgeräten. Ökonomie ist nur in sofern wichtig, als sie dazu beitragen kann, die Menschen glücklicher zu machen.«

71 Die Welt, 21. Juli 2007, S.10.

72 Autor unbekannt

73 Geni Heckmann, Zeitpunkt Nummer 94, April 2008.

74 Er nannte seine Suppen und Würzen »Kreuzsternprodukte«, was auf den Himmel und auf Christus verwies. »Durch das Kreuz zum Stern« war sein Leitspruch, was unter anderem bedeutete, dass der Weg zum Glück und Erfolg durch die Nöte des Kreuzes führt und die Maggie-Suppen eine Stärkung auf diesem Weg darstellen sollten.

75 Markus Jermann, Geschäftsführer der Freien Gemeinschaftsbank in Basel

76 Prof. Dr. Klaus Henning, Leiter des Lehrstuhls für Informatik im Maschinen-
bau und des Hochschuldidaktischen Zentrums der Technischen Hochschule
Aachen, anläßlich eines Vortrages am 6. Juli 2000 in Siegen/Westfalen

Der Autor

Johannes Czwalina, geboren 1952 in Berlin, lebt seit 1973 in der Schweiz, wo er Theologie studierte. Nach seinem Studium arbeitete er zehn Jahre als Großstadtpfarrer, bevor er 1990 sein Institut, die Czwalina Consulting AG, in Riehen bei Basel gründete. Das Institut mit einem Team von Spezialisten konzentriert sich auf die Beratung von Führungskräften national wie international. Aufgrund der Präsenz bei zahlreichen anspruchsvollen Personalprojekten und in großen Unternehmen konnte der Autor wesentliche Prozesse aktiv mitgestalten, und somit zeigen seine Ausführungen eine besondere Authentizität und Glaubwürdigkeit.

Czwalina ist gefragter Coach für das Top-Management, erfolgreicher Referent und Autor zu Führungsthemen, die in eine verantwortungsbewusste Unternehmenskultur führen.

Weitere Bücher von Johannes Czwalina im **Dittrich Verlag:**

Die Wirklichkeit einblenden! Wege zum Frieden
ISBN 9783943941715 · Hardcover · 416 Seiten · EUR 29,90

»Wenn ich nochmal anfangen könnte …«. Menschen erzählen
ISBN 9783947373208 · br. · 296 Seiten · EUR 16,90

(mit Wolfgang Benz und Dan Shambicco als Mitherausgeber):
Nie geht es nur um Vergangenheit.
Schicksale und Begegnungen im Dreiland 1933-1945
ISBN 9783947373307 · br. · 504 Seiten · EUR 19,90